"十四五"时期国家重点出版物出版专项规划项目　新基建核心技术与融合应用丛书
中国通信学会5G+行业应用培训指导用书

深度学习程序设计实战

中国产业发展研究院　组编

方　林　陈海波　编著

机械工业出版社
CHINA MACHINE PRESS

本书以 Python 语言和 Tensorflow 为工具,由浅入深地讲述了深度学习程序设计的基本原理、算法和思考问题的方法,内容包括自顶向下的程序设计、递归程序设计、面向对象的程序设计、反向传播算法、三层神经网络、卷积神经网络、循环神经网络、生成式对抗网络和目标检测等。本书重在研究代码背后深刻的计算机理论和数学原理,试图说明代码是对理论和思想的实现手段,而不是目的。学以致用是本书的宗旨,提高读者编程水平和动手能力是本书的目的。本书通过大量有趣的实例,说明了理论对深度学习程序设计实践的指导意义。

　　本书适合深度学习的初学者以及相关科研人员使用,要求读者有一定的编程经验,较熟悉 Python 语言。

图书在版编目(CIP)数据

深度学习程序设计实战 / 方林,陈海波编著 . —北京:
机械工业出版社,2021.1(2022.1 重印)
　(中国通信学会 5G + 行业应用培训指导用书)
　ISBN 978 - 7 - 111 - 67359 - 0

　Ⅰ.① 深… 　Ⅱ.①方… ②陈… 　Ⅲ.①软件工具–程
序设计 　Ⅳ.①TP311.561

　中国版本图书馆 CIP 数据核字(2021)第 017671 号

机械工业出版社(北京市百万庄大街 22 号　邮政编码 100037)
策划编辑:陈玉芝　责任编辑:陈玉芝　张雁茹
责任校对:张　力　封面设计:张　静
责任印制:单爱军
北京虎彩文化传播有限公司印刷

2022 年 1 月第 1 版·第 2 次印刷
184mm × 260mm · 17.5 印张 · 416 千字
1 901 – 2 900 册
标准书号:ISBN 978 - 7 - 111 - 67359 - 0
定价:69.80 元

电话服务　　　　　　　　　　网络服务
客服电话:010 - 88361066　　机 工 官 网:www.cmpbook.com
　　　　　010 - 88379833　　机 工 官 博:weibo.com/cmp1952
　　　　　010 - 68326294　　金 书 网:www.golden-book.com
封底无防伪标均为盗版　　机工教育服务网:www.cmpedu.com

序

在学习人工智能深度学习之前，很多学生可能会觉得这只不过是学习人工智能程序设计或者软件开发的一门课程罢了。但实际上，在学习这门课程之前还需要掌握很多预备知识，例如微积分、概率和统计、线性代数、面向对象程序设计、数据结构、软件工程等。这是因为，深度学习绝不是简单的程序代码的堆积，而是一种思考问题方法的改变。

最常见、最容易的思考问题的方法是基于因果关系的，有因才有果，明确了原因才能预测出结果，知道了事物的本质才能理解事物的表象。这种思考问题的方法当然没有问题，但是过于简单。因为很多时候，人们只知道事物发生的结果，并不知道其原因；能够看到表象，却很难深刻理解事物背后的本质。

深度学习的基础是梯度下降法和反向传播原理。两者的本质就是在已知函数 $y = f(x)$ 的情况下，根据导数计算出一个特定的 y 值（例如 0）所对应的 x 的解。如果说因果推理是根据 x 求 y，那么梯度下降法就是根据 y 求 x。所以后者是前者的逆向过程，是透过现象看本质，根据结果预测原因的方法之一。

管中窥豹，基于这一点，就能看出理论对深度学习的指导意义。那种以为学习程序设计就是学习语法，学习深度学习就是学习 Python 语法的想法是错误的。

本书就是方林博士、陈海波教授对理论联系实际精神的一种实践。本书有很多有趣的故事和实例，例如五猴分桃问题、二十四点问题、自动求解偏导问题等，都被用来讲解程序设计背后深刻的数学原理和计算机科学理论，由浅入深，娓娓道来，引人入胜。作者重视的是从理论联系实际的角度提高读者分析和解决问题的能力，而不是简单地记住几个编程技巧。

有些教程的编写方法是先讲理论，然后讲如何在实践中应用理论，理论是中心，编程实践是围绕着理论的，有什么样的理论，就找什么样的实践来验证这个理论。而本书则反其道而行之，先举实例，然后说明其中要用到的数学原理和计算机理论知识，是以"用"为核心的，用到什么理论才讲什么理论，不相关的理论不讲或者在其他实例中讲解。这种方法有助于读者建立理论之间的相互联系，加深对理论的理解。这也是本书涉及众多计算机科学和数学领域的原因。

学以致用是本书的特点，这恰恰是现在很多大学生所欠缺的。他们缺的不是理论知识，而是应用理论知识的能力，特别是综合运用理论知识的能力。不少毕业生走向社会以后就几乎再也用不到他们在大学里学到的理论知识了，这是很可惜的。而本书就试图以众多实例为核心，帮助他们理解如何在深度学习编程实践中应用众多数学原理和计算机科学理论，例如高等数学、线性代数、数据结构、面向对象方法、概率论与数理统计、神经元网络、对抗式学习等。

　　本书适合两类读者：第一类是初学者，用来学习深度学习的基本原理、算法和方法，以便深刻理解深度学习背后的众多数学和计算机科学原理和思想方法；第二类是人工智能、计算机领域科研工作者和教育工作者，或者其他对深度学习科研感兴趣的人，用来研究程序设计、面向对象方法和深度学习模型。

　　希望本书的出版发行能帮助各位读者更好地学习深度学习。

中国科学院院士

前　言

能够透过现象看本质，通过结果分析原因，这是人类拥有智能的主要表现。现象和结果就展现在我们面前，是显式（Explicit）的，很容易获取；本质和原因藏在它们身后，是隐式（Implicit）的，不容易被发现。深度学习就是一门这样的科学，它试图以人工神经网络（Artificial Neural Network，ANN）为工具，揭示网络参数与样本之间的本质关系。但在这样做之前，我们有必要理解什么是梯度下降法（GD）和反向传播算法（BP）。它们是揭示上述关系的关键，是本书从第 2 章开始所有内容的核心。梯度概念来源于微分和偏导，所以读者需要拥有一定的微积分的知识。最起码，需要知道什么是切线和切线的斜率，以及如何计算偏导。

也许这并不是一个很高的要求，但作为计算机专业的科研和教育工作者，我们深感很多大学生并不是没有学习理论，而是不会在实践中使用理论。例如，学了微积分，却不知道能派什么用场；学了编译原理，以为只有在开发编译系统中才有用。可是，你知道吗？这些理论在深度学习中却很重要。

所以，学以致用是本书的宗旨。本书不仅要讲理论和理论的实质，还要讲如何用代码实现这些理论。读者需要一边看书，一边在计算机上动手编程，同时提高自己的理论水平和动手能力。

提到计算机理论和数学原理，可能有些读者心里会打退堂鼓。其实，计算机理论和数学原理是用来指导我们工作的，能够帮助我们更轻松地完成深度学习编程任务。它们都是为"懒人"服务的，也是像我一样的"懒人"发明的。因为懒得应付程序设计或者软件开发过程中千变万化的复杂情况，我们就从其中提炼、抽象出了一些固定不变的东西，这些就是计算机理论和数学原理。所以，如果你想有技巧地偷懒，就学习计算机理论和数学原理吧，它会给你打开一个新天地，让你从一个更高的角度看深度学习、人工智能和程序设计。

所以，尽管本书的确会用到 Python 编程和人工智能框架 Tensorflow（TF），也会讲解部分具体的语法和约定，但是都不是重点。重点是问题分解方法、递归的实质、梯度下降法、反向传播原理、三层神经网络、模型的结构和训练方法以及梯度分析。Python 和 TF 不过是实现它们的工具。如果愿意，你也可以使用其他语言或者其他框架。

本书的目的是提高读者对深度学习基础理论的深刻理解。对很多基础性理论、数学、方法和算法的理解，例如面向对象、梯度、递归程序设计方法、数的进制等，都是编者 30 年来从事计算机科学理论研究和教学工作经验的总结。对读者来说，学习这些经验的价值可能超过了学习深度学习本身。

本书用到的 Python 版本为 3.5 以上，Tensorflow 版本为 1.9.0～1.14.0。由于 TF 框架还在飞速更新中，所以不要奇怪可能有些代码不能在你的机器上运行。我们建议把 TF 的版本设置在上述版本范围之内，或者上网搜索一下怎么做。

虽然本书已经提供了所有的代码，但建议读者一开始不要看代码，而是跟随本书一行一行地手写代码，这对学习深度学习是有很大好处的。如果程序总是出错，却又找不到原因，这时才有必要下载代码，然后运行看看结果如何。

请读者先安装好 PyCharm 社区版或以上版本，这是我们的集成开发环境。最好准备一个 GPU，否则单 GPU 和多 GPU 训练就无法学习。书中用到的包主要是 numpy 和 GPU 版的 Tensorflow，这些包可以通过 pip 安装。

本书写作过程中得到了李珂、赵昕、雷璐丹、潘志锐、权甲和吴鹏辉等人的大力协助，谢谢你们！

让我们从五猴分桃问题开始，一步一步地开启奇妙的深度学习之旅吧。

编　者

关注本微信公众号
回复"深度学习"下载配套资源

目 录

序
前言

第 1 章
Chapter One

程序设计方法

在深度学习中使用的程序设计方法主要包括以下 3 种：自顶向下的程序设计、递归程序设计和面向对象的程序设计。

1.1 自顶向下的程序设计

1.1.1 问题分解和自顶向下的程序设计方法

一个程序员最容易犯的错误就是先编写子程序，然后编写调用该子程序的父程序，最后再写主程序。之所以会犯这种错误是因为子程序只关注局部问题，比较容易编写和调试。在子程序都已经编写完毕甚至调试成功的情况下再写主程序，会让人觉得比较"踏实"。

可是这种自底向上的方法问题很多，例如过多地关注了细节而忽略了整体和全局。当我们把注意力集中在子程序或者局部问题时，就有可能忽视了主程序或者整体的需求，以至于经常写着写着就忘记了自己本来要干什么。

更重要的是，这是一种削足适履的方法。程序员过多地将关注点放在了如何根据现有的方法解决问题——让脚去适应鞋子，而不是根据问题找方法——根据脚的大小找到合适的鞋子。正确的程序设计方法应该是根据主程序的需要来确定子程序的功能和界面。也就是说，先在主程序中确定子程序要干什么以及怎么与主程序交互，然后让子程序去决定怎么干。

先把问题分解为若干个小问题，然后再把每个小问题分解为若干个更小的问题。以此类推，直到每个最小的问题能够轻而易举地解决为止。

这就是著名的**分治法**。表现在程序设计上，就应该是先编写主程序，接着编写主程序要调用的子程序，再编写这些子程序要调用的子程序，以此类推。这种方法称为**自顶向下的程序设计方法**，又称为**先整体后局部的程序设计方法**。

也就是说，我们要学会分解问题，学会从整体和全局看待问题。下面来看几个例子。

1.1.2 五猴分桃问题

第一个问题就是五猴分桃问题。问题的描述是这样的：

有 5 只猴子上山去摘桃，一直摘到天黑。它们把所有的桃子放在一起，约定第二天一早来分桃。

第二天早晨，来了 1 只猴子。它等了一会儿后心想："不如我干脆把桃子分了吧。"于是它把桃子分成了 5 等份，分完后发现多了 1 个桃子。它想："我这么辛苦把桃子分了，这多出的 1 个桃子理应归我！"于是它吃了这个桃子，然后带上 1 等份桃子，走了。

过了一会儿，第二只猴子来了。它也等了一会儿。等得不耐烦之后也把桃子分成了 5 等份，也发现多了 1 个桃子。它同样吃了那个桃子，然后带走了 1 等份桃子。

后来，第三、第四、第五只猴子都是先 5 等分桃子，然后吃掉多出来的 1 个桃子，最后再带走 1 等份桃子。

问最初一共有多少个桃子？

解决这个问题的基本思路是把问题分解。既然我们不知道桃子有多少个，那我们就从 1 个桃子开始考虑，如果这 1 个桃子能够被 5 只猴子这样分掉，那么桃子的总数就是 1 个，如果不能，那就把桃子的数目加 1，变成 2，然后再看这 2 个桃子是否能被 5 只猴子这样分掉，如果能分，那么桃子总数就是 2，否则就把桃子的数目再加 1。以此类推，直到找到第一个能被 5 只猴子这样分的数目为止。

至于如何判断一个数目是否能被 5 只猴子这样分掉，我们把它作为一个子问题留待子程序去解决。在主程序中我们先调用这个子程序，之后再去实现它。"先调用，后实现"是自顶向下程序设计方法的具体做法。

现在，我们打开 PyCharm，新建一个工程，然后创建一个名为 p01_01_monkeys.py 的文件。在这个文件中，编写以下主程序：

代码 1-1　五猴分桃问题主程序

```python
# p01_01_monkeys.py
def monkeys_peaches(monkeys):
    peaches = 1
    while not distributable(peaches, monkeys):
        peaches += 5
    return peaches


if __name__ == '__main__':
    print(monkeys_peaches(5))
```

其中的 distributable() 函数用来判断 peaches 个桃子能否被 monkeys 只猴子分掉。由于我们采用自顶向下、先调用后实现的方法，先调用了这个函数，但是还没有实现它，所以程序界面的 distributable 之下有红色波浪线警告，这是正常的。

下面开始实现子程序 distributable。实现子程序仍然采用自顶向下、先整体后局部的方法。要判断 peaches 个桃子能否被 5 只猴子分掉，只需把问题分解为判断桃子能否被 1 只猴子分掉，如果能则进行下一次判断。如果连续 5 次都能被分掉，则返回 True；否则，只要有一次不能分掉，就返回 False。

　　所以 distributable( ) 函数体的整体是一个 5 次循环，循环内判断当前桃子数能否被 1 只猴子分掉。如何判断？先把桃子数减 1（因为猴子要吃掉 1 个桃子），然后看看剩余桃子数能否被 5 整除。若能整除，则留下 4 等份桃子；若不能整除，则返回 False。于是，就有了以下对 distributable( ) 函数的实现：

代码 1 - 2　五猴分桃问题完整解

```
# p01_01_monkeys.py
def distributable(peaches, monkeys):
    for _ in range(monkeys):
        peaches - =1
        if not peaches % monkeys = =0:
            return False
        peaches =peaches //monkeys * (monkeys - 1)
    return True


def monkeys_peaches(monkeys):
    peaches =1
    while not distributable(peaches, monkeys):
        peaches + =1
    return peaches


if __name__ = =' __main__':
    print(monkeys_peaches(5))
```

　　自顶向下的程序设计方法不仅符合问题分解的正确思路，而且还能够帮助我们很容易地发现错误或者优化程序。例如，我们可以很容易地证明桃子的总数肯定是 5 的倍数加 1。既然如此，那么上述算法中的倒数第 4 行就没有必要 1 个 1 个地加桃子了，可以 5 个 5 个地加。也就是说，可以将这一行代码改为：

```
peaches + =5
```

这样可以把程序运行的速度提高大约 5 倍。

　　同样，由于程序设计思路正确，上述代码可以轻而易举地扩展到 6 只甚至更多的猴子分桃问题上，只需把代码最后一行的 "5" 改为 "6" 或相应数字即可。

　　我们也可以采用逆向思维，也就是从第 5 只猴子开始考虑。它把桃子分成了 5 等份，拿走 1 等份剩下 4 等份。假设每等份里的桃子数是 n（$n = 1, 2, 3 \cdots \cdots$），则它开始分桃之前的桃子总数就是 $5n + 1$。对第 4 只猴子来说，这个数一定要能被 4 整除。如果不能整除，则那个 n 就不对；否则，把桃子总数除以 4 乘以 5 再加 1。重复上述过程，直到第一只猴子为止。由此得到的代码如下：

| 代码 1-3 | 五猴分桃问题逆向思维 |

```
#p01_03_monkeys_reversed.py
def get_peaches(unit_peaches, monkeys):
    peaches = (monkeys - 1) * unit_peaches
    for _ in range(monkeys):
        if not peaches % (monkeys - 1) == 0:
            return None
        peaches = peaches // (monkeys - 1) * monkeys + 1
    return peaches
```

上述代码中，unit_ peaches 表示第 5 只猴子分桃后每等份里的桃子数。这个数每增加 1，相当于桃子最终的总数增加了很多，所以上述逆向思维的代码大大减少了最底层循环 [即子程序 get_ peaches () 中的循环] 被调用的次数，仅为 594 次。而正向思维下内层循环被调用了 1405 次，后者是前者的约 2.4 倍。

1.1.3 猜姓氏问题

那还是我当学生的时候，有一天路过学校附近的马路，看到一个算命老者在高声招揽生意。老者说他是一个神算子，可测事业、姻缘、前途、祸福、能生几个娃，无一不准。有好事者不信。只见老者拿出 7 张纸来，每张纸上密密麻麻地写满了各种姓氏（例如赵钱孙李什么的）。他说只要告诉他姓在哪几张纸上出现过，他就能猜出来姓什么。有好事者上前实验，告诉老者自己的姓在哪几张纸上出现过，老者立刻报出他的姓氏。现在问题来了：你能想出老者是怎么做到的吗？当然，虽然算命是一种迷信，但猜姓氏他的确没有作弊。

秘密就在那 7 张纸上，因为你必须首先告诉人家你的姓出现在哪几张纸上。那么这 7 张纸的排列组合可以表示多少姓氏？这不难计算，答案是 $2^7 - 1$，即 127 个姓氏。所以把百家姓中的每个姓用 7 位的二进制进行编码，然后根据 0 或 1 决定相应的姓氏是否要写到对应的纸上即可。表 1-1 为百家姓中前 8 个姓的编码。

表 1-1 姓氏的二进制编码及其所属纸张

序号	姓氏	Page7	Page6	Page5	Page4	Page3	Page2	Page1
1	赵	0	0	0	0	0	0	1
2	钱	0	0	0	0	0	1	0
3	孙	0	0	0	0	0	1	1
4	李	0	0	0	0	1	0	0
5	周	0	0	0	0	1	0	1
6	吴	0	0	0	0	1	1	0
7	郑	0	0	0	0	1	1	1
8	王	0	0	0	1	0	0	0

如果表 1 - 1 中某个单元的值是 1，则其横向对应的姓氏就应该写到纵向对应的纸上。例如，第一张纸（Page1）上就应该写"赵""孙""周""郑"。"吴"就应该写到第二张（Page2）和第三张（Page3）纸上。

现在你也可以猜姓氏了。例如有人告诉你说他的姓氏只出现在第一张和第三张纸上，这意味着他的姓氏的编码是 0000101，即第五个姓，所以他姓周。该问题的主程序如下：

代码 1-4 猜姓氏问题的主程序

```python
# p01_04_guess_name.py
# coding = utf - 8
for page in pages:
    print(page)
    answer = input('你猜的姓在这一行中吗？(y, n, yes, no)')
    if answer is None or len(answer) == 0:  # 如果没有回答或者回答为空
        break
    if answer.lower() in ('y', 'yes'):
        answers.append(True)
    else:
        answers.append(False)

print('你猜的姓是:', get_name(answers))
```

主程序的主体是一个循环，用来显示每一页的姓氏。姓氏页的列表是通过调用函数 get_name_pages（）获得的。我们只需直接调用这个函数即可，先不用关心它是怎么实现的。先调用后实现是自顶向下程序设计的一个特征。同样，我们直接调用 get_name（）函数以获得用户的姓氏，先不关心它的实现。

下面，我们来实现 get_name_pages（）函数：

代码 1-5 获取姓氏页的列表 1

```python
import math
NAMES = '赵钱孙李周吴郑王冯陈褚卫蒋沈韩'
def get_name_pages():
    pages = int(math.log2(len(NAMES)) +1)  # 计算总页数

    result = ['' for _ in range(pages)]  # 每一页初始化为空

    id = 1
    for name in NAMES:
        insert_name(id, name, result)
        id + =1

    return result
```

```python
def insert_name(id, name, result):
    for page_id in range(len(result)):
        if id % 2 != 0:
            result[page_id] += name + "
        id //= 2
```

姓氏都放在字符串常数 NAMES 中。通过对姓氏的个数取对数的方法获得总页数。例如，100 个姓氏就需要 7 张纸，15 个姓氏就需要 4 张纸。接着，程序用空字符串(″)初始化了所有的姓氏页，然后在一个 for 循环中通过 insert_name( ) 函数把所有姓氏插入到姓氏页列表 result 中。我们不关心 insert_name( ) 是怎么实现的，只需知道它能达到什么目的即可。

接下来就是实现 insert_name( ) 函数。这是一个把姓氏的 id 从十进制转为二进制的过程。方法是求 id 模 2 的值，然后把 id 整除以 2，这个过程不断重复即可。如果 id 的二进制的某一位是 1，就把姓名插入到相应的页(page_id)中。

然后，再实现 get_name( ) 函数。这是一个二进制转为十进制的过程，方法是采用连乘法。例如，1011 的十进制就是$((\mathbf{1} \times 2 + \mathbf{0}) \times 2 + \mathbf{1}) \times 2 + \mathbf{1}$，其中加粗的数字就是二进制的每一位编码。采用这个方法，程序会比较简单，代码如下：

代码 1-6　获取姓氏页的列表 2

```python
def get_name(answers):
    result = 0
    for answer in reversed(answers):
        result *= 2
        if answer:
            result += 1
    return NAMES[result - 1]
```

最后把所有程序放在一起，代码如下：

代码 1-7　完整的猜姓氏程序

```python
# p01_04_guess_name.py
# coding = utf-8

import math
NAMES = '赵钱孙李周吴郑王冯陈褚卫蒋沈韩'

def get_name_pages():
    pages = int(math.log2(len(NAMES)) + 1)    # 计算总页数

    result = [" for _ in range(pages)]    # 每一页初始化为空
```

```
        id = 1
        for name in NAMES:
            insert_name(id, name, result)
            id + = 1

        return result

def insert_name(id, name, result):
    for page_id in range(len(result)):
        if id % 2 ! = 0:
            result[page_id] + = name + "
        id // = 2

def get_name(answers):
    result = 0
    for answer in reversed(answers):
        result * = 2
        if answer:
            result + = 1
    return NAMES[result - 1]

if __name__ = = '__main__':
    pages = get_name_pages()   # 获取所有写好姓氏的纸张
    answers = []
    for page in pages:
        print(page)
        answer = input('你猜的姓在这一行中吗？(y, n, yes, no)')
        if answer is None or len(answer) = = 0:  # 如果没有回答或者回答为空
            break
        if answer.lower() in ('y', 'yes'):
            answers.append(True)
        else:
            answers.append(False)

    print('你猜的姓是：', get_name(answers))
```

程序运行的结果如下：

赵　孙　周　郑　冯　褚　蒋　韩
你猜的姓在这一行中吗？(y, n, yes, no)　y
钱　孙　吴　郑　陈　褚　沈　韩
你猜的姓在这一行中吗？(y, n, yes, no)　n
李　周　吴　郑　卫　蒋　沈　韩
你猜的姓在这一行中吗？(y, n, yes, no)　y

王　冯　陈　褚　卫　蒋　沈　韩
你猜的姓在这一行中吗？（y，n，yes，no）y
你猜的姓是：蒋

另外，这个程序没有考虑用户的姓氏不在任何一页上出现的情况。读者可以把这个因素考虑进去，然后稍微修改一下主程序，使用户可以不断玩下去而不必反复运行程序。这样，程序就比较完美了。

1.1.4　囚犯问题

如果说猜姓氏问题是用二进制知识解决的，那么下面这个问题就要用到——一进制。对，没错！一进制！

一群囚犯即将被带到牢房里坐牢。看守把他们集中在一起，宣布：

1）每个囚犯将被单独关在一个牢房里。

2）每天会随机地抽取一个囚犯放风。

3）放风的地方有一盏电灯，囚犯可以任意开关这盏电灯。

4）电灯永久有电，永远不会损坏。

5）囚犯在放风的地方以及来回的路上都不会被其他囚犯看见。

6）牢房相互之间隔绝，囚犯相互之间不可能传递任何消息。

7）囚犯在放风时，除了开关电灯不能留下任何痕迹或者信息。

8）看守只负责随机抽取囚犯，不会帮助囚犯传递信息。

9）如果有人确定所有人都被放风过，则可以通知看守，看守确认之后可以把所有囚犯释放；如果永远没有人通知，或者通知的人弄错了（并不是所有人都被放风过），则所有人将永久坐牢，永无出头之日。

10）囚犯们可以商议一个方法出来以避免永久坐牢，商议好之后就会被关进各自的牢房。

问题：囚犯们会商议出什么方法？

这一题可以用一进制来求解。什么是一进制？远古时代人类的结绳记事就是一进制。问有多少只羊？伸出 3 根手指，别人就知道了——你有 3 只羊。一进制的麻烦就在于，如果你有 100 只羊，那么你就必须刻下 100 个点。刻下这么多点不但很麻烦，而且容易出错（因为必须把点和羊一一对应）。所以即使是今天，地球上原始森林中那些只会用结绳记事的部落，对于超过 10 的数还一概以"很多"表示。

对于囚犯这一题，可以事先指定一个囚犯当计数员。计数员是这样工作的：当他被选中出去放风时，先看看那盏灯是不是亮的。如果是亮的，就把它关掉，然后在心里把计数加 1。这个数用来记录到目前为止有多少囚犯至少被放过一次风，初值是 1。一旦这个数等于囚犯总数，则意味着所有囚犯都至少被放过一次风，问题就能解决。如果灯是灭的，就什么也不做。

其他囚犯怎么做呢？如果他是第一次出来放风，或者虽然不是第一次出来放风但是他以前出来时从来没有碰过灯开关，那么他要看看那盏灯亮不亮。如果是灭的，就把它打开；如果是亮的，则不管它，就当什么事也没发生。

如果这个囚犯不是第一次出来放风，并且以前他打开过电灯，则即使灯是灭的也不要打开它。为什么呢？因为打开灯其实是为了通知计数员：我出来放风了，给我计个数吧。所以一旦他打开电灯，则他早晚会被计数员计数。即使他以后再次被放风，也不用碰电灯开关了，以避免误导计数员。

所以打开和关闭电灯就好比在绳子上打一个结，计数员的职责就是数这个结有多少个。这样用一进制解决问题的方法很有趣吧？下面我们用程序来求解这个问题，代码如下：

代码 1-8 囚犯问题

```python
# p01_08_prisoners.py
# coding = utf - 8
import numpy as np


def prison(prisoners):  # prisoners：囚犯的人数
    counter = prisoners - 1   # counter:计数员是最后一个囚犯
    switch = [False] * counter  # switch:囚犯是否开过灯
    lamp = False   # 灯的初始状态是关
    num = 0   # 计数,等于 prisoners - 1 时退出

    while True：
        # 随机选中一个囚犯放风
        luck = np.random.randint(0, prisoners)
        print(luck)
        if luck = = counter：  # 如果这个人是计数员
            print('- - - - - - - - - - - - - -')
            if lamp：  # 如果灯是亮的,意味着有囚犯开过灯
                lamp = False   # 关灯
                num + = 1   # 计数器加 1
                if num = = counter：  break# 如果等于 prisoners - 1 就退出
        else：  # 如果是其他囚犯
            if not lamp and not switch[luck]:
                lamp = True
                switch[luck] = True
    print('所有囚犯都放过风了')


if __name__ = = '__main__':
    prison(7)
```

所以，数的进制并不是仅仅在计数时有用，在其他场景下也能发挥重要作用。其他计算机理论和数学知识也是如此。我们将在后面的章节中用更多的例子来说明这一点。

1.1.5　扑克牌问题

　　有一副只有点数没有花色的扑克牌，点数分别是 1，2，3，…，20，一共 20 张。我们把所有牌正面朝下堆成一叠放在手上，然后用另一只手翻开第一张，发现是 1 点。把这张 1 点牌放在一边，然后摸下一张牌。这时我们并不看它的点数，而是把它放在这叠牌的末尾，使之成为最后一张。接着，翻开下一张牌，发现是 2 点。把这张 2 点牌也放在一边，然后按顺序摸两张牌，不看点数，而是把它们放在这叠牌的末尾。注意，把它们一起放在末尾和把它们一张一张按顺序放在末尾的结果是一样的。再翻开下一张牌，发现是 3 点。这张 3 点牌也放在一边，再一张一张地摸 3 张牌，并按顺序放在末尾。以此类推，直到把所有牌都翻开并放在一边。检查被翻开的牌的点数，发现其顺序分别是 1，2，3，…，20。问：最初牌的顺序是什么？

　　解决这个问题的思路仍然是自顶向下，先整体后局部。如果采用逆向思维，我们可以先准备一叠牌。一开始这叠牌里一张扑克牌都没有，然后把 20 点牌插入这叠牌中去，怎么插入的，我们不关心，待会只需要设计一个子程序来完成这个插入操作即可。然后按顺序把 19 点牌，18 点牌，…，2 点牌，1 点牌插入到这叠牌中。所以，主程序是这样的：

代码 1-9　扑克牌问题主程序

```python
# p01_09_poker.py
# coding = utf - 8


def get_pokers(num):
    result = []
    for k in range(num, 0, -1):
        _insert(k, result)   # 把扑克牌 k 插入到序列 result 中
    return result


if __name__ == '__main__':
    print(get_pokers(20))
```

　　其中的 _insert() 函数就是用来把扑克牌插入到列表中去的。接下来，我们来实现这个子程序。假设这张被插入的牌的点数是 k。在正向思维下，它被翻开拿到一边之后我们又摸了 k 张牌，并放到了这叠牌的底下。现在用逆向思维，在把这张牌插入到列表中去之前，应该从这叠牌的底下一张一张地抽出 k 张牌，并按顺序放在这叠牌的顶端。我们用子程序 _move_last_to_top() 来实现这个功能。现在在 _insert() 的函数体中，我们只管调用它，哪怕它还没有实现，代码如下：

> **代码 1 – 10**　_insert（） 函数的实现

```
def _insert(k, pokers):  #把扑克牌 k 插入到序列 pokers 中
    if len(pokers) > 0:
        for _ in range(k):
            _move_last_to_top(pokers)
    pokers.insert(0, k)
    return pokers
```

最后我们再实现_move_last_to_top（）函数。很简单，只需从列表中删除最后一个元素，然后把它插入到顶端即可。

> **代码 1 – 11**　_move_last_to_top（） 函数的实现

```
def _move_last_to_top(pokers):  #把序列中的最后一张牌移到最前
    last = pokers[-1]
    del pokers[-1]
    pokers.insert(0, last)
```

至此我们就解决了这个问题。其中的关键在于：把一个困难的、大的问题分解为若干小问题，再把每个小问题分解为更小的问题，直到每个最小的问题可以很容易解决为止。

1.2　递归程序设计

上一节简单介绍了自顶向下、先整体后局部的程序设计方法，接下来讲解递归程序设计。递归是指函数自己调用自己的程序设计方法。有意思的是：递归是自顶向下的特殊情形。一般的自顶向下是指一个函数对另一个函数的调用，而递归是指函数对自己的调用。

我们认为，递归的实质是数学归纳法。什么是数学归纳法？例如，如果要证明前 n 个奇数的和等于 n^2，如 $1+3+5=3^2$，$1+3+5+7=4^2$，也就是说 $1+3+\cdots+(2n-1)=n^2$，那么怎么证明呢？

第一步，称为**归纳边界**。即当 $n=1$ 时看看定理是否成立。当然，定理是成立的，因为 $1=1^2$。

第二步，称为**归纳假设**。假设 $n=k$ 时定理成立，即前 k 个奇数的和等于 k^2。

第三步，称为**递归推导**。看看 $n=k+1$ 时定理是否成立。因为 $1+3+\cdots+(2k-1)+[2(k+1)-1]=k^2+2k+1=(k+1)^2$，可见，$n=k+1$ 时定理是成立的。

综合上述三步，我们认为前 n 个奇数的和的确等于 n^2，这就是数学归纳法。递归实际上也是按照这三步来的，分别称为**递归边界**、**递归假设**和**递归推导**。不同的地方仅仅在于，数学归纳法是试图证明一个定理成立，而递归的目的是根据输入生成输出。

下面通过例子来说明为什么递归的实质是数学归纳法。

1.2.1　河内塔问题

递归程序的一个著名例子就是河内塔（Hanoi 塔，也译为汉诺塔）问题。

有 3 根插在地上的杆子 A、B、C。A 杆上套有 n 个中间有孔的碟子，碟子的直径从上到下分别是 1，2，…，n，如图 1 - 1 所示。现在我们试图把所有碟子从 A 杆移到 C 杆，条件是：

1）任意一根杆子上只有最上面的碟子可以移动。

2）任何情况下，大碟子都不能放在小碟子的上面。

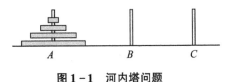

图 1 - 1　河内塔问题

3）B 杆可以作为中转用。

例如，当 $n = 4$ 时，移动步骤是这样的：

1）Move 1 from A = = > B

2）Move 2 from A = = > C

3）Move 1 from B = = > C

4）Move 3 from A = = > B

5）Move 1 from C = = > A

6）Move 2 from C = = > B

7）Move 1 from A = = > B

8）Move 4 from A = = > C

9）Move 1 from B = = > C

10）Move 2 from B = = > A

11）Move 1 from C = = > A

12）Move 3 from B = = > C

13）Move 1 from A = = > B

14）Move 2 from A = = > C

15）Move 1 from B = = > C

解决此类问题的第一件事情就是确定问题的输入和输出。河内塔问题的输出很明确。输入是什么？可能有人认为输入是碟子的个数，例如 n。这个想法是错误的，因为我们并不清楚这 n 个碟子在哪根杆子上。所以输入参数除了 n 之外，应该还有 a、b、c 3 个参数，分别表示"来源""中转""目的地"。注意，a、b、c 的初值分别是 "A""B""C"。

确定了输入和输出之后，就可以按照递归的方法解决这个问题了。既然递归的实质是数学归纳法，并且数学归纳法是按照 3 个步骤进行思考的，那么与之对应，递归也应该按照 3 个步骤进行思考。

第一步，递归边界（对应于数学归纳法的归纳边界）。所谓递归边界就是输入参数要满足的一个条件，在这个条件下，原问题可以很容易得到解决。确定河内塔问题的边界在哪里，就是确定输入参数在什么情况下，问题可以很容易得到解决。显然，当输入参数 $n=1$ 时，问题最好解决，因为此时 a 上仅有一个碟子，直接把这个碟子从 a 移到 c 即可。

第二步，递归假设（对应于数学归纳法的归纳假设）。即假设 $n-1$ 个碟子可以从 a、b、c 中的任意一根杆子移到另外任意一根杆子上。读者可能会有疑问："我怎么把 $n-1$ 个碟子从一根杆子移到另一根杆子上？"。这是假设的。编程序也可以假设？是的，可以假设，这正是递归程序设计神奇又有魅力的地方。

关于递归假设，需要注意两点：第一，递归假设时所用到的参数应该比原问题的参数更靠近边界（递归边界的简称，以下同），例如上面的分析中，$n-1$ 就比 n 更靠近边界；第二，参数的个数、每个参数的类型和作用都应该与原参数一一对应。违反了这两点中的任何一点都会导致递归的失败。

第三步，递归推导（对应于数学归纳法的归纳推导）。就是利用河内塔问题在 $n-1$ 位置处的解来推导问题在 n 处的解。既然 $n-1$ 个碟子可以从任意一根杆子移到另外任意一根杆子上，那么我们可以这样移：以 c 作为中转，先把 a 最上面的 $n-1$ 个碟子移到 b 杆上，如图 1-2 所示，注意 a、b、c 的初值分别是 "A" "B" "C"（后同）；再把 a 杆剩下的直径为 n 的那个碟子移到 c 杆上，如图 1-3 所示；最后把 b 杆上的 $n-1$ 个碟子移到 c 杆上，如图1-4所示，这样问题就得到了解决。

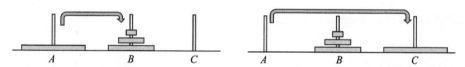

图1-2 $n-1$ 个碟子先从 A 杆移到 B 杆　　图1-3 最大的碟子从 A 杆直接移到 C 杆

递归程序设计的原则就是：首先用一个 if 语句判断当前参数是不是处于递归边界。如果是，就按递归边界处理；否则，利用递归假设和递归推导进行编程即可。解决河内塔问题的递归程序如下：

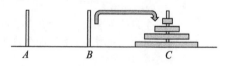

图1-4 $n-1$ 个碟子再从 B 杆移到 C 杆

代码 1-12 解决河内塔问题的递归程序

```python
# p01_12_hanoi.py

def hanoi(panes, a, b, c):
    # 把 n 个碟子从 a 移到 c, b 作中转

    if panes == 1:          # 递归边界,一个碟子最简单,直接移
        print('Move 1 from %s ==> %s' % (a, c))
    else:
        hanoi(panes - 1, a, c, b)    # 先把 n-1 个碟子从 a 移到 b 上,c 作中转
        print('Move %d from %s ==> %s' % (panes, a, c))  # 把最大的碟子从 a 移到 c 上
        hanoi(panes - 1, b, a, c)    # 最后把 n-1 个碟子从 b 移到 c 上,a 作中转

if __name__ == '__main__':
    hanoi(4, 'A', 'B', 'C')
```

　　从本质上讲，递归程序设计方法仍然是一种自顶向下的程序设计。在编写一个递归程序的函数体时，被调用的子函数就是正在被实现的函数本身。既然子程序都可以先调用后定义，那么递归子程序当然也是可以先调用后定义的。唯一区别就是一般自顶向下调用的是其他函数，而递归调用的是当前这个函数本身。

1.2.2　兔子问题

　　一对刚出生的小兔子两个月后就能生下一对小兔子，且之后的每个月都能生一对小兔子。刚生下的小兔子过两个月以后也能每个月生一对小兔子，以此类推。假设兔子永远不会"翘辫子"，现在给你一对刚出生的小兔子，问 n 个月后有几对兔子？

　　显然，输入参数是 n。递归边界是 $n=0$ 或 $n=1$，此时小兔子还没有出生，所以兔子数目都是 1 对。递归假设也很好做。下面考虑递归推导。当 $n>2$ 时，每个月的兔子由上个月的兔子和本月新出生的兔子组成。而本月新出生的兔子数与两个月前的兔子总数相同，因为那时即使是刚出生的兔子现在也能在本月生出一对新的小兔子。所以，本题的解就是著名的斐波那契（Fibonacci）数列：

代码 1-13　解决兔子问题的递归程序

```python
# p01_13_rabbit.py
def get_rabbits(months):
    if months < =1:        # 递归边界
        return 1
    # 每个月的兔子数 = 上个月兔子数 + 这个月新增兔子数
    # 而这个月新增兔子数 = 两个月前的兔子数, 因为那时即使刚出生的兔子现在也能在本月生一
    对小兔子
    return get_rabbits(months - 1) + get_rabbits(months - 2)

if __name__ == '__main__':
    for months in range(11):
        print(months, ':% 6d' % get_rabbits(months), 'pairs')
```

　　运行结果如下：

```
0 :       1 pairs
1 :       1 pairs
2 :       2 pairs
3 :       3 pairs
4 :       5 pairs
5 :       8 pairs
6 :      13 pairs
7 :      21 pairs
```

8 ：　　34 pairs

9 ：　　55 pairs

10 ：　　89 pairs

1.2.3　字符串匹配问题

如果说上节的兔子问题还可以用非递归的方法实现，那么下面这个问题就很难用非递归方法来实现了。

假设"*"可以匹配 0 个或 0 个以上的字符，"?"可以匹配且仅匹配一个字符。请写一个递归函数 match(pattern, str)，判断字符串 str 是否与模式 pattern 匹配。

例如，在操作系统里寻找一个文件时，不必写全文件的名字，可以使用"*"和"?"这两个通配符。如 AB * C? . doc 表示任何以 AB 打头、倒数第二个字符是 C 的 doc 文档。

我们仍然按照递归程序三部曲来考虑这个函数。

第一，递归边界。在什么情况下可以直接判断 str 是否与 pattern 匹配？显然，如果 str 是个空字符串（即长度为 0 的字符串），那 pattern 也必须是个空字符串两者才能匹配。反之，如果 pattern 是个空字符串，那它也只能和空字符串匹配。所以这个边界条件是 str 或 pattern 为空字符串。

第二，递归假设。假设在 pattern 或者 str 比原来少一个字符的情况下，match 函数总能正确地判定二者是否匹配。注意递归假设所用到的参数要比原参数更靠近边界。

第三，递归推导。我们可以考虑 pattern 的第一个字符。如果它是"?"，则 str 的第一个字符可以忽略，只需考虑它们剩下的部分是否匹配即可。如果它是"*"，则又分为两种情况："*"只匹配 0 个字符，这意味着可以把"*"删除，然后考虑 pattern 剩下的部分是否与 str 匹配即可；"*"匹配 1 个或 1 个以上的字符，此时可以把 str 的第一个字符删除，然后看它剩下的部分与 pattern 是否匹配即可。

综上所述，可以给出递归代码如下：

代码 1 –14　解决字符串匹配问题的递归程序

```python
# p01_14_match.py
def match(s, p):
    if len(p) == 0:
        return len(s) == 0

    first = p[0]
    if first == '?':
        return len(s) > 0 and match(s[1:], p[1:])
    if first == '*':
        return match(s, p[1:]) or len(s) > 0 and match(s[1:], p)
    return len(s) > 0 and first == s[0] and match(s[1:], p[1:])
```

```
def _test_match(s, p, result):
    print('%s, %s, %s, %s' % (s, p, result, match(s, p)))

if __name__ == '__main__':
    _test_match('ababaab', 'a*b', True)
    _test_match('ababaab', '*abab*', True)
    _test_match('ababaab', 'a*a?b', True)

    _test_match('ababaab', 'a*bb', False)
    _test_match('ababaab', 'aabab*', False)
    _test_match('ababaab', 'a*b?b', False)
```

_test_match()函数的第三个参数是真实结果,我们会把匹配结果也打印出来与它进行对比。运行结果如下:

ababaab, a * b, True, True

ababaab, * abab * , True, True

ababaab, a * a? b, True, True

ababaab, a * bb, False, False

ababaab, aabab * , False, False

ababaab, a * b? b, False, False

1.2.4　组合问题

从 5 个不同的小球里任取 3 个,有多少种取法?这是一个典型的组合问题,答案是 $C(5, 3)$,即 10 种。但是我们现在并不是要用数学方法求组合的解,而是要求编写一个递归函数 comb(m, n),以求得从 m 个小球里任取 n 个的组合数,其中 $m \geq n$ 始终成立。

我们根据递归程序三部曲来考虑这个函数。

第一,递归边界。在什么情况下,组合数可以直接求得,而不必进行递归?显然当 $n=0$ 时,不论 m 等于多少,组合数都是 1。把 $n=0$ 作为递归边界已经足够了。但是,如果还有其他边界则也应该考虑在内,这样有助于程序在递归过程中更快地接近边界,从而提高程序运行速度,减少内存占用。如果 $n=m$,则意味着把所有的小球都取出,这样的组合数也只有 1 个。

第二,递归假设。假设只要把 m 和 n 做更接近于边界的变化,则组合数总能求得出来。

第三,递归推导。我们把最后一个小球 Z 拎出来单独考虑。如果最后取出来的 n 个小球里不包含 Z,则相当于从 Z 之前的 $m-1$ 个小球里取 n 个,根据递归假设,共有 comb($m-1$, n) 种组合。反之,如果取出来的 n 个小球里包含 Z,则相当于从 Z 之前的 $m-1$ 个小球里取 $n-1$ 个,根据递归假设,共有 comb($m-1$, $n-1$) 种组合。所以递归程序如下:

代码 1 – 15　解决组合问题的递归程序

```python
# p01_15_comb.py

def comb(m, n):
    if n == 0 or m == n:
        return 1
    return comb(m - 1, n - 1) + comb(m - 1, n)


if __name__ == '__main__':
    for m in range(1, 10 + 1):
        for n in range(0, m + 1):
            print('C(% d, % d) =% d' % (m, n, comb(m, n)))
```

解决了组合问题，请大家思考：如何解决排列问题？

1.2.5　人字形铁路问题

　　如图 1-5 所示，有一段人字形的铁路，火车只能从右边铁路线驶进，并且只能从左边铁路线驶出。驶进来的火车可以停在人字形的上半部分（直线）铁路线上，从而让后进来的火车先从左边铁路线驶出。当然它也可以进来之后不作停留直接驶出。假设右边有 n 列火车，问从左边驶出的 n 列火车的排列有多少种？

　　例如，假设右边有 3 列火车 A、B、C，则从左边驶出的火车的排列只有 5 种：ABC、ACB、BAC、BCA 和 CBA。3 列火车的所有 6 种排列里唯有 CAB 是不可能的。

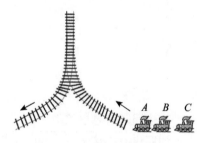

　　显然，本题的输入参数是右边等待进入铁路的火车的数量 n。这当然没有错误，可问题是接下来的递归推导会比较困难。为了解决这个难题，我们再增加一个参数 m，表示从右边开进铁路，停在堆栈里，没有开出的火车数量。m 的初值是 0。

图 1-5　人字形铁路问题：
火车只能右边进左边出

　　显然，递归边界是 $n = 0$。此时，不论停在铁路上的火车（即 m）有多少，这些火车都只能按照次序一一从左边输出。所以输出的排列数目都只有一个。

　　递归假设比较好理解，这里略过不提。对于递归推导，当两个参数分别是 n、m 时，有两种方法分解问题。第一，右边等待的 n 列火车中的第一列开进铁路，这时问题参数分别转化为 $n - 1$、$m + 1$；第二，停在铁路上的 m 列火车中的第一列开出，这时问题参数分别转化为 n、$m - 1$，前提是 $m > 0$。所以我们分别用这两组参数进行递归调用即可。程序如下：

代码 1–16 解决人字形铁路问题的递归程序

```python
# p01_16_trains.py

def get_trains(n, m = 0):
    if n = = 0:
        return 1
    result = get_trains(n - 1, m + 1)
    if m > 0:
        result + = get_trains(n, m - 1)
    return result

if __name__ = = '__main__':
for n in range(1, 10 + 1):
    print(n, get_trains(n))
```

运行结果如下：

1 1

2 2

3 5

4 14

5 42

6 132

7 429

8 1430

9 4862

10 16796

这个问题有意思的地方在于，虽然 m 的值加 1 了，但是子问题的参数还是比原问题更靠近递归边界。这是因为递归边界仅与参数 n 有关，与 m 无关。

1.3 面向对象的程序设计

面向对象方法的核心有两个，一个是封装，另一个是继承。简单地说，封装就是把程序和数据绑定在一起，所以调用一个函数（或者说方法，以下同）的时候，一般要指明调用的是哪个对象的函数。继承就是让子类可以做两件事：第一，定义新的函数；第二，重定义父类中的函数。下面我们以实例来说明面向对象方法的妙用。

1.3.1 方法重定义和分数

一般计算机语言中没有分数类型，Python 也不例外。不过，我们可以创建一个分数类 Fraction，然后实现分数的加减乘除。这个类的框架如下：

代码 1 - 17 分数类

```python
# p01_17_fraction.py

class Fraction：
    def __init__(self, num, denom = 1)：   #构造函数,num：分子,denom：分母
        self.num = num
        self.denom = denom

    def __repr__(self)：  #将这个分数转成字符串
        return '(% s/% s)'% (self.num, self.denom)

if __name__ = = '__main__'：
    f1 = Fraction(3, 4)
    print(f1)
    print(str(f1))
```

在主程序中，我们首先调用 Fraction(3, 4)，以便创建一个分数对象 3/4。这时，Python 约定会调用 Fraction 类中定义的构造函数⊖__init__()，并传入相应的参数 3 和 4。在 Python 中构造函数是__init__()，而在 Java 和 C ++ 中构造函数约定就是类的名字。例如，如果用 Java 或者 C ++ 也编写一个类 Fraction，那么它的构造函数就是 Fraction()，而不是所谓的__init__()。另外，Python 中的任何函数（包括普通函数、内部函数、类的成员函数、类的静态函数和构造函数）不能重复定义。如果重复定义了，Python 运行时也不报错，而是用最后一个同名函数替换。也就是说，Python 不支持面向对象方法中所谓的重载⊜（Overload），但是 Java 和 C ++ 等都支持。顺便提一句，它们仨都支持重定义⊜（Overriden）。关于 Python 的重定义我们马上就会讲到。

定义好分数 f1 之后，我们紧接着就打印它。print() 是 Python 的内部函数。这样的内部函数还有很多，例如 len() 是求一个字符串或者列表的长度等。print() 在打印一个对象时，约定调用的是这个对象的内部成员函数__repr__()，就像 Java 在打印一个对象时会调用它的

⊖ 我们假定您对面向对象方法有一定了解，知道封装、继承、构造函数、成员变量、成员函数、静态函数、多态、重定义等概念。如果并不太清楚这些概念，建议先学习面向对象方法和 Python 语言之后再来学习本书，这样效果会更好。

⊜ Python 虽然不支持重载，但它支持参数列表和参数字典。这使得我们可以用不同的参数组合调用同一个函数。

⊜ 有的教程称为**重写**。

toString()方法一样。所以我们在类 Fraction 的内部成员函数__repr__() 中使用了字符串，并用%操作把分数对象的分子和分母转成形如 "（分子/分母）" 的字符串。其中的关键字 self 是对当前对象的引用，意义与 Java 和 C ++ 中的 this 相同。不同的是，Python 的成员函数的第一个形式参数必须是 self。

大家可以运行一下代码 1 - 17，会得到分数 "（3/4）"。

下面，我们实现分数的加法运算。值得一提的是，和 C ++ 一样，Python 也可以对运算符（例如 +）进行重定义。我们只需在 Fraction 类中定义函数__add__() 即可。代码如下：

代码 1 - 18　分数的加法

```python
# p01_18_fraction_add.py

class Fraction:
    def __init__(self, num, denom = 1):  # 构造函数
        self.num = num
        self.denom = denom

    def __repr__(self):  # 将这个分数转成字符串
        return '(% s /% s)' % (self.num, self.denom)

    def __add__(self, other):  # 重定义运算符 +
        num = self.num * other.denom + self.denom * other.num
        denom = self.denom * other.denom
        return Fraction(num, denom)

if __name__ == '__main__':
    f1 = Fraction(3, 4)
    f2 = Fraction(2, 3)
    print(f1 + f2)
```

运行以后得到结果（17/12）。根据同样的方法，我们可以增加减、乘、除等方法。注意，除法对应的函数名是__truediv__。代码如下：

代码 1 - 19　分数的加减乘除

```python
# p01_19_fraction_ops.py

class Fraction:
    def __init__(self, num, denom = 1):  # 构造函数
        self.num = num
        self.denom = denom

    def __repr__(self):  # 将这个分数转成字符串
        return '(% s /% s)' % (self.num, self.denom)
```

```
    def __add__(self, other):  # 重定义运算符 +
        num = self.num * other.denom + self.denom * other.num
        denom = self.denom * other.denom
        return Fraction(num, denom)

    def __sub__(self, other):  # 重定义运算符 -
        num = self.num * other.denom - self.denom * other.num
        denom = self.denom * other.denom
        return Fraction(num, denom)

    def __mul__(self, other):  # 重定义运算符 *
        num = self.num * other.num
        denom = self.denom * other.denom
        return Fraction(num, denom)

    def __truediv__(self, other):  # 重定义运算符 /
        num = self.num * other.denom
        denom = self.denom * other.num
        return Fraction(num, denom)

if __name__ == '__main__':
    f1 = Fraction(3, 4)
    f2 = Fraction(2, 3)
    print(f1 + f2)
    print(f1 - f2)
    print(f1 * f2)
    print(f1 / f2)
```

有意思的是，我们甚至可以直接进行组合运算，或者使用括号改变运算次序。例如，如果打印 "f1 * (f1 + f2)"，结果就是（51/48）。

除了加减乘除之外，还可以重定义其他运算符，见表 1–2。

表 1–2 Python 运算符/操作与内部成员函数对照表

分类	运算符	对应内部成员函数	示例	说明
算术运算	+	__add__、__radd__	f1 + f2	
	-	__sub__、__rsub__	f1 - f2	
	*	__mul__、__rmul	f1 * f2	
	/	__truediv__、__rtruediv__	f1 / f2	
	%	__mod__、__rmod__	f1 % f2	
	//	__floordiv__、__rfloordiv__	f1 // f2	整除运算
	**	__pow__、__rpow__	f1 ** f2	
	-	__neg__	-f1	求相反数

（续）

分类	运算符	对应内部成员函数	示例	说明
关系 运算	= =	__eq__	f1 = = f2	
	！=	__ne__	f1！= f2	
	>	__gt__	f1 > f2	
	> =	__ge__	f1 > = f2	
	<	__lt__	f1 < f2	
	< =	__le__	f1 < = f2	
位运算	~	__invert__	~ f1	按位取反运算
	&	__and__、__rand__	f1&f2	位与运算
	|	__or__、__ror__	f1 | f2	位或运算
	^	__xor__、__rxor__	f1^f2	异或运算
	<<	__lshift__、__rlshift__	f1 << 3 3 << f1	位左移运算
	>>	__rshift__、__rrshift__	f1 >> 3 3 >> f1	位右移运算
括号 运算	( )	__call__	f1 ( )	直接把 $f1$ 当函数调用
	[ ]	__getitem__	F1 [123] F2 ["abcde"]	以 123 为 key 获取对应的值 以 "abcde" 为 key 获取对应的值
内部 运算	%	__repr__	print（f1） " − −%s−" % f1	打印 $f1$ 对象 字符串% 操作
	del	__delitem__	del f1 ["abc"]	删除 $f1$ 中的属性 "abc"
	in	__contains__	a in f1	返回布尔值以判断 a 是否在 $f1$ 中
内部 函数	abs ( )	__abs__	abs（f1）	
	next ( )	__next__	next（f1）	返回下一个值
	hash ( )	__hash__	hash（f1） {f1：123}	期待返回一个整型值， 以便当作散列地址
	reversed ( )	__reversed__	reversed（f1）	返回 $f1$ 逆转顺序后的结果
	setattr ( )	__setattr__	setattr (f1, "num", 3)	设置属性
	getattr ( )	__getattr__	getattr (f1, "num")	返回属性的值
	delattr ( )	__delattr__	delattr (f1," num")	删除属性
	len ( )	__len__	len（f1）	返回 $f1$ 的长度

（续）

分类	运算符	对应内部成员函数	示例	说明
类型转换	bool（）	__bool__	bool（f1）	f1 转为布尔值
	bytes（）	__bytes__	bytes（f1）	f1 转为字节数组类型
	float（）	__float__	float（f1）	f1 转为浮点型
	int（）	__int__	int（f1）	f1 转为整型
	str（）	__str__	str（f1）	f1 转为字符串
	转迭代器	__iter__	for a in f1： print（a）	f1 转为一个迭代器（Iterator）
with 运算	with	__enter__	with f1	进入一个语句块之前调用该函数
	with	__exit__	with f1	正常或者意外退出一个语句块时调用该函数
对象构建	构造对象	__init__	Fraction（3，4）	构造函数
	删除对象	__del__		对象被从内存中自动删除时调用这个函数

运算符之间的优先级遵循 Python 的约定。

表 1-2 展示了哪些运算符和内部函数可以被重定义。事实上，对分数来说，大部分运算是不必重定义的。例如，位运算符（& 和 |）对分数来说就没有什么实际意义。

表 1-2 中没有逻辑运算符（not、and、or），这说明逻辑运算是不可以重定义的。另外，除了求相反数（-）和按位取反（~）两个一元运算之外，所有算术运算符和位运算符都是二元的，并且都分别对应两个函数。例如加法（+）对应 __add__（）和 __radd__（）。其中 __add__（）表示当前对象对应的是两个运算元中左边那个，如 f1 + f2 就会调用 f1.__add__（）函数，而不会调用 f2.__add__（）函数。而 __radd__（）表示当前对象对应的是两个运算元中右边[⊖]那个，如 3 + f2 就会调用 f2.__radd__（）函数，并把 3 作为参数传入。

考虑到整数与分数的加减乘除的确存在，我们把加减乘除函数改动一下，以适应参数是一个整数的情况，再把右加、右减、右乘和右除重定义，得到如下代码：

代码 1-20 分数可以和整数加减乘除

```
# p01_20_fraction_int.py

class Fraction:
    def __init__(self, num, denom = 1):
        self.num = num
        self.denom = denom
```

⊖ 这就是函数名称 __radd__ 中第一个字母 r 的来由。

```python
    def __repr__(self):
        return '(%s/%s)' % (self.num, self.denom)

    def __add__(self, other):
        other = to_fraction(other)   #将可能的整数转为分数
        num = self.num * other.denom + self.denom * other.num
        denom = self.denom * other.denom
        return Fraction(num, denom)

    def __radd__(self, other):
        return to_fraction(other) + self

    def __sub__(self, other):
        other = to_fraction(other)   #将可能的整数转为分数
        num = self.num * other.denom - self.denom * other.num
        denom = self.denom * other.denom
        return Fraction(num, denom)

    def __rsub__(self, other):
        return to_fraction(other) - self   #注意次序

    def __mul__(self, other):   #重定义运算符 *
        other = to_fraction(other)   #将可能的整数转为分数
        num = self.num * other.num
        denom = self.denom * other.denom
        return Fraction(num, denom)

    def __rmul__(self, other):
        return to_fraction(other) * self

    def __truediv__(self, other):   #重定义运算符 /
        other = to_fraction(other)   #将可能的整数转为分数
        num = self.num * other.denom
        denom = self.denom * other.num
        return Fraction(num, denom)

    def __rtruediv__(self, other):
        return to_fraction(other) / self   #注意次序

def to_fraction(num):
    if type(num) == int:
        return Fraction(num)
    return num

if __name__ == '__main__':
    f1 = Fraction(3, 4)
```

```
f2 = Fraction(2, 3)
print(f1 + f2)
print(f1 - f2)
print(f1 * f2)
print(f1 / f2)

print(3 + f2, f2 + 3)
print(3 - f2, f2 - 3)
print(3 * f2, f2 * 3)
print(3 / f2, f2 / 3)
```

输出结果略。

1.3.2　二十四点问题

下面我们结合上节提到的表达式、加减乘除、运算的概念，解决著名的二十四点问题。

二十四点问题的规则是，给出 4 张扑克牌，利用它们的点数，结合任意的加减乘除运算，以使最终的结果等于 24。例如，10、2、3、7 可以凑成表达式 $10 \times 2 + (7 - 3)$，其结果为 24。

这个问题的主程序比较简单，就是利用 numpy 生成 4 个 1~13 之间的随机整数，然后调用子程序以获取用这 4 个数生成 24 的所有运算表达式，最后再打印出来。代码片段如下：

代码 1-21　二十四点问题主程序

```
# p01_21_24points.py

import numpy as np
import itertools

def make24(numbers):
    return []

if __name__ == '__main__':
    numbers = np.random.randint(1, 14, [4])
    print(numbers)
    result = make24(numbers)
    if len(result) == 0:
        print('No solution!')
    else:
        n = 0
        for value, exp in make24(numbers):
            if value == 24:
                n += 1
                print('% d.' % n, exp)
```

接下来我们就要考虑函数 make24（）的实现了。我们可以用 1、2 节学习过的递归方法进行思考。显然这个问题的输入参数是列表 numbers，输出是这些数所能凑成的表达式及其相应的值。例如 [3, 5, 2] 就能凑成 "3 + 5 + 2" "3 + 5 − 2" "3 × (5 + 2)" 等各种各样的表达式，对应的值分别是 10、6、21 等。

明确了输入和输出之后，我们来确定递归边界。numbers 处于什么状态时问题最简单，我们可以直接给出输出？显然当 numbers 中仅含有一个数时，输出就是这个数本身。

递归假设比较简单，我们直接看递归推导。我们可以把 numbers 中的数据任意分成左右两个列表，每个列表中至少含有一个数。例如 [3, 5, 2] 就可以分成 [3] 和 [5, 2]、[5] 和 [2, 3]、[2] 和 [3, 5] 等。根据递归假设，每个列表都可以通过 make24() 函数计算出一组值及其对应的表达式。我们只需从左右两组值中任意各取一个值，按照加减乘除 4 种运算凑成表达式即可。代码如下：

代码 1 - 22　**make24（）的实现**

```python
def make24(numbers):
    if len(numbers) == 1:  # 如果只有一个数
        return [(numbers[0], str(numbers[0]))]

    result = []
    for left, right in split(numbers):  # 把 numbers 中的数分成左右两个部分
        rresult = make24(right)
        for lvalue, lexp in make24(left):
            for rvalue, rexp in rresult:
                result.append((lvalue + rvalue, '(%s + %s)' % (lexp, rexp)))
                result.append((lvalue - rvalue, '(%s - %s)' % (lexp, rexp)))
                result.append((rvalue - lvalue, '(%s - %s)' % (rexp, lexp)))
                result.append((lvalue * rvalue, '(%s * %s)' % (lexp, rexp)))
                if rvalue != 0:
                    result.append((lvalue / rvalue, '(%s / %s)' % (lexp, rexp)))
                if lvalue != 0:  # 左右位置交换
                    result.append((rvalue / lvalue, '(%s / %s)' % (rexp, lexp)))
    return result
```

注意，在做减法和除法时，要把运算符左右两边交换的情况也考虑在内。

接着，我们要考虑的是 make24() 中调用的子程序 split(numbers)，它用来把 numbers 列表中的数据分成任意两个部分，每一部分至少含有一个数，并分别称为左部和右部。我们用变量 lefts 表示左部列表中数的个数，lefts 从 1 到 len(numbers)//2 循环。循环体内则调用子程序 get_indices_list(indices, lefts)，以获取下标列表 indices 中任意 lefts 个下标构成的组合的集合，其中 indices = {0, 1, 2, …, len(numbers) − 1}，是 numbers 的所有可能的下标的集合。例如 get_indices_list([0, 1, 2], 2) 的返回结果是 {{0, 1}, {0, 2}, {1, 2}}。最后用 indices 减去每个下标组合就可以得到相应的右部下标组合的集合，例如在上例中，右部下

标组合分别是 {2}、{1}、{0}。搞清楚了 split（）的来龙去脉，再来看它的代码就不难了：

代码 1–23 **split（）和 get_indices_list（）的实现**

```
def split(numbers):
    result =[]
    indices = set(range(len(numbers)))   #得到集合{0, 1, 2, …}
    for lefts in range(1, len(numbers) //2 +1):
        for left_indices in get_indices_list(indices, lefts):
            left =[numbers[i] for i in left_indices]    #得到左部列表
            right_indices = indices - set(left_indices)  #得到右部下标组合
            right =[numbers[i] for i in right_indices]  #得到右部列表
            result.append((left, right))
    return result

def get_indices_list(numbers, num):
    return itertools.combinations(numbers, num)
```

其中包 itertools 中的函数 combinations（numbers, num）用来获取由序列 numbers 中任意 num 个元素构成的组合的集合。这正是 get_indices_list（）要达到的目的。如果你对 Python 并不是太熟悉，不知道有这个包以及这个函数，或者你使用的是 C ++ 或 Java 之类没有这类库函数的语言，那么你也可以用递归方法直接实现这个函数。我们在代码 1–15 解决组合问题的递归程序中已经有了解决方案，这里不再赘述。

上述所有子程序实现之后，运行程序就可以随机产生 4 个 1～13 之间的整数，然后回答用它们能否凑出 24。如果能，输出所有可能的表达式。下面是一个示例：

[8 6 12 11]
1. $(6 * (12 / (11 - 8)))$
2. $(6 / ((11 - 8) / 12))$
3. $(6 * (12 / (11 - 8)))$
4. $(6 / ((11 - 8) / 12))$
5. $(12 * (6 / (11 - 8)))$
6. $(12 / ((11 - 8) / 6))$
7. $(12 * (6 / (11 - 8)))$
8. $(12 / ((11 - 8) / 6))$
9. $((6 * 12) / (11 - 8))$
10. $((12 * 6) / (11 - 8))$
11. $((6 * 12) / (11 - 8))$
12. $((12 * 6) / (11 - 8))$
13. $((6 * 12) / (11 - 8))$
14. $((6 * 12) / (11 - 8))$

15. $((12 * 6) / (11 - 8))$
16. $((12 * 6) / (11 - 8))$

当然，这其中存在着不少重复的表达式。如何消除其中重复的表达式，留待读者思考和练习。

1.4 结束语

本章着重介绍了自顶向下、递归和面向对象 3 种程序设计方法。其中前两者的实质相同，都是对问题分解的实现方法。只不过自顶向下是把原问题分解为若干子问题，子问题又进一步分解为它自己的子问题，以此类推。而递归则是把原问题分解为规模小一点、参数更靠近边界的原问题。

除了直接递归以外，还有间接递归。例如 a( ) 函数调用 b( ) 函数，而 b( ) 函数又调用 a( ) 函数。其核心思想仍然是数学归纳法的三部曲。

面向对象的程序设计方法则不同，它的核心是继承，而继承的目的是重用代码。我们在这一章通过几个例子简单地实验了一遍与继承紧密相关的成员函数重定义。可以看到，通过重定义，我们自己定义的分数类也能直接使用 Python 提供的各种运算，甚至连优先级都不用操心。我们将在下面的章节中继续通过实例帮助大家理解面向对象程序设计方法的实质。

第2章

Chapter Two

反向传播算法

2.1 导数和导数的应用

作为深度学习的基础算法，反向传播算法（Back Propagation，BP）是最著名的人工智能算法之一。也许你对它并不陌生，但是 BP 算法的实质是什么呢？为什么这个算法就能帮助人工神经元网络优化参数？要回答这两个问题，我们不得不从高等数学中的导数说起。请不要急于把这本书或者这一章丢到一边。我知道，即使是高等数学考得还不错的学生，也有很大概率对它不感兴趣。下面我们将通过实际例子讲导数，例如怎么用导数求解平方根，然后自然过渡到深度学习。你会发现，这是一段奇妙的数学之旅。

2.1.1 导数

导数就是函数在某一点处的切线的斜率，如图 2-1 所示。更进一步，导数是函数因变量 y 的变化与自变量 x 的变化的比值的极限。即：

$$\frac{\mathrm{d}y}{\mathrm{d}x} = \lim_{\Delta x \to 0} \frac{\Delta y}{\Delta x}$$

这个公式告诉我们：根据导数，我们有可能根据 y 的变化推断 x 的变化。

设有函数 $y = f(x)$，现在我们的目标是求出当 $y = y^*$ 时 x 的值，即求 x^* 满足 $f(x^*) = y^*$。这其实是一件非常有意义的事。例如，根据函数 $y = x^2$ 我们可以很容易算出任意一个数的

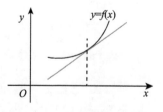

图 2-1 导数即切线的斜率

平方。但是反过来，当 $y = 2$ 时 x 应该等于几就不好计算了。这个问题实际上就是求 2 的平方根。

那么怎么办呢？方法就是先给 x 一个初值，例如 1，然后计算出对应的 y 值，显然也是 1。再计算 y 的当前值与目标值 2 之间的误差 $\Delta y = y^* - y$，根据 Δy 和导数再不断地调整 x 的值以尽量减少 Δy 的绝对值。当 $\Delta y = 0$ 时，对应的 x 就是 2 的平方根。

根据问题分解方法，我们现在要考虑的子问题是如何根据 Δy 和导数调整 x 的值。这其实并没有想象中那么困难。假设 $\Delta y > 0$，此时如果导数 y' 也大于 0，则意味着我们应该把 x 往右移动，即令 $\Delta x > 0$，这样才有可能得到更大的 y，如图 2-2 所示。

再把其他 3 种情况也考虑在内，我们可以得出一个非常有意思的结论。

梯度下降法（Gradient Descent，GD）第一个公式如下：

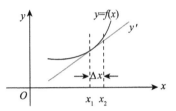

$$\Delta x = a\Delta y \frac{\mathrm{d}y}{\mathrm{d}x} \qquad (2-1)$$

图 2-2　当 Δy 和 y' 都大于 0 时令 $\Delta x > 0$

其中 a 是一个大于 0 的调整因子，又叫作步长。$\Delta y \dfrac{\mathrm{d}y}{\mathrm{d}x}$ 决定了 Δx 的变化方向，a 决定了变化步长。我们可以使用如下迭代算法计算出 x^*。

算法 2-1　根据导数迭代求解最优解（迭代求解算法）

1）给 x 赋予一个随机初值。

2）按照一定循环条件，反复执行：

　　a）计算 $\Delta y = y^* - y$。

　　b）根据式（2-1）或者式（2-2）（后面介绍）求 Δx。

　　c）令 $x = x + \Delta x$。

其中的循环条件可以是 $|\Delta y| < \varepsilon$（ε 是事先指定的一个小正数），可以是固定的循环次数，也可以是这两个条件的或。下面以这个算法为基础，令 $a = 0.01$，按照固定循环次数试着求 1~10 的平方根。代码如下：

代码 2-1　利用导数求平方根

```python
# p02_01_sqrt_deriv.py

def sqrt(ystar):
    y = lambda x: x * x   # 定义函数 y = x * x
    dy_dx = lambda x: 2 * x   # y 的导函数
    dx = lambda x, a: a * (ystar - y(x)) * dy_dx(x)   # dx = a * dy * 导数

    x = 1.0   # 给 x 一个初值
    for _ in range(200):
        x += dx(x, 0.01)
    return x


if __name__ == '__main__':
    for n in range(1, 11):
        print('sqrt(% s) =% .8f' % (n, sqrt(n)))
```

输出结果如下：

sqrt（1）　= 1.00000000
sqrt（2）　= 1.41421352
sqrt（3）　= 1.73205081
sqrt（4）　= 2.00000000
sqrt（5）　= 2.23606798
sqrt（6）　= 2.44948974
sqrt（7）　= 2.64575131
sqrt（8）　= 2.82842712
sqrt（9）　= 3.00000000
sqrt（10）　= 3.16227766

我们看到，这个结果是相当准确的。有趣的是，式（2-1）是一个通用公式。只要选取合适的步长，并且函数 $y = f(x)$ 在定义域区间内处处可导[⊖]，就能用类似的方法求解 f 的反函数[⊖]（又叫逆函数，以下我们无差别地使用这两个概念）。

2.1.2　梯度下降法求函数的最小值

如果 y^* 是事先不确定的，那么我们就不能直接使用式（2-1）。例如，求 y 的最小值和最大值。求 y 的最大值可以转化为求 $-y$ 的最小值，所以我们只需考虑如何求 y 的最小值即可。

假设我们用迭代法求解函数 $y = f(x)$ 的最小值，并且当前 $x = x_1$。如果导数值 $f'(x_1) > 0$，如图 2-3 所示，则意味着当 $x > x_1$ 时因变量 y 的变化趋势是增大的。所以，为了获得更小的 y 值，应该让 x 变小，即 $\Delta x < 0$。如果 $f'(x_1) < 0$，如图 2-4 所示，则意味着当 $x > x_1$ 时因变量 y 的变化趋势是减小。所以，为了获得更小的 y 值，应该让 x 变大，即 $\Delta x > 0$。综上所述，我们可以得到梯度下降法第二个公式，即

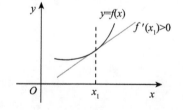

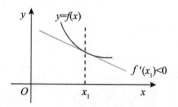

图 2-3　当导数大于 0 时应向左移动 x　　图 2-4　当导数小于 0 时应向右移动 x

$$\Delta x = -a \frac{\mathrm{d}y}{\mathrm{d}x}, \ \text{其中} \ a > 0 \tag{2-2}$$

⊖　后面我们会看到，函数在定义域区间内必须处处可导，这个要求可以进一步降低为处处连续。

⊖　当一个 y 对应多个 x 时，只有其中一个被求出，具体是哪个取决于我们选定的初值。一般情况下，离初值最近的 x 将被求出。

式（2-1）和式（2-2）就是梯度下降法（GD）的两个公式。前者用来计算 y 在特定值 y^* 下的解；后者用来求 y 最小值的解。值得一提的是，式（2-1）的使用可以转为使用式（2-2）。例如，求满足 $f(x)=y^*$ 的 x 可以转为求下面函数的最小值：

$$g(x)=[f(x)-y^*]^2$$

世界上绝大多数深度学习框架，例如后面要学习的 Tensorflow，几乎都是基于 GD 法的。因此我们后面的学习几乎都是围绕着 GD 法以及 GD 法与其他方法的比较进行的。请注意，虽然我们以求最小值为目的推导了式（2-2），但一般情况下，该公式只能求到函数在当前点附近的极小值，其他位置的极小值求不到。因为在极小值点存在 $\frac{\mathrm{d}y}{\mathrm{d}x}=0$，这使得 $\Delta x=0$，从而导致无法更新 x。

式（2-2）是针对一元函数的，多元函数也有类似的公式。对于多元函数 $y=f(x_1, x_2, \cdots, x_n)$ 来说，为了求它的最小值，每个 x_i 都应该按照下面的公式进行迭代，即多元函数梯度下降法公式：

$$\Delta x_i=-a\frac{\partial y}{\partial x_i}, \text{其中 } a>0, i=1, 2, \cdots, n \qquad (2-3)$$

下面，我们编写程序来求函数 $y=(x_1+2)^2+(x_2-3)^2$ 在什么情况下可取得最小值。

代码 2-2 梯度下降法求二元函数最小值

```
# p02_02_min_gd.py

def solve():
    y = lambda x1, x2: (x1 + 2) ** 2 + (x2 - 3) ** 2
    dy_dx1 = lambda x1, x2: 2 * (x1 + 2)    # y 对 x1 的偏导函数
    dy_dx2 = lambda x1, x2: 2 * (x2 - 3)    # y 对 x2 的偏导函数
    dx1 = lambda x1, x2, a: -a * dy_dx1(x1, x2)
    dx2 = lambda x1, x2, a: -a * dy_dx2(x1, x2)

    x1, x2 = 1.0, 1.0    # 给 x1、x2 一个初值
    for _ in range(2000):
        x1 += dx1(x1, x2, 0.01)
        x2 += dx2(x1, x2, 0.01)
    return x1, x2

if __name__ == '__main__':
    print(solve())
```

输出结果：

$$(-1.9999999999999947, 2.9999999999999893)$$

GD 法的实质是在函数曲线上，沿着导数所指示的方向，按照步长所规定的距离移动一个点，看看新位置处的 y 值是不是比原位置的更小或者离 y^* 更近。这意味着 GD 法是通过试探来获得比当前解更优的解的。你也可以采用其他方法进行试探，例如牛顿法、二分法和黄

金分割法等。下面以牛顿法为例进行说明。

2.1.3　牛顿法求平方根

所谓牛顿法，其理论根据是：$\frac{\Delta y}{\Delta x} \approx \frac{\mathrm{d}y}{\mathrm{d}x}$，从而有牛顿法公式：

$$\Delta x = \frac{\Delta y}{y'}, \text{ 其中 } y' = \frac{\mathrm{d}y}{\mathrm{d}x} \qquad (2-4)$$

对比式（2-1）、式（2-2）、式（2-3）和式（2-4），你会发现这些公式的目的都一样，都是为了计算 Δx，从而帮助我们计算逆函数。逆函数之所以重要，是因为它的实质是透过现象看本质，透过结果看原因。这是深度学习乃至人工智能的根本目的。下面我们用牛顿法计算平方根。

令 $y = x^2$，则有 $y' = 2x$。代入牛顿法公式有 $\Delta x = \frac{\Delta y}{2x} = \frac{p - x^2}{2x}$，其中 p 是要求平方根的数。根据算法 2-1 中的迭代方法，则有：

$$x = x + \Delta x = x + \frac{p - x^2}{2x} = \frac{p + x^2}{2x}$$

这就是牛顿求解平方根的公式。下面我们编写程序来验证这个公式：

代码 2-3　牛顿法计算平方根

```
# p02_03_sqrt_newton.py

def sqrt(ystar):
    x = 1.0  # 给 x 一个初值
    for _ in range(5):
        x = (ystar + x * x) / (2 * x)
    return x

if __name__ == '__main__':
    for n in range(1, 11):
        print('sqrt(% s) =% .8f' % (n, sqrt(n)))
```

输出结果如下：

sqrt（1）＝1.00000000
sqrt（2）＝1.41421356
sqrt（3）＝1.73205081
sqrt（4）＝2.00000000
sqrt（5）＝2.23606798
sqrt（6）＝2.44948974
sqrt（7）＝2.64575131

sqrt（8）　= 2.82842713

sqrt（9）　= 3.00000000

sqrt（10）= 3.16227767

此代码仅仅循环 5 次就达到了这样精确的结果，而代码 2-1 循环 5 次是远远达不到这个效果的。既然如此，为什么我们不放弃 GD 法而统一使用牛顿法呢？原因就在于牛顿法计算得到的 Δx 没有经过步长 a 的调整，步子往往跨得太大，从而导致最优解 x^* 被错过。

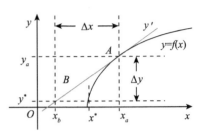

图 2-5　牛顿法 $\Delta x = \dfrac{\Delta y}{y'}$ 导致解的发散

如图 2-5 所示，设有曲线 $y = f(x)$，曲线在 A 点 (x_a, y_a) 的切线斜率是 y'，切线 AB 交直线 $y = y^*$ 于 B 点 (x_b, y^*)。y^* 是目标值。我们的目的是求最优解 x^*，使得 $f(x^*) = y^*$。假设当前 $x = x_a$，请根据牛顿法求 x 的下一个值 x_2。

解答：切线的斜率满足

$$y' = \frac{y^* - y_a}{x_b - x_a}$$

而根据牛顿法有：

$$\Delta x = \frac{\Delta y}{y'} = \frac{y^* - y_a}{y'}$$

把 y' 代入，得：

$$\Delta x = x_b - x_a$$

所以：

$$x_2 = x_a + \Delta x = x_b$$

这意味着切线 AB 与 $y = y^*$ 的交点 B 就是 x 的下一个位置。我们发现 x_b 不但错过了最优解 x^*，而且离 x^* 的距离比 x_a 还要远。这就是牛顿法的问题，即很容易导致解的发散。换句话说，就是步子跨得太大了。极端情况下，x 会越来越发散，永远也到达不了最优解。而 GD 法利用步长因子 a 解决了这个问题。

当然，也可以给牛顿法加一个步长因子。问题是牛顿法 $\Delta x = \dfrac{\Delta y}{y'}$ 中导数位于分母位置，这就限制了 y'，因为其不能等于 0。

2.1.4　复合函数和链式法则

根据前面的论述，解决问题是试图透过现象看本质，透过结果看原因，通过函数求解逆函数。而为了求逆函数，我们采用了 GD 法。后者的实质是求函数对自变量的导数，对多元函数来说就是求偏导。

对于复合函数，可以利用链式法则求偏导。例如，设有函数 $y = f(x)$，$z = g(y)$，即 $z = g(f(x))$。如果用 GD 法求 z^* 的解或者求 z 的最小值，根据链式法则，则有：

$$\frac{\partial z}{\partial x} = \frac{\partial z}{\partial y}\frac{\partial y}{\partial x} = \frac{\partial g(y)}{\partial y}\frac{\partial f(x)}{\partial x}$$

若设 $y = \sin(x)$，$z = 3y^2$，则有：

$$\frac{\partial z}{\partial x} = \frac{\partial 3y^2}{\partial y}\frac{\partial \sin(x)}{\partial x} = 6y\cos(x) = 6\sin(x)\cos(x)$$

上述变量 x、y、z 之间的依赖关系可以用图 2−6 表示。图中的结点表示变量，从一个结点指向另一个结点的指针表示后者的计算依赖于前者。前者称为**后者的前驱**，后者称为**前者的后继**。我们把这种图称为**依赖关系图**。依赖关系图一定是一个有向无环图（Directed Acyclic Graph，DAG）。

最简单的依赖关系图犹如一条直线，除最后一个结点外每个结点都有且仅有一个后继，除第一个结点外每个结点都有且仅有一个前驱。我们在所有的有向弧上标记后者对前者的偏导，如图 2−6 所示。在这样的依赖关系图中计算两个变量之间的偏导，只需把它们之间路径上的所有偏导相乘即可。这就是图示化的链式法则。

图 2−6　依赖关系图

2.1.5　多元函数和全微分方程

复合函数有助于我们用一堆简单的函数组合成一个复杂函数。构成复杂函数的另一个方法是利用多元函数。设有多元函数 $y = f(x_1, x_2, \cdots, x_n)$，则有全微分方程：

$$\mathrm{d}y = \frac{\partial y}{\partial x_1}\mathrm{d}x_1 + \frac{\partial y}{\partial x_2}\mathrm{d}x_2 + \cdots + \frac{\partial y}{\partial x_n}\mathrm{d}x_n \qquad (2-5)$$

如果假设式（2−5）中的每一个 x_i 都是 x 的函数，即 $x_i = f_i(x)$，$i = 1, 2, \cdots, n$，则有 $\mathrm{d}x_i = \frac{\partial f_i(x)}{\partial x}\mathrm{d}x$，代入式（2−5）得：

$$\frac{\partial y}{\partial x} = \sum_{i=1}^{n} \frac{\partial y}{\partial x_i}\frac{\partial x_i}{\partial x}$$

可以用图 2−7 所示的依赖关系图表示。其表明，**y 对 x 的偏导等于从 x 到 y 的所有可能路径上导数乘积的和**。

值得一提的是，这个结论不仅对图 2−7 和图 2−6 有效，其对任意形式的关系依赖图都有效，只要它是一个 DAG。

例如，在图 2−8 所示的依赖关系图中，从 x 到 y 的所有可能路径有：$xacy$、$xady$、$xbdy$。这些路径上的导数乘积分别是 1、−1.5 和 −1，把这些值相加得到 $\frac{\partial y}{\partial x} = -1.5$。有了偏导，在 GD 法的帮助下，我们就可以计算逆函数。

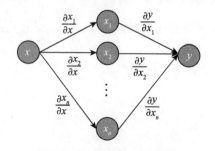

图 2−7　多元函数求偏导

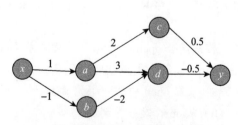

图 2−8　复杂依赖关系图示例

由于深度学习的目的是透过现象看本质，根据原函数计算逆函数，所以依赖关系图和上述计算偏导的过程就构成了整个深度学习大厦的基石。所有深度学习的算法、理论和模型几乎都是建立在这个基础上的。

接下来我们要考虑的问题是：如何优化计算过程，避免重复计算？有没有什么办法帮助我们自动求偏导，自动求解逆函数？

2.1.6 反向传播算法

如图2-8所示，我们在计算y对x的偏导时，有很多路径是共享的，例如弧xa和dy。没有必要对这些路径上的导数乘积进行重复计算。所以我们可以从y出发，沿着有向弧的反方向，每经过一个结点，就看看该结点是否可以计算y对它的偏导。如果能，就进行计算，并访问它的所有前驱结点。这个过程不断地往前推进，直到遇到x结点为止。

而一个结点A是否可计算y对它的偏导，取决于它的所有后继结点是否都已计算了y对其的偏导。如果都算过了，就把这些偏导分别乘以相应结点到A的偏导，再对所有这些乘积求和即可。

如图2-9所示，从y出发，沿着有向弧的反方向，我们首先会遇到d、c两个结点。显然，$\frac{\partial y}{\partial c}$和$\frac{\partial y}{\partial d}$都是可以计算的，我们在$c$、$d$结点边上分别写上0.5和$-0.5$。接着，遇到了结点$a$和$b$。$\frac{\partial y}{\partial a}=2\times0.5$

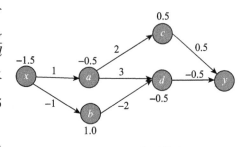

$$+3\times(-0.5)=-0.5,\ \frac{\partial y}{\partial b}=-2\times(-0.5)=1.0,$$

图 2-9 反向传播算法

在a、b结点边上分别写上-0.5和1.0。最后计算$\frac{\partial y}{\partial x}$

$$=1\times(-0.5)-1\times1.0=-1.5。$$计算过程中不需要重复计算共享路径上的偏导乘积。这就是**反向传播算法**（Back Propagation，BP）。

算法 2-2　反向传播算法（BP）

deriv（y，graph）

说明：在有向图graph上计算$\frac{\partial y}{\partial x}$，$x$是任何$y$所依赖的结点。

1）构建一个字典$\nabla=\{y:1\}$，用来保存y对每个结点的偏导。其中y对自己的偏导是1。

2）构建集合open = $\{y\}$，用来保存可以计算偏导的结点。

3）当open集合不为空时，反复执行：

    a）任取open中的一个元素t。

    b）从open集合中删除t。

    c）sum = 0。

d) 对 t 的每个后继结点 p，执行：

$$\text{sum} = \text{sum} + \nabla[p]\frac{\partial p}{\partial t}$$

e) 令 $\nabla[t] = \text{sum}$。

f) 对 t 的每个前驱 q，如果 q 的所有后继都在字典 ∇ 中出现，就把 q 加入集合 open。

算法 2-1 指明了如何利用导数迭代求解最优解，而算法 2-2 给出了求解复杂函数偏导数的方法。

既然 y 对 x 的偏导等于从 x 到 y 的所有可能路径上导数乘积的和，那么正向传播（FP）也能计算这个值。甚至 FP 算法有一个优点：每计算完一个结点就可以释放这个结点所占内存，无须再保留这个结点。而 BP 算法在计算偏导时可能要为某些结点保存函数值，例如函数 $f(x) = \frac{1}{1 + e^{-x}}$ 的导函数 $f'(x) = f(x)[1 - f(x)]$。那我们为什么推荐使用 BP 算法而不是 FP 算法来计算偏导呢？

首先，BP 算法保证了只有必要结点的导数值和/或函数值会被计算，无关结点不会被涉及。其次，更重要的是，BP 算法每计算一个结点就能得到 y 对该结点的偏导。也就是说，一次 BP 计算可以把 y 对所有相关变量的偏导都计算出来，而 FP 算法只能计算 y 对 x 的偏导。

2.1.7　梯度

前面章节中提到了梯度下降法 GD，但是没有严格说明什么是梯度。算法 2-2 中为了计算 y 对任何一个所依赖的结点的偏导数，使用了字典 ∇，用来保存结点的偏导数。这个偏导数就是该结点的**梯度**。偏导数和梯度概念的区别在于：梯度特别强调是网络的最后一个结点对当前结点的偏导数；而偏导数不强调是最后一个结点，任何两个结点之间都可以有偏导数。梯度用符号 ∇ 表示。结点 x 的梯度记为 ∇_x。梯度有以下性质：

1) $\nabla_y = 1$，y 是网络的最后一个结点。

2) $\nabla_x = \sum_i \frac{\partial y_i}{\partial x} \nabla_{yi}$，$y_i$ 是 x 的第 i 个后继。

注意，梯度不是微分，∇_x 不等价于 $\mathrm{d}x$。

2.1.8　分段求导

由于 GD 法要用到导数，所以人们很容易认为，GD 法和 BP 算法只适合于求解在定义域内处处可导的函数的逆函数。真的是这样吗？我们考虑函数 $y = |x|$。显然，它在 $x = 0$ 处没有切线，因而也就不可导，如图 2-10 所示。

那是不是就意味着 GD 法和 BP 算法不能使用在 $y = |x|$ 这类如此简单的函数上？答案是能，只要函数在定义域内任意一点存在左导数或者右导数即可。

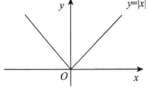

极限 $\lim\limits_{\Delta x \to 0^+} \dfrac{f(a + \Delta x) - f(a)}{\Delta x}$ 称为函数点 a 的**右导数**，极限 $\lim\limits_{\Delta x \to 0^-}$ $\dfrac{f(a + \Delta x) - f(a)}{\Delta x}$ 称为函数点 a 的**左导数**。以左导数为例，如果左

图 2 – 10 $y = |x|$ 在 $x = 0$ 处不可导

导数存在，意味着 x 从左边接近 a 时，计算导数的极限是存在的。

用数学语言来说，连续函数 $f(x)$ 在某一点 a 不可导的充分必要条件是：

$$\lim_{\Delta x \to 0^+} \frac{f(a + \Delta x) - f(a)}{\Delta x} \neq \lim_{\Delta x \to 0^-} \frac{f(a + \Delta x) - f(a)}{\Delta x}$$

例如在图 2 – 10 中，$x = 0$ 处的左右切线斜率分别是 – 1 和 1。所以不可导并不意味着左右导数不存在，只是这两个值不等罢了。而 GD 法是一个迭代算法，是根据 x 的当前值计算它的下一个值（见算法 2 – 1），即使是多元复合函数也是如此。所以在遇到不可导点 a 前，我们必然要么处在它的左边，要么处在它的右边。计算不会因为 a 点的导数不存在而崩溃。即使到达 a 点，也可以根据之前自变量位于 a 的哪一边，用 a 的左导数或者右导数代替，计算仍然不会崩溃。

基于此，GD 法仅要求函数连续即可。其实质就是以不可导点为分界，把函数定义域分成若干段，然后对每段分别求导。这大大降低了 GD 法的应用门槛。以我们后面要学的 Tensorflow 为例，它允许用户使用几乎所有可能的函数。某些不可导函数，例如 relu（），甚至在其中扮演了极其重要的角色。

2.2   自动求导和人工智能框架

上一节的 GD 法解决了基于梯度的通用迭代算法问题，BP 算法解决了多元复合函数求导问题，这使得我们向通用深度学习框架前进了一大步。但是对于简单函数，我们仍然需要声明每个函数的导函数，例如 $\sin(x)$ 的导函数是 $\cos(x)$ 等。接下来，我们从很容易理解的表达式出发，一步一步地用面向对象的方法解决这个问题。

2.2.1   表达式和自动求偏导

这一小节我们考虑的问题是：如何才能自动求得表达式的偏导函数？让我们用面向对象的方法进行思考。首先，把表达式抽象为一个名为 Exp 的类，根据需要，可以在其中定义方法 deriv（），用来计算表达式针对某一变量的偏导函数，见下面的代码片段：

代码 2-4　**Exp 类**

```
# p02_04_exp.py

class Exp:
    def deriv(self, x):
        pass


if __name__ == '__main__':
    exp1 = Exp()
    print(exp1)
```

还记得我们是怎么考虑递归程序设计的吗？第一步就是考虑递归边界。同样，在进行面向对象思考时，第一步应该考虑最简单的表达式是什么。显然，最简单的表达式是常数和变量，例如 3、5、*x*、*y* 等。所以我们在前面代码的基础上添加两个类 Const 和 Variable，它们都是 Exp 类的子类。代码如下：

代码 2-5　**常数和变量**

```
# p02_05_const_variable.py

class Exp:
    def deriv(self, x):
        pass

class Const(Exp):    # Const 是 Exp 的子类
    def __init__(self, value):    # value：常数的值
        self.value = value

    def __repr__(self):
        return str(self.value)

class Variable(Exp):
    def __init__(self, name):    # name：变量的名字
        self.name = name

    def __repr__(self):
        return self.name

if __name__ == '__main__':
    exp1 = Const(123)
    exp2 = Variable('x')
    print(exp1)
    print(exp2)
```

在 Const 的构造函数__init__()中,我们定义了一个参数 value 来表示这个常数对象的值。在 Variable 的构造函数中,我们定义了一个参数 name 来表示变量的名字,例如 x。我们还重定义了 Const 和 Variable 的__repr__()方法。这样,在打印一个表达式时,可以根据它是常数还是变量,调用不同的__repr__()方法,从而得到不同的字符串。

由于我们创建表达式 Exp 类的目的是求偏导,所以接着要考虑的是常数和变量的偏导该怎么求?显然,常数对任何自变量的偏导都是 0。对于变量来说,如果它与自变量相同,偏导就是 1;否则,偏导就是 0。所以我们只需在 Const 和 Variable 中重定义 deriv()函数即可。代码如下:

代码2-6 重定义 Const 和 Variable 的 deriv () 方法

```python
class Const(Exp):
    def __init__(self, value):   # value: 常数的值
        self.value = value

    def __repr__(self):
        return str(self.value)

    def deriv(self, x):
        return Const(0)

class Variable(Exp):
    def __init__(self, name):   # name: 变量的名字
        self.name = name

    def __repr__(self):
        return self.name

    def deriv(self, x):
        if isinstance(x, Variable):   # 判断 x 是否是 Variable 类型
            x = x.name
        return Const(1) if x == self.name else Const(0)
```

比常数和变量稍复杂一点的表达式就是加减乘除。以加法为例,我们先定义 Exp 的子类 Add。在 Add 的构造函数__init__()中添加 left 和 right 两个参数,分别表示加法运算的左右两个子表达式。由于加法的偏导等于偏导的加法,所以很容易重定义 deriv()。以下是代码片段(我们把 Add 类置于类 Variable 之后,并对主程序做了轻微改动。代码的其他部分与之前相同,保持不变):

代码2-7 加法表达式 Add

```python
# p02_07_add.py

class Exp:
    .....
```

```python
class Const(Exp):
    .....


class Variable(Exp):
    .....


class Add(Exp):
    def __init__(self, left: Exp, right: Exp):  # 冒号(:)表示参数的类型
        """
        :param left: 加法的左子表达式
        :param right: 加法的右子表达式
        """
        self.left = left
        self.right = right

    def __repr__(self):  #
        return '(%s + %s)' % (self.left, self.right)

    def deriv(self, x):  # 加法的偏导等于偏导的加法
        return Add(self.left.deriv(x), self.right.deriv(x))

if __name__ == '__main__':
    exp1 = Const(123)
    exp2 = Variable('x')
    exp = Add(exp1, exp2)
    print(exp)
    print(exp.deriv("x"))
```

输出结果：

（123 + x）

（0 + 1）

前面我们讲分数的加减乘除时（见代码 1 - 19），已经知道如何把运算符和类的内部成员函数挂钩，并且已经知道了 __add__() 与 __radd__() 的区别。所以，通过重定义这些运算符函数就可以达到简化使用的目的。下面是对 __add__() 与 __radd__() 的重定义。我们在主程序中直接使用了 + 运算符，并且，为了方便直接使用 Python 的常数（例如 789），我们还新构建了一个函数 to_exp()，用来把一个可能的 Python 常数转化为一个 Exp 对象。代码的其他部分与之前相同，保持不变。

代码 2 - 8　重定义加法运算符函数 __add__() 与 __radd__()

```python
# p02_08_operator.py


class Exp:
    def deriv(self, x):
```

```
        pass

    def __add__(self, other):
        return Add(self, to_exp(other))

    def __radd__(self, other):
        return Add(to_exp(other), self)

def to_exp(value):
    return value if isinstance(value, Exp) else Const(value)

class Const(Exp):
    .....


class Variable(Exp):
    .....


class Add(Exp):
    .....
    def deriv(self, x):   #加法的偏导等于偏导的加法
        return self.left.deriv(x) + self.right.deriv(x)
if __name__ == '__main__':
    x = Variable('x')
    exp = 789 + x
    print('exp =', exp)
    print('deriv =', exp.deriv(x))

    exp = x + 789
    print('exp =', exp)
    print('deriv =', exp.deriv(x))
```

由于有了加法运算符，所以这里就可以把 Add. deriv（）函数中的 Add（）调用换成 +。

以此类推，我们可以把减、乘、除、乘方、求反、对数、正弦、余弦等几乎所有的数学函数都实现，进而实现所有这些函数的任意组合运算以及相应的求导函数运算。下面仅举几个简单例子。

第一个例子是乘法。乘法求导的公式是 $(uv)' = u'v + uv'$，不论 u、v 是函数还是常数，公式都成立。所以，它的求导实现如下，请在前面代码的基础上添加以下代码：

代码 2 - 9 乘法及其偏导的实现

```
class Exp:
    .....
```

```
    def __mul__(self, other):
        return Mul(self, to_exp(other))

    def __rmul__(self, other):
        return Mul(to_exp(other), self)

class Mul(Exp):
    def __init__(self, left: Exp, right: Exp):  # 冒号(:)表示参数的类型
        self.left = left
        self.right = right

    def __repr__(self):  #
        return '(% s * % s)'% (self.left, self.right)

    def deriv(self, x):  # (uv)' = u'v + uv'
        return self.left * self.right.deriv(x) + self.left.deriv(x) * self.right
```

注意，在重定义 Mul 的 deriv () 函数时，我们直接使用了 * 和 + 运算符。

第二个例子是除法。对于除法运算，读者在重定义 Exp 的__rtruediv__() 时，要注意左右子表达式的次序是颠倒的，不要出错。这是因为 Python 语言对于形如 A + B 这样的运算是这样考虑的：

1）如果 A 是一个对象，则调用这个对象的__add__(B) 函数，B 是参数。如果这个函数不存在就报错。

2）如果 A 是基本数据类型，例如整数(int)、浮点数(float)、布尔行(bool)，则调用 B 的__radd__(A)。注意，add 前多了一个 r，并且 A 是参数，所以 B. __radd__(A) 的真实含义和次序是 A + B。

下面是除法的实现：

代码 2 – 10 **除法及其偏导的实现**

```
class Exp:
    .....

    def __truediv__(self, other):
        return TrueDiv(self, to_exp(other))

    def __rtruediv__(self, other):
        return TrueDiv(to_exp(other), self)   # 注意左右次序

class TrueDiv(Exp):
    def __init__(self, left: Exp, right: Exp):  # 冒号(:)表示参数的类型
        self.left = left
        self.right = right
```

代码 2－12　对数运算及其偏导的实现

```python
e = Const(math.e)
def log(value, base = e):
    value = to_exp(value)
    base = to_exp(base)
    return Log(value, base)


class Log(Exp):
    def __init__(self, value: Exp, base: Exp):    # 冒号(:)表示参数的类型
        self.value = value
        self.base = base


    def __repr__(self):    #
        return 'log(% s, % s)' % (self.value, self.base)


    def deriv(self, x):    # log(u, v) = (u'/u - v'/v * ln(u)/ln(v)) /ln(v)
        u = self.value
        v = self.base
        return (u.deriv(x)/u - v.deriv(x)/v * log(u)/log(v)) /log(v)
```

　　至此我们给出了在 Python 中有对应运算符和没有对应运算符的函数实现的例子。以此类推，读者请务必自行实现所有其他基本运算和函数，包括但不限于加、减、乘、除、乘方、对数、求反、绝对值、三角函数、反三角函数……如果某个函数或者运算符没有实现，会影响后面程序的运行。之后我们就可以轻松计算任意函数或者复合多元函数的偏导。下面是一个例子：

代码 2－13　测试表达式和偏导

```python
if __name__ = = '__main__':
    x = Variable('x')
    exp = 789 + x
    print('exp =', exp)
    print('deriv =', exp.deriv(x))

    exp = x + 789
    print('exp =', exp)
    print('deriv =', exp.deriv(x))

    exp = 3 * x * * 2 + x * * 5
    print('exp =', exp)
    print('deriv =', exp.deriv(x))
```

运行结果是：

$\exp = (789 + x)$
$\text{deriv} = (0 + 1)$
$\exp = (x + 789)$
$\text{deriv} = (1 + 0)$
$\exp = ((3 * (x ** 2)) + (x ** 5))$
$\text{deriv} = ((((3 * ((x ** (2 - 1)) * ((1 * 2) + ((x * 0) * \log (x, 2.718281828459045))))) + (0 * (x ** 2))) + ((x ** (5 - 1)) * ((1 * 5) + ((x * 0) * \log (x, 2.718281828459045)))))$

其中最后一个结果是 $3x^2 + x^5$ 对 x 的导数。结果是对的，但显然太烦琐了。优化的办法是对常数做特别处理，例如，$3 + 5$ 可以简化为 8，$a + 0$ 可以简化为 a。我们可以在 Exp 类中定义一个 simplify() 函数，返回一个简化了的表达式，不能简化时就返回 self 自身。下面，我们对加法和减法进行简化（省略号代表类或者代码中的其他部分与上一节的代码相同）。

代码 2-14 简化加法和减法

```python
# p02_14_simplify.py
import math

class Exp:
    def simplify(self):
        return self        # 当不能简化时就返回 self 自身
    .....


class Add(Exp):
    def simplify(self):
        left, right = self.left, self.right
        if isinstance(left, Const):
            if left.value == 0:
                return right        # 0 + right = right
            if isinstance(right, Const):
                return Const(left.value + right.value)   # 两常数相加
        elif isinstance(right, Const) and right.value == 0:
            return left   # left + 0 = left
        return self
    .....


class Sub(Exp):
    def simplify(self):
        left, right = self.left, self.right
        if isinstance(left, Const):
            if left.value == 0:
```

```
            return -right      # 0 - right = -right,别忘记实现负运算 Neg
        if isinstance(right, Const):
            return Const(left.value - right.value)  # 两常数相减
    elif isinstance(right, Const) and right.value == 0:
        return left  # left - 0 = left
    return self
```

请读者按照同样的方法简化所有其他运算和函数。注意，有些类型是不用简化的，例如 Const 和 Variable（想想看，为什么?）。

所有运算和函数都被简化之后，接下来我们就要考虑如何方便地使用 simplify() 函数。对于表达式 Const（3）+Const（5）来说，我们期望能直接用 Const（8）代替。为了达到这个目的，我们在 Exp 的所有运算符函数（例如__add__()）中对运算结果调用 simplify() 即可。下面是在类 Exp 和函数 log() 中调用 simplify() 的示例⊖：

代码 2-15　在类 Exp 和函数 log () 中调用 simplify () 函数

```python
# p02_14_simplify.py
import math

class Exp:
    def __add__(self, other):
        return Add(self, to_exp(other)).simplify()

    def __radd__(self, other):
        return Add(to_exp(other), self).simplify()

    def __sub__(self, other):
        return Sub(self, to_exp(other)).simplify()

    def __rsub__(self, other):
        return Sub(to_exp(other), self).simplify()
    ……  # 以下类推

def log(value, base = e):
    value = to_exp(value)
    base = to_exp(base)
    return Log(value, base).simplify()
```

最后运行程序，得到的结果是：

exp =（789 + x）

⊖　之所以要对 log() 函数进行修改，是因为对数操作没有对应运算符。用户使用对数时直接调用 log
　　() 即可。

```
deriv = 1
exp = （x + 789）
deriv = 1
exp = ((3 * (x * * 2)) + (x * * 5))
deriv = ((3 * (x * 2)) + ((x * * 4) * 5))
```

2.2.2 表达式求值

当自变量的值已经给定时，我们有时希望给出表达式的值或导数的值。由于偏导函数也是一种表达式，所以，这个问题可归结为如何求表达式的值。而 Exp 的所有子类中，只有变量 Variable 的值是不确定的，其他表达式的值可以通过计算得到。所以，问题又归结为如何对变量进行赋值。

根据面向对象方法，我们解决这个问题的办法是在父类 Exp 中定义一个新方法 eval（＊＊env[⊖]）。该成员函数用来把当前表达式转为另一个表达式，参数 evn 中保存了变量的值。例如，当 $x = 5$ 时，表达式 $x + 3$ 会被转化为 $5 + 3$，然后又简化为 8。代码如下：

> **代码 2 – 16** **表达式求值**

```
# p02_16_eval.py

import math

class Exp:
    def eval(self, * * env):
        return self.simplify()   # 缺省地,返回化简结果
    .....

class Neg(Exp):
    def eval(self, * * env):
        return - self.value.eval( * * env)
    .....
class Const(Exp):
    def eval(self, * * env):
        return self.value
    .....

class Log(Exp):
```

⊖ Python 语法中，形式参数 ＊＊env 表示 env 是一个字典（dict），称为**参数字典**。函数被调用时，实参列表中有名字的参数及其对应的值会被加入这个字典中，传给 env。例如，假设我们调用 exp. eval（$x = 123$, $y = 456$），则形参 env = ｛$'x'$: 123, $'y'$: 456｝。env 中的键都是字符串，不是变量 x 或者 y。

```
    def eval(self, **env):
        return Log(self.value.eval(**env), self.base.eval(**env))
    .....


class Variable(Exp):
    def eval(self, **env):
        return env[self.name] if self.name in env else self
    .....


if __name__ == '__main__':
    x = Variable('x')
    exp = 3 * x ** 2 + x ** 5
    print('exp =', exp)
    print('deriv =', exp.deriv(x))
    for v in range(5):
        print('exp[x=%s] =' % v, exp.eval(x=v))
        print('deriv[x=%s] =' % v, exp.deriv(x).eval(x=v))
```

在上面的代码中，我们先在 Exp 中定义了 eval( ) 函数，然后在 Exp 的子类 Neg、Const、Log、Variable 中重定义了这个函数。请大家自行重定义 Exp 所有子类中的 eval( ) 函数，然后运行上面的程序（完整代码见 p02_6_eval. py），得到如下结果：

```
exp = ((3 * (x ** 2)) + (x ** 5))
deric = ((3 * (x * 2)) + ((x ** 4) * 5))
exp [x = 0] = 0
deriv [x = 0] = 0
exp [x = 1] = 4
deriv [x = 1] = 11
exp [x = 2] = 44
deriv [x = 2] = 92
exp [x = 3] = 270
deriv [x = 3] = 423
exp [x = 4] = 1072
deriv [x = 4] = 1304
```

2.2.3　求解任意方程

前面我们介绍了 GD 法和表达式以及表达式求导和求值。下面把它们结合在一起，构成一个智能框架，从而能够求解用户给出的任意方程或者方程组。

例如，为了求解方程 $x^2 + 3x - 10 = 0$，我们首先要让用户输入 $x**2+3*x-10$ 这样的字符串，然后通过 Python 的内部函数 eval（）[⊖]把该字符串转成 Exp 类型。最后，用 GD 法的式（2-2）求解该表达式等于 0 的解。根据自顶向下原则，我们先写主程序：

代码 2-17 解方程主程序

```python
# p02_17_equation.py
# 解方程
from p02_16_eval import Variable

def solve(exp, x):
    return 0

if __name__ == '__main__':
    while True:
        exp = input('Please input the expression such as x**2+3*x-10, press enter to exit: ')
        exp = exp.strip()
        if len(exp) == 0:
            break
        x = Variable('x')
        exp = eval(exp)
        print(exp)
        print(x, '=', solve(exp, x))
```

主程序中的关键是用到了 Python 的内部函数 eval（），它可以把用户输入的字符串当成一个 Python 表达式进行求值。假设用户输入字符串 $x**2+3*x-10$，eval（）就会把它理解为 Python 表达式，然后计算它的值。你可以把字符串理解为 Python 代码，替换 eval（）调用。例如 exp = eval(exp) 就相当于 exp = $x**2+3*x-10$。由于我们在这一句之前定义了 x = Variable('x')，所以 Python 能够调用我们前面为 Exp 编写的代码，从而构成一个 Exp 表达式。假如没有 x = Variable('x') 这一句，运行时 Python 会报告变量 x 没有定义。

接着我们调用了 solve（）函数，它被用来求解表达式等于 0 的解。见代码 2-18：参数 exp 表示输入的任意表达式；variable 是该表达式中要求解的变量；epoches 为 int 型，表示最大迭代次数，缺省值为 50000；lr 为学习步长（learning rate），即式（2-2）中的 a，缺省值为 0.01；eps 是解的精度要求，缺省值为 0.001。我们按照算法 2-1 对函数 solve（）进行了实现。

代码 2-18 通用解方程函数 solve（）

```python
# p02_18_solve.py
def solve(exp, variable, epoches=50000, lr=0.01, eps=0.001):
    value = 1.0    # 初值为1.0
```

⊖ 不同于上节讲的 eval（）函数，该函数是类的成员函数，且是我们自己定义的；上节讲的 eval（）函数是 Python 内部定义的全局函数。

```
exp = exp * * 2   # 求 exp * * 2 的最小值
deriv = exp.deriv(variable)
i = 0
while epoches is None or i < epoches:   # 在一定循环次数
    param = {variable.name: value}
    dx = - lr * deriv.eval( * * param)
    new_value = value + dx
    if abs(value - new_value) < = eps:   # 解满足精度要求
        break
    value = new_value
    i + = 1
return value
```

程序运行时，用户只需输入一个合法的、以 x 为自变量的 Python 表达式即可。下面是个例子：

Please input the expression such as x * * 2 + 3 * x - 10, press enter to exit: x * * 2 + 3 * x - 10

(((x * * 2) + (3 * x)) - 10)

x = 1.999921322820418

Please input the expression such as x * * 2 + 3 * x - 10, press enter to exit:

注意，如果希望用户使用 log( ) 这样的没有运算符的函数，应该在程序里把上节我们定义的 log( ) 函数引入(import)进来；否则，程序无法识别这样的函数。

2.2.4 求解任意方程组

对上节的代码稍加改进，我们就可以求解任意多元方程组。方法是：

1）把 solve 的参数 exp、variable 分别改为 exps 和 variables，表示输入的方程和变量都是一个列表。

2）在 solve 的函数体中，把局部变量 value 改为 values，对应于每一个变量的值。

3）构建一个新的表达式 exp，它等于所有方程的平方和。这样，在求得 exp 的最小值时，顺带就求得了原来方程组的解（下文我们会把这样的 exp 称为**目标函数**）。

4）计算并记录 exp 对每一个变量的偏导函数 derivs。

5）在循环体中求每一个变量的变化值，然后更新所有变量。

6）返回解即可。

解方程组的代码如下：

代码 2 - 19 解方程组

```
#  p02_19_equations.py
#  解方程组
from p02_16_eval import Variable
```

```python
def solve(exps, variables, epoches=50000, lr=0.01, eps=0.001):
    values = [1.0 for _ in variables]              # 初值为1.0
    exp = 0
    derivs = []
    for e in exps:
        exp += e ** 2                              # 求平方和的极小值
    for var in variables:
        derivs.append(exp.deriv(var))              # 对每个变量求偏导
    i = 0
    while epoches is None or i < epoches:          # 在一定次数内循环
        # 给每个变量赋值
        param = {var.name: value for var, value in zip(variables, values)}
        dxs = [-lr * deriv.eval(**param) for deriv in derivs]   # 利用GD求每
        个变量的误差
        new_values = [value + dx for dx, value in zip(dxs, values)]   # 变量值加
        误差
        if eps is not None:
            ok = True
            for value, new_value in zip(values, new_values):
                if abs(value - new_value) > eps:   # 解满足精度要求就退出
                    ok = False
                    break
            if ok: break
        values = new_values                        # 新值替换旧值
        i += 1
    return values


if __name__ == '__main__':
    x = Variable('x')
    y = Variable('y')
    z = Variable('z')
    exps = []
    while True:
        exp = input('Please input an expression with variables of x/y/z:')
        exp = exp.strip()
        if len(exp) == 0:
            break
        exp = eval(exp)
        print(exp)
        exps.append(exp)
    vars = [x, y, z]
    for var, value in zip(vars, solve(exps, vars)):
        print(var.name, '=', value)
```

所以，虽然上述代码是针对方程组的，但它的逻辑与前面解方程的程序是等价的；只不

过解方程时只处理一个未知数、一个值，而解方程组时处理一堆未知数、一堆值。算法逻辑并没有改变。这也是一个比较重要的程序设计技巧，即先针对简单的数编写程序，然后再把其中的数据改为多维，但不改变程序逻辑，从而达到提升程序功能的目的。

这个程序允许用户最多使用 3 个未知数 x、y、z。输入完毕后直接按回车键，系统就会自动对方程组进行求解。下面是一个例子，求解方程组 $\begin{cases} 3x + 2y - 6 = 0 \\ x - 5y^2 + 1 = 0 \end{cases}$。

Please input an expression with variables of x/y/z: $3 * x + 2 * y - 6$

$(((3 * x) + (2 * y)) - 6)$

Please input an expression with variables of x/y/z: $x - 5 * y * * 2 + 1$

$((x - (5 * (y * * 2))) + 1)$

Please input an expression with variables of x/y/z:

$x = 1.5213930455427034$

$y = 0.710675704190072$

$z = 1.0$

2.2.5　求解任意函数的极小值

前面我们给出了方程和方程组的解法。我们已经构建了一个通用程序，或者说程序设计框架的雏形。下面我们更进一步，考虑求解任意多个函数的极小值。

在说明式（2-1）和式（2-2）时，已经证明了解方程等价于求极小值，所以 solve( ) 函数只需做轻微改动即可。

代码 2-20　求极小值

```python
# p02_20_min.py
# 求极小值
from p02_16_eval import Variable


def solve(exps, variables, epoches=50000, lr=0.01, eps=0.001):
    values = [1.0 for _ in variables]        #初值为1.0
    exp = 0
    derivs = []
    for e in exps:
        exp += e                             #求表达式和的最小值
    for var in variables:
        derivs.append(exp.deriv(var))
    i = 0
    while epoches is None or i < epoches:
        param = {var.name: value for var, value in zip(variables, values)}
        dxs = [-lr * deriv.eval(**param) for deriv in derivs]
        new_values = [value + dx for dx, value in zip(dxs, values)]
```

```python
        if eps is not None:
            ok = True
            for value, new_value in zip(values, new_values):
                if abs(value - new_value) > eps:
                    ok = False
                    break
            if ok: break
        values = new_values
        i + = 1
    min_values = [e.eval( * * param) for e in exps]    # 最后给出每个表达式的极小值
    return values, min_values                            # 返回解和极小值

if __name__ = = '__main__':
    x = Variable('x')
    y = Variable('y')
    z = Variable('z')
    exps = []
    while True:
        exp = input('Please input an expression with variables of x/y/z:')
        exp = exp.strip()
        if len(exp) = = 0:
            break
        exp = eval(exp)
        print(exp)
        exps.append(exp)
    vars = [x, y, z]
    values, mins = solve(exps, vars)
    for var, value in zip(vars, values):    # 打印解
        print(var.name, '=', value)
    for e, m in zip(exps, mins):                  # 打印极小值
        print('min(% s) =% s' % (e, m))
```

运行结果如下：

Please input an expression with variables of x/y/z: (x-2) * *2
((x-2) * * 2)
Please input an expression with variables of x/y/z: (y+3) * *2
((y+3) * * 2)
Please input an expression with variables of x/y/z:
x = 1.987524486650139
y = -2.9500979466005552
z = 1.0
min (((x-2) * * 2)) = 0.000155638433342562

$$\min\ (((y+3)**2))=0.\,002490214933481036$$

2.2.6 张量、计算图和人工智能框架

至此，我们已经非常接近人工智能框架 Tensorflow（简称为 **TF**）的实质了。TF 的实质是什么？TF 的实质就是一个自动求微分（偏导数）的工具。TF 中的基本概念其实就是表达式，即前面反复操作的 Exp 及其子类。只不过 TF 中不叫表达式，而是叫作**张量**。所谓张量，就是可以求值、求偏导的表达式对象。另外，TF 中的张量不仅可以像 Exp 一样取值为标量，也可以取值为向量、矩阵或者高维矩阵；而我们的 Exp 只能取值为标量[⊖]。

张量可以构成计算图。那计算图的实质又是什么呢？计算图的实质就是依赖关系图，即用来表明张量之间依赖关系的有向无环图。由于后者与 BP 算法密不可分，所以 BP 算法自然也就成了 TF 的核心算法之一了。

张量、计算图、GD 法和 BP 算法构成了 TF 的基础，TF 的其他概念、算法几乎都是建立在这个基础之上的。现在，由于学习了表达式、求值和求偏导，我们可以比较轻松地迈入 TF 的世界了。

2.3 结束语

本章从求解函数最小值和在特定值下的解出发，介绍了导数、梯度下降法和反向传播算法；介绍了全微分公式和链式法则在反向传播算法中的应用，并由此引出了表达式的概念，给出了对表达式自动求值、求偏导的方法，最终导出能够求解任意方程组的解或者任意方程组最小值的通用框架。这是我们走向深度学习和人工智能框架的第一步。只有真正理解了这些基本概念和基本算法，才能够理解深度学习和人工智能框架，理解它们背后深刻的数学本质。

⊖ 当然，这不是什么本质区别。我们可以很容易把 Exp 扩展到向量和高维矩阵上。

第 3 章

神经元网络初步

Chapter Three

3.1 Tensorflow 基本概念

3.1.1 计算图、 张量、 常数和变量

前文已经说过, TF 的张量等价于表达式 Exp, 计算图等价于
依赖关系图, 所以创建张量的过程等价于创建一个表达式。表达
式 Const(3) + Variable('x') 与 3 + x 的区别是前者创建了一个新的
表达式对象, 并建立了一个如图 3 - 1 所示的依赖关系图; 而后
者则直接从内存中取得 x 的值, 然后与 3 相加, 不会建立什么依
赖关系图。

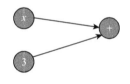

图 3 - 1　依赖关系图示例

换句话说, 在表达式之间执行加法运算时, 并不进行数值计算, 而是创建一个加法表达
式; 而在常数和变量之间执行加法运算则会导致计算的发生。前者等价于创建一个 Exp 类型
的对象, 后者等价于对 Exp 对象执行 eval( ) 操作。这两者当然是不一样的。

在 TF 中也有常数和变量, 就像 Exp 有子类 Const 和 Variable 一样。有时, 为了避免与
Python (或者任何一个高级程序设计语言) 中的常数、变量混淆, 我们又分别称它们为常数
张量和变量张量。下文中, 如果不特别说明, 常数、变量、各种运算等指的都是张量。

例如引入 TF(即 import tensorflow as tf) 之后, tf. constant(123) 和 tf. constant([45, 67,
89]) 表示 TF 中的**常数**。它们的值分别是标量 123 和向量 [45, 67, 89]。这里, 常数的
"值" 这个概念等价于 Exp 的子类 Const 的 value 属性 (即成员变量, 以下同)。

Const 的 value 属性是有类型的, 例如 int、float、bool、str 等。与之对应, TF 中的常数
的值也有类型, 分别是整型、浮点型、tf. bool 和 tf. string 等。与 Python 的基本数据类型 int
不同, TF 的整型又分为 tf. int8、tf. int16、tf. int32、tf. int64 四种, 分别占 1、2、4、8 个字
节。TF 的不同整数类型是不通用的, 要想对两个不同长度的整型进行运算, 就要用 tf. cast( )
函数改变其中一个张量的长度。例如, tf. cast(x, tf. int16) 就能把张量 x 转成 2 字节整型。

在高级语言中, 例如 Python、Java、C 和 C ++ 等, 不同长度的整型数据是通用的。这是
因为编译器或者解释器能够自动地帮我们把长度短的整型数据加长。例如在 2 字节整型的左

边（高位）再增加 2 个字节的 0，就可以把一个非负整数转为 4 字节整数，还能保持值不变。那为什么 TF 不这样做呢？那是因为 TF 主要针对的是高维矩阵数据，如果允许整型相互之间直接通用，在一个矩阵中就势必要允许存在长度不同的整数。运算前要想对齐这些整数会很麻烦，很耽误时间。换句话说，高级语言编译器或者解释器主要面对的是一个标量整数，它的类型和转换方法是确定的；而 TF 面对的是一堆整数，各种长度都有可能。为了避免在这一不太重要的地方浪费运算时间，TF 就不允许不同长度的整数聚集在同一个矩阵中，从而也就不允许直接通用不同长度的整数及其矩阵。

读者可以试着执行下面的代码，会发现程序报错。

代码 3-1 不同长度的整型张量之间不通用

```
# p03_01_int64_int16

import tensorflow as tf
a = tf.constant(3, tf.int64) + tf.constant(456, tf.int16)
print(a)   # 此时报错
```

TF 中的浮点类型也分为 tf. float16、tf. float32 和 tf. float64 三种类型，长度分别是 2、4 和 8 个字节，相互之间也不通用。

TF 中的另一个基本概念是**变量**（等价于 Exp 中的 Variable）。与高级语言中的变量一样，TF 中的变量也可以拥有值（标量、向量或者高维矩阵），或者被赋予新的值。创建一个变量最简单的办法是调用 tf. get_variable(name, shape, dtype) 函数。例如，tf. get_variable('xyz', [3, 2], tf. float32) 表示创建一个名为 xyz 的变量，值是 3×2 的矩阵，矩阵中的元素是 32 位浮点数。这里，[3, 2] 表示矩阵的**形状**（Shape），即矩阵有几个维度（Dimension），每个维度的大小是多少[一]。TF 用 Python 的列表 (list) 表示张量的形状，该列表的长度被称为**阶**（Rank），又称为维度数。例如形状 [3, 8, 5] 的阶就是 3。标量的形状是空列表 [ ]，阶为 0。

TF 的变量与 Python 变量的区别是：

1）TF 的变量是个张量，即计算图中的一个结点。它的性质与其他结点（例如加法或者 relu 函数）相同。而 Python 变量是内存中的一块区域，其中可能存放着一个基本类型值（例如整数、浮点数或者一个布尔值），也可能存放着一个对象的地址。

2）TF 的变量是不可以直接赋值的，就像不会给一个表达式加法或者 log 函数赋值一样。要想给一个 TF 的变量 a 赋值，请首先执行 tf. assign(a, x)，然后执行一个会话（Session，后面介绍）对象的 run( ) 方法，才能完成对 a 的赋值。而 Python 变量是可以直接赋值的，例如 $a = 3$ 就是把 3 赋值了 a 这个 Python 变量。甚至可以把一个张量赋值给一个 Python 变量，例如 a = tf. constant(12345) 或者 a = tf. get_variable('xyz', [5, 8, 2], tf. float32)[二]。在 Python 看来，张量不过是一个对象而已，当然可以赋值给一个 Python 变量，以便在随后的代码中可

[一] 变量的形状是 [3, 2] 与变量的值是 [3, 2] 是两回事。

[二] $a = 3$ 和 a = tf. constant（12345）的含义其实是不一样的，前者表示把 3 这个数值赋给变量 a，后者是把张量对象的地址赋给 a。

以通过这个 Python 变量来引用该张量。

3）定义一个 TF 变量至少要指明其名字、形状和值类型；而定义一个 Python 变量时不需要指明任何属性，连名字都不用。Python 变量的实质是对对象或者 Python 基本类型值的引用；而 TF 变量是一个 tf. Variable 类型的对象，有自己的属性和方法，能够参与构建计算图（就像 Exp 的子类 Variable 可以参与构建复合函数一样）。它就是它自己，不是对其他任何对象或者别的什么东西的引用。

4）TF 变量的值随会话的不同而不同。事实上，脱离会话也就无所谓 TF 变量的值是什么。就像 Exp 的子类 Variable 的内部成员函数 eval(＊＊env) 可以计算该变量的值，前提是必须提供 env 参数作为环境。离开环境也就无所谓变量的值是什么。

5）当把一个含有 10000 个元素的列表赋值给一个 Python 变量 a 时，这意味着内存中存在着一个占据 10000 个单位内存的大型对象；而创建一个含有 10000 个元素的 TF 变量时，例如 tf. get_ variable（'abc'，［10000］，tf. int32），内存里除了多出一个名为 abc 的张量外（这个张量占据的内存很少），不会存在一个占据大量内存的大型对象。

下面是一段 TF 的会话与常数、变量之间关系和互动的代码示例：

代码 3 – 2　只有在会话中才能获取一个张量的值

```
# p03_02_tf_constant_variable_session.py
import tensorflow as tf

a = tf.constant(3)
b = tf.constant(4)
c = a + b
print(c)   # 此时打印的是一个加法张量,而不是7

x = tf.get_variable('x', [], tf.int32)   # []表示标量
d = a * x
print(d)   # 此时打印的是一个乘法张量

with tf.Session() as session:   # 创建一个会话,并在这个会话内求张量的值
    print(session.run(c))   # 此时才会打印7
    print(session.run(d))   # 此时会报错,因为 x 没有初值
```

3.1.2　会话、运行

我们知道，在 Exp 及其子类对象中有一个 eval(＊＊env) 方法。参数字典 env 给出了一个对变量进行求值的环境。TF 中的会话（Session）则起到了对张量进行求值的环境作用。Session 的 run(tensors, feed_dict = None) 方法就相当于 Exp 的 eval() 方法。其中第一个参数 tensors 是要求解的张量或者张量列表，第二个参数 feed_dict 是一个字典（dict）类型对象，它的键必须是张量，值是要给这个张量赋予的初值（见 3.1.3 节）。

如代码 3-2 所示，应该在 with 语句之下执行 run( ) 函数，这是因为我们要保证会话（或者说环境）正常地打开或者关闭。当然，也可以直接执行 Session. _enter_( )、Session. _exit_( )或 Session. close ( )方法手工打开或者关闭会话，但不建议这样做。因为 with 语句能保证即使其下方的语句出现异常，Session. _exit_( )也能被调用，从而保证会话能被正常地关闭[⊖]。

TF 的会话还具有保存和恢复模型、设置 GPU 运行参数、为占位符张量提供数据的作用。我们会在后面的章节中逐步学习。

3.1.3　占位符

除了常数和变量之外，TF 还有一种奇特的张量：**占位符**。调用 tf. placeholder( )可以创建一个占位符。构建一个占位符同样需要提供值类型、形状和名字，就像定义一个常数一样（参数的次序不一样）。名字虽然不是必需的，但是本书建议提供一个有意义的名字，这样在出错的时候可以帮助定位代码。常数能参与的运算，例如算术运算、关系运算、逻辑运算等，占位符一样能够参与。两者的区别是常数的值永远不会变，而占位符的值可以在会话运行时（Session. run( )）提供。示例代码如下：

代码 3-3　使用占位符（**Placeholder**）

```
# p03_03_placeholder.py
import tensorflow as tf

a = tf.placeholder(tf.int16, [3], 'a')
b = a + tf.constant([100, 200, 300], tf.int16)

with tf.Session() as session:
    b_value = session.run(b, {a: [1, 2, 3]})   # 指定张量 a 的值等于[1,2,3]
    print(b_value)
```

打印结果：[101 202 303]。由于占位符的性质是初值可以改变的常数，所以占位符常被用来接受用户在运行一个张量时提供的输入数据。但是，这并不是用户输入数据的唯一方法。

假设 a = tf. constant（[1, 2, 3], tf. int8），b = tf. constant（[4, 5, 6], tf. int8），c = a + b。运行时，c 的值当然变成了 [5, 7, 9]。但是，我们也可以在 run 时直接设定 a 或者 b 张量的值。下面是示例：

代码 3-4　运行时用 **feed_ dict** 参数更改张量的值

```
# p03_04_feed_dict.py
import tensorflow as tf
```

⊖　Python 的 try…except…语句也有类似作用。大家要学会使用这个技巧，以保证资源被正常地打开和关闭。

```
a = tf.constant([1, 2, 3], tf.int8)
b = tf.constant([4, 5, 6], tf.int8)
c = a + b
with tf.Session() as session:
    c_value = session.run(c, feed_dict = {a: [10, 20, 30], b: [40, 50, 60]})
    print(c_value)
```

打印结果是：$[50, 70, 90]$。所以，只要是张量，我们都可以在调用 Session. run() 函数时，通过 feed_dict 参数设定它的值，而不是仅仅只有 placeholder 张量才可以被设定值。例如图 3 - 1 中的加法张量依赖于 x 和 3。一般情况下，如果要计算加法的值就必须先求得 x 和 3 的值。可是，如果在 Session. run() 的 feed_dict 中设置这个加法张量的值，那 x 和 3 的值就不会被求解。这是因为张量的实质是计算图（或者说依赖关系图）中的结点。任意结点的值既可以通过所依赖的结点计算，也可以直接人为设定。这就为计算图的使用提供了多种可能，为使用者带来了很多便利。

3.1.4 矩阵算术运算

TF 中矩阵的算术运算是指有运算符的数学运算，如加法（ + ）、减法（ - ）、乘法（ * ）、除法（/）、求反（ - ）、乘方（ * * ）等。

形状相同的两个矩阵进行算术运算（以及对一个矩阵求反）的结果可以得到同样形状的一个矩阵，其中每一个元素就是对这两个矩阵（或求反的那个矩阵）中相应位置处元素进行该算术运算的结果。下面是算术运算示例：

代码 3 - 5 **TF 算术运算示例**

```
#  p03_05_tf_operators.py

import tensorflow as tf

a = tf.constant([[1, 2, 3], [4, 5, 6]])        #一个形状为[2, 3]的矩阵
b = tf.constant([[7, 8, 9], [10, 11, 12]])     #形状相同的第二个矩阵
c = [a + b, a - b, a * b, a/b, -a, a * * (b-7)]

with tf.Session() as session:
    print('a =', session.run(a))
    print('b =', session.run(b))
    for res in session.run(c):      #一次求解多个张量的值
        print('-' * 40)
        print(res)
```

运行结果：

a = [[1 2 3]
 [4 5 6]]
b =[[7 8 9]
 [10 11 12]]
- -
[[8 10 12]
 [14 16 18]]
- -
[[-6 -6 -6]
 [-6 -6 -6]]
- -
[[7 16 27]
 [40 55 72]]
- -
[[0. 14285714 0. 25   0. 33333333]
 [0. 4   0. 45454545 0. 5   ]]
- -
[[-1 -2 -3]
 [-4 -5 -6]]
- -
[[1   2   9]
 [64 625 7776]]

3.1.5 矩阵运算的广播

我们知道，在数学上，标量 3 与矩阵 A 相乘的结果就是 3 与 A 的每一个元素相乘构成的矩阵。这在 TF 中也成立，且对几乎所有两元矩阵运算（包括算术运算以及后面提到的关系运算、函数等）都成立。TF 要求两个参与运算的矩阵（含标量、向量，以下同）的形状 a 和 b 必须是相容的。相容性的递归定义如下：

1）如果 $a = b$，即两个矩阵的形状完全相同，则 a、b 是相容的，且运算结果的形状等于 a。例如形状都是 [3，5，2] 的两个矩阵可以进行任意二元算术运算，且结果的形状也是 [3，5，2]。

2）如果 $a ==[]$ 或者 $b ==[]$，即两个矩阵中有一个是标量，则 a、b 是相容的，且结果矩阵的形状等于 a、b 中不为空的那个列表。如果 a、b 都是空列表，则结果也是空列表。例如形状为 [3，5，2] 的矩阵可以和任何标量（标量的形状为[ ]）进行任意二元算术运算，结果的形状仍是 [3，5，2]。

3）如果 a 与 b 相容，则 b 与 a 也相容，且结果的形状等于 a 与 b 进行二元算术运算的结果形状，即相容性是对称的。

4）如果 a、b 相容，c 是任意一个正整数列表，则 $a+c$ 与 $b+c$ 也相容，且结果形状等于 a、b 的结果形状 $+c$。例如形状 $[3,5]$ 与形状 $[5]$ 相容，结果形状是 $[3,5]$。

5）如果 a、b 相容，则 $a+[n]$ 与 $b+[1]$ 也相容，且结果形状等于 a、b 的结果形状 $+[n]$。例如形状 $[3,5,2]$ 与形状 $[3,5,1]$ 相容，结果形状是 $[3,5,2]$。

规则1）、2）和3）比较好理解，规则4）和5）的含义是指可以在相容的两个形状的尾部添加数量相同的维度，只要它们一一对应相等或者对应的两个新增维度中有一个是1即可，示例见表 3-1。

表 3-1 相容和不相容形状示例

形状 1	形状 2	结果形状	解释
$[5]$	$[1]$	$[5]$	$[\ ]$ 和 $[\ ]$ 相容，尾部分别加上 5 和 1
$[5]$	$[2,5]$	$[2,5]$	$[\ ]$ 和 $[2]$ 相容，尾部分别加上 5
$[5,3]$	$[2,5,1]$	$[2,5,3]$	在上例的尾部分别加上 3 和 1
$[5,3,1]$	$[2,5,1,7]$	$[2,5,3,7]$	在上例的尾部分别加上 1 和 7
$[5,3]$	$[7,6,5,3]$	$[7,6,5,3]$	$[\ ]$ 和 $[7,6]$ 相容，尾部分别加上 5、3
$[2,5]$	$[1,5]$	$[2,5]$	$[\ ]$ 和 $[\ ]$ 相容，尾部分别加上 2、5 和 1、5
$[2,1,3]$	$[1,9,1]$	$[2,9,3]$	与上例同理
$[2]$	$[2,1]$	$[2,2]$	$[\ ]$ 和 $[2]$ 相容，尾部分别加上 2 和 1
$[5,2]$	$[5,4]$	不相容	2 与 4 不等，且都不是 1
$[3,5,2]$	$[3,5,2,1]$	不相容	倒数第二个维度分别是 5 和 2，不等

假设矩阵 A、B 的形状分别是 $[3,5]$ 和 $[5]$，则 $A+B$ 的结果的形状是 $[3,5]$。TF 的做法是把 B 重复 3 遍，然后分别与 A 的每一行相加，从而得到形状为 $[3,5]$ 的结果。如果 A、B 的形状分别是 $[3,5,2]$ 和 $[3,1,2]$，则 $A+B$ 相当于 3 个 $[5,2]$ 矩阵和 3 个 $[1,2]$ 矩阵分别相加。其中的 $[1,2]$ 矩阵只有 1 行 2 列，这一行数据被重复了 5 遍，然后分别与对应 $[5,2]$ 矩阵的每一行相加即得到结果。

这个现象称为**矩阵运算的广播**（Broadcasting）。在 Python 的常用包 numpy 中，矩阵运算也是可以广播的。事实上，TF 的矩阵运算不但类似于 numpy，而且 Session. run（）的结果就是 numpy. ndarray 数据。不同的是，TF 的运算元是张量，numpy 的运算元是真实存在的矩阵数据。

3.1.6 TF 矩阵运算

TF 中可用于矩阵运算的基本函数主要有：

1）**矩阵乘法** tf. matmul（）。

2）对数 tf. log（）。

3）三角函数，如 tf. sin（）、tf. cos（）、tf. tan（）等。

4）反三角函数，如 tf. asin( )、tf. acos( )、tf. atan( )等。

还有一些与神经元网络搭建有关的数学函数，例如激活函数、全连接操作、卷积操作等。后面会有章节专门讲述，这里没有列出。

其他函数比较容易理解，且在神经元网络中使用较少，我们这里只讲矩阵乘法 tf. matmul(a, b)。根据线性代数中对矩阵乘法的要求，如果 a、b 都是二维矩阵张量，且形状分别是 $[m, n]$ 和 $[n, p]$，则 tf. matmul(a, b)的结果就是一个形状为 $[m, p]$ 的张量。代码示例如下：

代码 3-6 矩阵乘法——**matmul** 函数

```
# p03_06_matmul.py
import tensorflow as tf

a = tf.constant([1,2,3,4,5,6], shape = [2,3])
b = tf.constant([11,12,13,14,15,16], shape = [3,2])
c = tf.matmul(a, b)

with tf.Session() as session:
    print(session.run(c))
```

运行结果：

$$[[82 \ 88]$$
$$[199 \ 214]]$$

矩阵乘法不是可广播的。参与矩阵乘法的两个矩阵的阶必须相等，且大于等于2。如果大于2，则除了最右边两个维度之外，其他维度必须一一对应相等。例如，形状分别是 $[3, 2, 9]$ 和 $[3, 9, 5]$ 的两个矩阵可以 matmul，结果形状为 $[3, 2, 5]$。TF 把前者和后者分别看成是 3 个 $[2, 9]$ 和 3 个 $[9, 5]$ 形状的矩阵，让它们分别对应相乘，最后再把结果拼接在一起即可。

形状分别是 $[3, 2, 9]$ 和 $[1, 9, 5]$ 的两个矩阵就不能进行矩阵相乘。

3.1.7 形状和操作

矩阵的形状是一个列表，例如 $[2, 3, 4]$ 代表的是一个 $2 \times 3 \times 4$ 的矩阵，阶为 3，共有 24 个元素。一个标量的形状是 $[\ ]$，即空列表；一个向量的形状形如 $[n]$，其中 n 是这个向量的长度。注意，$[2, 3, 4]$ 作为形状，它的阶是 3；作为一维矩阵，它的形状是 $[3]$，阶是 1。

针对形状的操作主要有以下几个：

第一，**整形操作**，即 tf. reshape(tensor, new_shape)。tensor 是一个张量，这个函数会把它转成 new_shape 形状，然后作为结果返回。整形操作能够执行的前提是，new_shape 所蕴含的元素的个数必须与矩阵当前的元素总数相同。

假设 tensor 的形状为 [2, 3, 4]，则它可以被整形为以下形状中的任何一种：[24]、[1, 24]、[2, 12]、[12, 2]、[6, 4]、[4, 6]、[1, 8, 3]、[3, 1, 8]、[1, 2, 2, 2, 3]、[2, 1, 3, 1, 4] ……

整形操作常常被用来改变一个矩阵的形状，从而使它可以和另一个形状不同且不满足广播条件的矩阵进行运算。例如，形状 [2, 3, 4] 整形为 [3, 8] 之后就可以和形状 [2, 1, 8] 进行可广播的运算（如加、减、乘、除等）。而本来，它们是不可以这样运算的。

第二，**转置操作**，即 tf. transpose（tensor, perm）。把张量 tensor 的各个维度重新排列，perm 是维度的新排列次序。假设 tensor 的阶等于 n，则 perm 必须是 0, 1, 2, …, $n-1$ 这 n 个数的一个排列，代表各维度的新次序。例如，假设 perm = [1, 0]，则形状为 [3, 9] 的矩阵就会被转置为 [9, 3]。

转置操作的意义在于不仅改变了一个矩阵的形状，还改变了元素参与运算的次序。假设一个矩阵 A 的形状是 [4, 8, 2]，则从左到右，维度的优先级依次升高。运算时，A [0, 0, 0] 总是第一个被提取，接着按照优先级改变下标提取下一个数，即 A [0, 0, 1]，接着是 A [0, 1, 0]，A [0, 1, 1]，A [0, 2, 0]，…，A [0, 7, 1]，A [1, 0, 0]，…，A [3, 7, 1]。两个可运算的矩阵就是这样各自提取数据，然后再一对对地进行运算的，而 tf. transpose() 会改变这种次序。代码示例如下：

代码 3 - 7 整形（reshape）和转置（transpose）操作

```
# p03_07_reshape_transpose.py

import tensorflow as tf

a = tf.constant([[0, 1, 2], [3,  4,  5]], dtype = tf.int32)
b = tf.constant([[6, 7, 8], [9, 10, 11]], dtype = tf.int32)

c = a + b   # 按顺序先列后行,先左后右,依次把两个矩阵中相应的元素相加
#    [[ 6  8 10]
#     [12 14 16]]

a = tf.transpose(a, [1, 0])   # 转置后 a 的形状是[3, 2]
#    [[0 3]
#     [1 4]
#     [2 5]]

a = tf.reshape(a, [2, 3])   # 整形为[2, 3]
#    [[0 3 1]
#     [4 2 5]]

d = a + b
#    [[ 6 10  9]
#     [13 12 16]]
```

　　第三，**升维操作**，即让矩阵的阶变大。最简单的办法是把若干形状相同的矩阵并列在一个列表里。例如假设 A 的形状是 [3, 4]，则 [A, A] 的形状就是 [2, 3, 4]。这样增加的维度在最左边。如果想在任意一个位置增加维度，请调用 tf. expand_dims (A, 1)，得到形状 [3, 1, 4]⊖。其中第二个参数 axis 表示新维度所在位置（从 0 开始数）。新维度的长度总是 1，这样可以保证矩阵中元素的数量一致。

　　第四，**降维操作**，即让矩阵的阶变小。这主要是指 reduce 打头的一系列函数，如 tf. reduce_sum ( )、tf. reduce_prod ( )、tf. reduce_mean ( )、tf. reduce_max ( )、tf. reduce_min ( )、tf. reduce_all ( )、tf. reduce_any ( )。下面举例说明：

　　假设矩阵 A 的形状是 [2, 3, 4]，则 tf. reduce_sum (A, 1) 的含义是消除维度 1 （从 0 开始数），这样最后得到的形状是 [2, 4]。tf. reduce_sum (A, [0, 2]) 是消除维度 0 和 2，得到形状 [3]。第二个参数 axis 可以省略，此时表示消除所有维度。所以 tf. reduce_sum (A) 的结果形状是 []，即结果是标量。当然也可以设置第三个参数 keepdims = True，表示保留 axis 指定的维度，仅仅把它的长度变为 1。例如 tf. reduce_sum (A, [0, 2], True) 的结果形状是 [1, 3, 1]。

　　reduce_sum 具体是怎样进行降维操作的呢？例如 B = tf. reduce_sum(A, 1)，把形状从 [2, 3, 4] 变为 [2, 4]，元素总数从 24 个减为 8 个，这意味着每三个数变成一个数。对于 B [i, j] 来说，它的值来源于 A [i, 0, j]、A [i, 1, j] 和 A [i, 2, j] 三个数的求和。代码示例如下：

代码 3 - 8　降维操作

p03_08_reduce.py

```
import tensorflow as tf
a = tf.constant([e for e in range(24)], shape = [2, 3, 4])  # 形状:[2, 3, 4]
#    [[[ 0  1  2  3]
#      [ 4  5  6  7]
#      [ 8  9 10 11]]
#
#     [[12 13 14 15]
#      [16 17 18 19]
#      [20 21 22 23]]]
b = tf.reduce_sum(a, [1])
#    [[12 15 18 21]
#     [48 51 54 57]]

c = tf.reduce_sum(a, [2, 0])
#    [ 60  92 124]

with tf.Session() as session:
```

────────────

⊖　tf. reshape(A, [3, 1, 4])也能得到同样结果，但需要把维度一一列出。

```
print(session.run(a))
print(session.run(b))
print(session.run(c))
```

其他 reduce 函数与 reduce_sum( )类似。不同之处仅仅在于对数据集合做什么操作：

1）tf. reduce_sum( )，对数据集合求和。

2）tf. reduce_prod( )，对数据集合求乘积。

3）tf. reduce_mean( )，对数据集合求平均数。

4）tf. reduce_max( )，对数据集合求最大值。

5）tf. reduce_min( )，对数据集合求最小值。

6）tf. reduce_all( )，对布尔值数据集合求逻辑与。

7）tf. reduce_ any( )，对布尔值数据集合求逻辑或。

后面章节中我们会用更多的例子说明 reduce 系列函数的用法。

3.1.8　关系运算和逻辑运算

关系运算符有 6 个：>、> =、= =、! =、<、< =，对应的函数分别是 tf. greater( )、tf. greater_equal( )、tf. equal( )、tf. not_equal( )、tf. less( )、tf. less_ equal( )，都带有两个参数。例如矩阵 $A > B$ 的结果是一个布尔值矩阵，其中的每个元素是 A、B 中对应元素进行大于比较运算后的结果。其他关系运算符类似。

逻辑运算有 4 个：tf. logical_not( )、tf. logical_and( )、tf. logical_or( )、tf. logical_xor( )。其含义这里不再赘述。要注意的是，逻辑运算是没有运算符的。

关系运算和逻辑运算都是可广播的。

3.2　优化器和计算图

3.2.1　梯度和优化器

前面已经说过，TF 的实质是一个自动求微分的工具。根据 BP 算法（见算法 2 - 2），我们已经知道了在计算偏导数的过程中如何避免重复计算。TF 中的优化器（tf. train. Optimizer）及其子孙类就是用来自动求微分的。Optimizer. minimize( )函数是用来求张量的最小值的。请注意，与 tf. assign( )函数一样，上述 minimize( )函数返回的也是一个张量。所以执行这个函数并不能马上求解 tensor 的极小值，就像执行 tf. assign( )并不能马上给一个变量赋值一样。必须在一个会话的范围内，通过该会话的 run( )方法运行 minimize( )返回的张量，才能求得一个目标函数极小值的解。

tf. train. Optimizer 有很多子类，最简单的就是基于 GD 法的梯度下降优化器：

tr. train. GradientDescentOptimizer。它的原理是根据 BP 算法计算目标函数针对每个可训练变量的偏导数，然后利用 GD 法的式（2-2）计算每个可训练变量的误差，最后再把误差加到对应的变量上（见算法 2-1）。除了梯度下降优化器外，TF 还有很多其他优化器，例如 MomentumOptimier、AdamOptimier 等。它们都是为了克服梯度下降优化器的不足而提出的，我们在后面的章节中会加以说明。下面通过例子来说明优化器的使用方法。

3.2.2 求解平方根

根据前面的讨论，我们已经知道，用 GD 法求正数 a 的平方根等价于求解函数 $y = (x^2 - a)^2$ 的最小值。所以代码应该是这样的：

代码 3-9 用 TF 求平方根

```python
# p03_09_tf_sqrt.py
import tensorflow as tf

class Tensors:  # 封装所有张量
    def __init__(self):
        a = tf.placeholder(tf.float32, [], 'a')    # 求 a 的平方根,[]表示标量
        initializer = tf.initializers.ones          # 初始化器,给变量赋初值1
        x = tf.get_variable('x', [], tf.float32, initializer)  # 定义一个变量,初
        值由初始化器决定
        y = (x * x - a) ** 2                         # y 是目标函数,求 y 的最小值

        lr = tf.placeholder(tf.float32, [], 'lr')  # 学习步长
        opt = tf.train.GradientDescentOptimizer(lr)
        train_op = opt.minimize(y)                  # 求最小值

        # 把关键张量保存在当前对象中
        self.a = a              # 求 a 的平方根
        self.x = x              # 解
        self.lr = lr            # 学习步长
        self.train_op = train_op  # 训练操作

ts = Tensors()   # 封装所有张量的对象

def sqrt(a, epoches = 5000, lr = 0.001, eps = 0.0001):
    with tf.Session() as session:  #
        # 给所有可训练变量(例如 x)赋初值
    session.run(tf.global_variables_initializer())
    steps = 0
    while epoches is None or steps < epoches:
        # 运行 minimize 张量,用 GD 和 BP 算法更新 x, 同时求 x 的值
        _, x_value = session.run([ts.train_op, ts.x], {ts.lr: lr, ts.a: a})
        if eps is not None and abs(x_value * x_value - a) <= eps:
```

```
            break
        steps + =1
    return x_value

if __name__ = ='__main__':
    for a in range(2, 11):
        print('sqrt(% s) =% s' % (a, sqrt(a)))
```

请注意：

1）初始化器 Initializer 用来为变量赋初值。常用的初始化器有 tf. initializer 包里的 ones、zeros、random_normal、random_uniform 等，分别表示给变量的每一个元素赋初值 1、0、正态分布随机数和均匀分布随机数。注意，变量的真正初始化要到运行 Session. run(tf. global_variables_initializer( ))时才执行。

2）在对模型进行训练前，应该执行 Session. run(tf. global_variables_initializer( ))，给所有可训练张量赋初值。如果没有定义变量，这一句可不运行。变量只需赋初值一次，因此这一句应该在 while 循环前执行。

Session 每运行一次 ts. train_op 张量，就会按照 BP 算法自动计算目标函数针对每个相关可训练变量⊖的偏导数（即梯度），然后按照 Optimizer 对象的规定计算每个变量的误差，最后根据误差自动调整每个变量的值。

3）Session. run( )函数一次可运行一个张量或者多个张量。当运行多个张量时，请把它们组成一个列表(list)或者元组(tuple)。一般来说，张量之间的次序不重要。如果只求一个张量的值，run( )的返回值就是这个张量的值；如果同时求多个张量的值，则返回一个依次包含每个张量的值的列表。tf. train. Optimizer 张量的值是 None。

上面程序运行的结果是：

sqrt(2) = 1. 4141785

sqrt(3) = 1. 7320222

sqrt(4) = 1. 9999753

sqrt(5) = 2. 2360463

sqrt(6) = 2. 4494696

sqrt(7) = 2. 6457334

sqrt(8) = 2. 8284097

sqrt(9) = 2. 9999843

sqrt(10) = 3. 1622627

⊖ 缺省地，每个变量都是可训练变量，都会根据 BP 算法求偏导数，都会被 GD 法更新；如果定义变量时设置参数 training = False，则意味着它是不可训练变量，不会计算偏导数，也不会被自动更新；但可以手动更新。

3.2.3　计算图

前文已经说过，计算图的实质是依赖关系图。依赖关系图不仅定义了运算之间的依赖关系，还避免了重复运算。但是，在上一节计算平方根时，并没有涉及计算图 tf. Graph。这是怎么回事呢？

第一，我们实际上已经使用了计算图。在 TF 里，如果用户不显式地使用一个计算图，系统就会建一个缺省计算图。用户可以通过 tf. get_ default_ graph ( ) 函数，或者 Session. graph 属性获取这个计算图。

第二，由于没有显式地使用计算图，所以代码 3 - 9 存在一个缺陷，即如果我们在其他的 . py 文件中定义了一个新的模型，则它跟当前计算平方根的模型都存在于系统的缺省计算图上。这不但会导致变量名字冲突，当模型不再被使用时，还会为清除模型带来不便。一般地，我们应该让计算图与模型之间一一对应，最好不要在同一个计算图上定义两个独立的模型。

使用计算图的方法是先构建一个 tf. Graph 对象，然后调用 as_default ( ) 方法，并在其下创建所有张量。下面是使用计算图求平方根的程序：

代码 3 - 10　**使用计算图求平方根**

```python
# p03_10_graph_sqrt.py
import tensorflow as tf

class Tensors:  # 封装所有张量
    ……  # 代码保持不变


graph = tf.Graph()   # 创建一个计算图
with graph.as_default():
    # 显式地在一个 Graph 里创建所有张量
    ts = Tensors()   # 封装所有张量的对象


def sqrt(a, epoches = 5000, lr = 0.001, eps = 0.0001):
    # 创建会话时,指定会话与特定计算图关联
    with tf.Session(graph = graph) as session:
        session.run(tf.global_variables_initializer())
        ……  # 以下代码保持不变


if __name__ = = '__main__':
    ……  # 代码保持不变
```

运行结果与上一节代码的结果相同。

3.3 三层神经网络

在研究 Exp 类时，我们以标量作为数据的类型进行考虑，而 TF 的基本数据类型是矩阵。标量和向量分别被认为是 0 维和 1 维矩阵。与标量一样，矩阵的运算主要有算术运算、关系运算、逻辑运算、条件运算和函数等。这一节，我们将首先介绍矩阵乘法运算，然后给出三层神经网络的定义，最后说明三层神经网络可以拟合任意函数。

3.3.1 神经元网络训练算法

前面章节中我们已经学会了用迭代法、GD 法和 BP 算法计算平方根，但是这个方法有两个问题。第一，每计算一个平方根都要进行很多次迭代；第二，由于每一次迭代都是基于上一次迭代的结果，所以计算无法并行化。有没有办法用少量的有限次数的并行计算解决问题呢？有的，这就是目前深度学习最常用的方法之一——基于样本的神经元网络训练算法（简称为样本训练算法）。

首先，明确几个概念。依赖关系图是一个数学概念，计算图是 TF 对这个概念的实现。**神经元网络**（简称为网络，以下同）就是依赖关系图在深度学习中的等价概念。依赖关系图中的结点或者说函数就是**神经元**。所以我们有时用图表示神经元网络，有时用复合函数表示神经元网络，因为它们是等价的。下面的算法就是一个例子。

算法 3-1　基于样本的神经元网络训练算法

1）搭建神经元网络 $y = f(x, \theta)$，其中 x、y 分别是网络的输入集合和输出集合，θ 是要训练的参数的集合。

2）准备样本集合 $S = \{(x_i, y_i) \mid i = 1, 2, 3, \cdots, m\}$，其中 m 是样本个数。

3）构建一个以求最小值为目的的目标函数，例如 $L = \sum_i (y_i - f(x_i))^2$。

4）选择 S 的一个子集 S'，按照算法 2-1 求 L 的最小值，并优化 θ 中的每个参数。

5）重复 4），直到满足结束条件。

样本训练算法与迭代求解算法（算法 2-1）的最大区别在于训练的目的不同。前者训练的目的是优化参数集合 θ。训练完毕之后，使用网络时不必再更新 θ 中的参数，从而达到减少计算量的目的。后者并不存在训练过程，而是直接通过迭代计算确定目标函数的最优解。两者的联系在于，在训练阶段，前者利用后者对参数进行了优化。

下面我们还是通过求解平方根这个例子来说明样本训练算法的使用。

3.3.2 线性变换和激活函数

根据算法 3-1，我们首先要建立求平方根的网络。输入是非负数 x，输出是 x 的平方根 y。在 x 与 y 之间建立 100 个结点，分别与 x、y 相连，构成一个简单的神经元网络，如图 3-2 所示。

接着，该如何定义函数 $z_i(i=1, 2, 3, \cdots, 100)$ 以及 z_i 与 y 之间的关系呢？最简单的办法就是使用线性变换和激活函数：

$$z_i = xa_i + b_i(i=1, 2, 3, \cdots, 100)$$
$$y = \text{relu}(z_i)c_i + d(i=1, 2, 3, \cdots, 100)$$

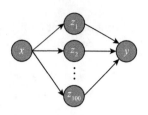

图 3-2　简单的神经元网络

其中 a_i、b_i、c_i 和 d 都是需要我们利用 GD 法进行优化的参数。relu( ) 是一个**激活函数**（Activation Function），全称为线性矫正单元（Rectified Linear Unit）。relu 激活函数定义如下：

$$\text{relu}(x) = \begin{cases} x & \text{if } x \geq 0 \\ 0 & \text{else} \end{cases} \qquad (3-1)$$

relu( ) 函数的图像如图 3-3 所示。根据定义，我们发现 $\text{relu}(x) \equiv \max(0, x)$。如果不使用激活函数，那么，从 x 到 y 不过是两个线性变换的组合；而任意有限次线性变换的组合仍然是线性变换。由于我们要求的平方根是非线性的，也就是说，不存在 m 和 n 使得 $(mx+n)^2 = x$ 对任意 x 都成立，所以有必要使用激活函数以实现非线性变换。除了 relu( ) 之外，还有很多其他激活函数，可参见后面章节。

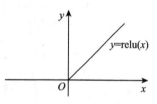

图 3-3　relu( ) 函数图像

下面是用样本训练算法求解平方根的主程序代码：

代码 3-11　样本训练算法求解平方根的主程序

```python
# p03_11_samples_sqrt.py
import tensorflow as tf
import numpy as np


class Tensors:  # 封装所有张量
    def __init__(self):
        pass


class SqrtModel:
    def __init__(self):
        graph = tf.Graph()  # 创建一个计算图
        with graph.as_default():
            self.ts = Tensors()
            self.session = tf.Session(graph = graph)
            self.session.run(tf.global_variables_initializer())  # 初始化所
            有变量型张量

    def train(self, xs, ys, epoches = 5000, lr = 0.01, eps = 0.0001):  # 训练模型
        pass
```

```python
    def predict(self, x):
        return []

    def __enter__(self):    #进入with语句时执行
        return self

    def __exit__(self, exc_type, exc_val, exc_tb):    #退出with语句时执行
        self.session.close()    #模型使用完毕后关闭会话

if __name__ == '__main__':
    ys = np.random.uniform(0, 3, [200])    #创建200个[0,3)之间的均匀分布随机数
    xs = [y * y for y in ys]
    with SqrtModel() as model:    #使用with语句保证模型正常关闭
        model.train(xs, ys)    #用样本训练模型
        xs = np.random.uniform(0, 3, [20])
        xs = sorted(xs)
        for x, y in zip(xs, model.predict(xs)):
            print('sqrt(% .4f) =% .4f' % (x, y))
```

接下来，我们要实现 Tensors。在绘制计算图时（例如图3-2），我们只考虑一个样本的输入 x 和输出 y；但在 TF 和几乎所有的深度学习框架中，都按照批次（Batch）来考虑样本。一批中含有多个样本，假设样本输入和输出的形状分别是 $[m, n]$ 和 $[p, q, r]$，则模型的实际输入和输出形状分别是 $[s, m, n]$ 和 $[s, p, q, r]$，其中第一个维度 s 表示样本的个数。这是因为深度学习框架几乎都是基于矩阵运算的，一批多个样本有利于并行计算，提高训练速度。

既然采用矩阵运算，图3-2所示的计算图可以简化为：

$$Z = XA + B$$
$$Y = \text{relu}(Z)C + D$$

其中 X、Y 分别是输入向量和输出向量，Z 是中间变量，A、B、C、D 是模型的参数。所谓训练模型，就是优化这些参数。式中的乘法（包括 $*$）和加法分别是矩阵乘法和矩阵加法。relu( ) 函数是可广播的，所以 relu(Z) 表示对矩阵 Z 中的每一个元素执行 relu( ) 后得到的结果。

综上所述，我们对 Tensors 类的实现如下：

代码3-12 Tensors 类的实现

```python
# p03_12_sqrt_tensors.py
class Tensors:    #封装所有张量
    def __init__(self):
        self.x = tf.placeholder(tf.float32, [None], 'x')    #None表示维度的长度不确定
        x = tf.reshape(self.x, [-1, 1])    #整形为2维矩阵，以便可以进行矩阵乘法
        a = tf.get_variable('a', [1, 100], tf.float32)    #参数A
        b = tf.get_variable('b', [100], tf.float32)    #参数B
        z = tf.matmul(x, a) + b    # Z = XA + B，形状[-1, 100]
```

```
c = tf.get_variable('c', [100, 1], tf.float32)  # 参数 C
d = tf.get_variable('d', [1], tf.float32)         # 参数 D
y = tf.matmul(tf.nn.relu(z), c) + d               # Y = relu(Z)C + D, 形状[-1, 1]
self.y_predict = tf.reshape(y, [-1])              # 整形为[-1], 以便与期望值比较
self.y = tf.placeholder(tf.float32, [None], 'y')  # 期望值

loss = (self.y_predict - self.y) ** 2
loss = tf.reduce_mean(loss)                       # 损失函数应该是一个标量

self.lr = tf.placeholder(tf.float32, [], 'lr')    # 学习步长
opt = tf.train.GradientDescentOptimizer(self.lr)
self.train_op = opt.minimize(loss)                # 求损失函数的最小值
self.loss = tf.sqrt(loss)                         # 记录损失, 以便与 eps 比较
```

代码 3-12 第 4 行 tf. placeholder() 的第二个参数是 [None], 表示这个占位符只有一个维度 (也就是说它是一个向量), 且这个维度的长度不确定。形状 [None, 3, None] 表示第一个和第三个维度的长度不确定。TF 中绝大部分运算都允许矩阵有不确定的维度, 只需在运行时把数据的真正维度代入即可。但有一个例外, 变量的维度必须都是确定的。这是因为变量需要在内存和 GPU 中占据空间, 所以 TF 必须准确地知道它到底有多大。

如果张量的某个维度是不确定的, 则在运算后对应位置处的维度要用 -1 表示。例如代码 3-12 第 5 行 tf. reshape(self. x, [-1, 1]) 的第一个维度是 -1, 这是因为 self. x 的形状是 [None], 说明它是一个长度不确定的向量。当把它整形为二维矩阵时, 如果确定它的第二个维度是 1, 则它的第一个维度就无法确定, 于是就用 -1 代替。同样的例子在后面所写的大部分代码中都会出现。

在 SqrtModel 类中, 方法 train() 被用来对模型进行训练, predict() 被用来使用模型。它们的实现如下:

代码 3-13　**SqrtModel 类的实现**

```python
class SqrtModel:
    .....
    def train(self, xs, ys, epoches = 5000, lr = 0.01, eps = 0.0001):  # 训练模型
        steps = 0
        ts = self.ts
        while epoches is None or steps < epoches:
            _, loss = self.session.run([ts.train_op, ts.loss],
                                       {ts.lr: lr, ts.x: xs, ts.y: ys})
            if eps is not None and loss <= eps:
                break
            print('step', steps, ': loss =', loss)
            steps += 1

    def predict(self, xs):
        return self.session.run(self.ts.y_predict, {self.ts.x: xs})
```

运行 p03_ 12 号程序得到的结果是：

sqrt (0. 0555) = 0. 2316

sqrt (0. 1297) = 0. 3098

sqrt (0. 1994) = 0. 3836

sqrt (0. 4350) = 0. 6314

sqrt (0. 6073) = 0. 7866

sqrt (0. 7146) = 0. 8607

sqrt (0. 9207) = 0. 9762

sqrt (1. 1832) = 1. 1022

sqrt (1. 6513) = 1. 2870

sqrt (1. 6923) = 1. 3017

sqrt (1. 8790) = 1. 3690

sqrt (1. 8974) = 1. 3756

sqrt (2. 0739) = 1. 4386

sqrt (2. 1878) = 1. 4781

sqrt (2. 2408) = 1. 4957

sqrt (2. 3656) = 1. 5356

sqrt (2. 6307) = 1. 6157

sqrt (2. 6467) = 1. 6205

sqrt (2. 8969) = 1. 6961

sqrt (2. 9273) = 1. 7053

由于样本仅包含了区间 $[0, 3)$ 里的数据，所以测试时，也只能计算这个区间上数据的平方根。当试着求解其他区间的平方根时，会发现结果误差比较大。出现这个现象的原因我们后面讲三层神经网络时会解释。

3.3.3 矩阵乘法和全连接

代码 3 – 12 的第 6、7、8 三行是：

```
a = tf.get_variable('a', [1, 100], tf.float32)
b = tf.get_variable('b', [100], tf.float32)
z = tf.matmul(x, a) + b
```

这三行代码的实质含义是实现线性变换 $Z = XA + B$。这种线性变换在深度学习中被称为**全连接**（Full Connection，FC）。由于全连接操作比较常见，TF 用一个函数 tf. layers. dense( ) 帮我们实现了全连接。例如上述三行可以用一行代替：

$$z = tf. layers. dense(x, 100)$$

假设 X 的形状是 $[n, -1]$，经过上述操作后，Z 的形状是 $[n, 100]$。由于 n 通常表示样本的个数，所以全连接操作的作用是改变样本向量的长度。

如果在全连接之后要执行激活操作，例如：

$$z = tf. nn. relu(tf. layers. dense(x, 100))$$

可以简化为：

$$z = tf. layers. dense(x, 100, tf. nn. relu)$$

或者

$$z = tf. layers. dense(x, 100, 'relu')$$

如果不需要考虑偏置 B，则把参数 use_ bias 置为 False 即可：

$$z = tf. nn. relu(tf. layers. dense(x, 100, use\_ bias = False))$$

即 $Z = relu(XA)$。

3.3.4 激活函数

TF 中的 relu 函数族中一共有 6 个激活函数，分别是：

1）tf. nn. relu()。这是最传统的 relu 激活函数，公式如下：

$$relu(x) = \begin{cases} x & if x \geq 0 \\ 0 & if x < 0 \end{cases} 等价于 \max (0, x)$$

2）tf. nn. leaky_ relu()。公式如下：

$$leaky\_ relu(x) = \begin{cases} x & if x \geq 0 \\ ax & if x < 0 \end{cases} a > 0 是一个超参数$$

3）tf. nn. elu()。公式如下：

$$elu(x) = \begin{cases} x & if x \geq 0 \\ e^x - 1 & if x < 0 \end{cases}$$

4）tf. nn. selu()。公式如下：

$$selu(x) = \begin{cases} x & if x \leq 0 \\ a(e^x - 1) & if x < 0 \end{cases} a 是一个可以训练的变量$$

5）tf. nn. relu6。限定最大值为 6 的 relu 激活函数，公式如下：

$$relu6(x) = \begin{cases} 6 & if x \geq 6 \\ x & if \ 0 \leq x < 6 \\ 0 & if x < 0 \end{cases}$$

6）tf. nn. crelu()。公式如下：

$$crelu(x) = \begin{cases} [x, 0] & if x \geq 0 \\ [0, -x] & if x < 0 \end{cases}$$

除了 crelu() 外，其他 5 个函数的图像如图 3-4 所示。elu()、relu() 是 selu() 分别在 $a = 1$ 和 $a = 0$ 的特殊情形，所以凡是使用 elu()、relu() 的情形一般都可以用 selu() 代替。crelu() 实际上是把输入的 x 值按照正负两种情况并列处理，使得负值也有机会参与前向传播和梯度下降。所以，relu()、leaky_relu()、relu6() 都是 crelu() 的特殊情形。注意，除了 crelu() 外，其他 5 个函数都不会改变输入数据的形状，而 crelu() 会增加一个长度为 2 的维度。

除了 relu 函数族以外，还有两个激活函数 tf. sigmoid（）和 tf. tanh（），后者又叫双曲正切函数。sigmoid（）和 tanh（）函数公式如下：

$$\text{sigmoid}(x) = \frac{1}{1 + e^{-x}} \qquad \tanh(x) = \frac{e^x - e^{-x}}{e^x + e^{-x}} \tag{3-2}$$

它们的图像都是 S 型，如图 3 - 5 所示，不同的是值域。sigmoid 把 （$-\infty$，$+\infty$）上的数映射到 （0，1）区间，tanh 把 （$-\infty$，$+\infty$）上的数映射到 （-1，1）区间。这两个函数的性质如下：

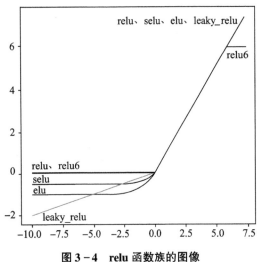

图 3 - 4　relu 函数族的图像

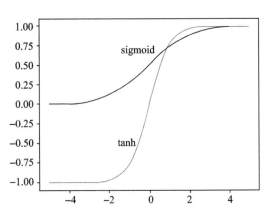

图 3 - 5　sigmoid 函数和 tanh 函数

1）$\tanh(x) = 2\,\text{sigmoid}(2x) - 1$

2）$\text{sigmoid}(x) = \dfrac{\tanh\left(\dfrac{x}{2}\right) + 1}{2}$

3）$\text{sigmoid}(0) = 0.5$

4）$\tanh(0) = 0$

5）$\text{sigmoid}'(x) = \text{sigmoid}(x)(1 - \text{sigmoid}(x))$

6）$0 < \text{sigmoid}'(x) \leqslant \dfrac{1}{4}$，且 $x = 0$ 时取最大值

7）$\tanh'(x) = 1 - \tanh^2(x)$

8）$0 < \tanh'(x) \leqslant 1$，且 $x = 0$ 时取最大值

这些性质使得 sigmoid（）适合把数据映射为一个概率，tanh（）适合把数据映射到 （-1，1）区间从而有利于模型的收敛；但两者都不太适合做激活函数，尤其是 sigmoid（）。这是因为 sigmoid（）的导数的最大值是 0.25，所以有：

$$\nabla_x \leqslant 0.25\ \nabla_y，其中\ y = \text{sigmoid}(x)$$

这意味着梯度每经过一次 sigmoid（）就会缩小 3/4。经过的次数越多，缩小的程度就越呈指数增长。这就有可能导致梯度过小而消失，从而无法对模型可训练参数进行优化。tanh（）也有类似情况。所以现在一般流行用 relu 函数族中的函数做激活函数。

3.3.5 全连接和 Relu 的梯度

根据 relu( ) 函数的定义，我们可知 relu( ) 的导数为：

$$\mathrm{relu}'(x) = \begin{cases} 1 & x \geq 0 \\ 0 & x < 0 \end{cases}$$

上式中，我们约定 $x = 0$ 时的导数为 1。这是因为在 GD 法中，偏导数代表了因变量相对于自变量的变化趋势，GD 法根据变化趋势决定增加或者减少当前变量的值，并用学习率限制了步长。这就使得我们完全可以自行定义函数在不可求导点的导数，从而使 GD 法可以正常运行下去。

由于 relu( ) 的导数是分段确定的，所以，如果一个神经网络中含有 relu( ) 这样的导数分段的函数，则网络上 relu( ) 所依赖的结点的梯度也是分段确定的。例如 $y = x^3$，$z = \mathrm{relu}(y)$，由于 relu 依赖于 x，所以 z 对 x 的导数也是分段的：

$$\frac{\partial z}{\partial x} = \frac{\partial z}{\partial y}\frac{\partial y}{\partial x} = \begin{cases} 3x^2 & y \geq 0 \\ 0 & y < 0 \end{cases}$$

把根据 x 的不同计算出来的不同的 y 分别代入上式，就可以计算不同情况下 x 的梯度。

对于全连接 $\boldsymbol{Z} = \boldsymbol{XA} + \boldsymbol{B}$，有以下公式成立：

$$\nabla_{\boldsymbol{X}} = \nabla_{\boldsymbol{Z}} \cdot \boldsymbol{A}^{\mathrm{T}}$$
$$\nabla_{\boldsymbol{A}} = \boldsymbol{X}^{\mathrm{T}} \cdot \nabla_{\boldsymbol{Z}}$$
$$\nabla_{\boldsymbol{B}} = \nabla_{\boldsymbol{Z}} \tag{3-3}$$

设有：

$$\boldsymbol{X} = \begin{bmatrix} 1 & 0 & 2 \\ -1 & 3 & -3 \end{bmatrix}, \quad \boldsymbol{A} = \begin{bmatrix} -1 & -1 \\ 3 & 2 \\ 4 & 0 \end{bmatrix}, \quad \boldsymbol{B} = \begin{bmatrix} 2 & 1 \\ 1 & -1 \end{bmatrix}$$

$$\boldsymbol{Z} = \boldsymbol{XA} + \boldsymbol{B}$$
$$\boldsymbol{Y} = \mathrm{relu}(\boldsymbol{Z})$$

求：$\nabla_{\boldsymbol{X}}$、$\nabla_{\boldsymbol{A}}$ 和 $\nabla_{\boldsymbol{B}}$。

解：由计算得

$$\boldsymbol{Z} = \begin{bmatrix} 9 & 0 \\ -1 & 6 \end{bmatrix}，所以 \frac{\partial \boldsymbol{Y}}{\partial \boldsymbol{Z}} = \begin{bmatrix} 1 & 1 \\ 0 & 1 \end{bmatrix}，即正数对应的导数为 1，负数对应的导数为 0。$$

$$\nabla_{\boldsymbol{X}} = \nabla_{\boldsymbol{Z}} \cdot \boldsymbol{A}^{\mathrm{T}} = \frac{\partial \boldsymbol{Y}}{\partial \boldsymbol{Z}}\nabla_{\boldsymbol{Y}} \cdot \boldsymbol{A}^{\mathrm{T}} = \frac{\partial \boldsymbol{Y}}{\partial \boldsymbol{Z}}\boldsymbol{A}^{\mathrm{T}} \cdot \nabla_{\boldsymbol{Y}} = \begin{bmatrix} 1 & 1 \\ 0 & 1 \end{bmatrix}\begin{bmatrix} -1 & 3 & 4 \\ -1 & 2 & 0 \end{bmatrix}\nabla_{\boldsymbol{Y}} = \begin{bmatrix} -2 & 5 & 4 \\ -1 & 2 & 0 \end{bmatrix}\nabla_{\boldsymbol{Y}}$$

$$\nabla_{\boldsymbol{A}} = \boldsymbol{X}^{\mathrm{T}} \cdot \nabla_{\boldsymbol{Z}} = \boldsymbol{X}^{\mathrm{T}} \cdot \frac{\partial \boldsymbol{Y}}{\partial \boldsymbol{Z}}\nabla_{\boldsymbol{Y}} = \begin{bmatrix} 1 & -1 \\ 0 & 3 \\ 2 & -3 \end{bmatrix}\begin{bmatrix} 1 & 1 \\ 0 & 1 \end{bmatrix}\nabla_{\boldsymbol{Y}} = \begin{bmatrix} 1 & 0 \\ 0 & 3 \\ 2 & -1 \end{bmatrix}\nabla_{\boldsymbol{Y}}$$

$$\nabla_{\boldsymbol{B}} = \nabla_{\boldsymbol{Z}} = \frac{\partial \boldsymbol{Y}}{\partial \boldsymbol{Z}}\nabla_{\boldsymbol{Y}} = \begin{bmatrix} 1 & 1 \\ 0 & 1 \end{bmatrix}\nabla_{\boldsymbol{Y}}$$

在 GD 法中，有了 $\boldsymbol{X}$、$\boldsymbol{A}$ 和 $\boldsymbol{B}$ 的梯度，我们就可以根据学习步长分别调整 $\boldsymbol{X}$、$\boldsymbol{A}$ 和 $\boldsymbol{B}$ 的

值。GD 法就是根据这样的方法优化参数的。

3.3.6 求正弦

如果仔细研究代码 3 – 12 和代码 3 – 13，会发现无论 Tensors 类还是 SqrtModel 类，它们与平方根这个概念都没有什么关系。这意味着什么？意味着 Tensors 和 SqrtModel 其实是通用的。基于这个考虑，我们先把 Tensors 类中的线性变换改为全连接，把中间层的长度从常数 100 改为变量 middle_ units，再把 SqrtModel 改名为 Model，最后把主程序稍作调整，即可得到求解正弦的程序：

代码 3 – 14 求解正弦

```
# p03_14_sin_tensors.py
import tensorflow as tf
import numpy as np
import math
from matplotlib import pyplot as plt

class Tensors:
    def __init__(self, middle_units):              # middle_units 中间层神经元个数
        self.x = tf.placeholder(tf.float32, [None], 'x')
        x = tf.reshape(self.x, [-1, 1])
        z = tf.layers.dense(x, middle_units, tf.nn.relu) # Z = relu(XA + B)，全连接
        y = tf.layers.dense(z, 1)                        # y = ZC + D，全连接
        self.y_predict = tf.reshape(y, [-1])
        self.y = tf.placeholder(tf.float32, [None], 'y')

        loss = (self.y_predict - self.y) ** 2
        loss = tf.reduce_mean(loss)

        self.lr = tf.placeholder(tf.float32, [], 'lr')
        opt = tf.train.GradientDescentOptimizer(self.lr)
        self.train_op = opt.minimize(loss)
        self.loss = tf.sqrt(loss)

class Model:  # SqrtModel 改名为 Model，因为模型不与特定应用挂钩
    def __init__(self, middle_units):              # middle_units 中间层神经元个数
        graph = tf.Graph()                         # 创建一个计算图
        with graph.as_default():
            self.ts = Tensors(middle_units)   # 指定中间层单元数
            self.session = tf.Session(graph = graph)
            self.session.run(tf.global_variables_initializer())

    def train(self, xs, ys, epoches = 5000, lr = 0.01, eps = 0.0001):
        steps = 0
```

```
            ts = self.ts
            while epoches is None or steps < epoches:
                _, loss = self.session.run([ts.train_op, ts.loss],
                                              {ts.lr: lr, ts.x: xs, ts.y: ys})
                if eps is not None and loss < = eps:
                    break
                print('step', steps, ': loss =', loss)
                steps + =1

        def predict(self, xs):
            return self.session.run(self.ts.y_predict, {self.ts.x: xs})

        def __enter__(self):        #进入 with 语句时执行
            return self

        def __exit__(self, exc_type, exc_val, exc_tb):   #退出 with 语句时执行
            self.session.close()   #模型使用完毕后关闭会话

        def get_samples(num):            #获取 num 个样本
            xs = np.random.uniform( - math.pi, math.pi, [num])   #创建 num 个[ -pi,
            pi)之间的均匀分布随机数
            xs = sorted(xs)
            ys = np.sin(xs)            #每个样本对应的标签值
            return xs, ys

if __name__ = ='__main__':
    xs, ys = get_samples(200)
    with Model(200) as model:              #创建一个中间层有 200 个神经元的通用模型
        #面用 pyplot 作图
        plt.plot(xs, ys, label ='sin', color ='blue')   #画正弦曲线
        plt.legend()                 #制作图例

        model.train(xs, ys, epoches =20000)   #进行最多20000 轮训练

        xs, _ = get_samples(400)
        ys_predict = model.predict(xs)
        plt.plot(xs, ys_predict, label ='prediction', color ='red')  #画预测的正弦曲线
        plt.legend()
        plt.show()                  #显示图画
```

在上面的程序中，我们还引入了 math 包和 pyplot 包。math 被用来获取 π 的值，pyplot 被用来作图。

得到的结果如图 3 - 6a 所示。正弦曲线和预测得到的曲线的重合度"看起来"还是比较高的。但是如果把局部放大，就会看到两者还是有区别的，如图 3 - 6b 所示。

增大 epoches 参数或者缩小学习步长 lr,可以进一步加大两者的重合度,但是由于步长的限制,我们不可能无限地加大重合度。另外,过小的学习步长将导致网络收敛缓慢。所以,选取合适的 epoches 和 lr 就显得很重要。读者可以通过用不同的参数组合多做练习,以便摸清这些超参的最优组合。除此之外,还可以使用其他优化器,如 AdamOptimizer。

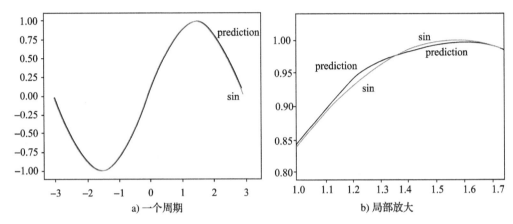

图 3 - 6 正弦曲线和预测值对比

3.3.7 BGD、SGD 和 MBGD

样本参与训练的方法有 3 种:

1) BGD(Batch Gradient Descent),批量梯度下降法,即一次训练所有样本。前面求正弦和平方根的程序就是这样的。

2) SGD(Stochastic Gradient Descent),随机梯度下降法,即一次仅训练一个样本。

3) MBGD(Mini Batch Gradient Descent),小批量梯度下降法。这是介于 BGD 和 SGD 之间的方法,一次训练多个样本。由于在实际项目中样本数量众多,我们很难使用 BGD,但一次仅训练一个样本效率又实在太低,且容易出现过拟合,所以 MBGD 就成为比较常用的方法。

BGD 和 MBGD 是不是等价于 SGD?换句话说,如果 BGD 或 MBGD 一次训练 10 个样本,那么在同样的情况下,是不是等价于用 SGD 训练 10 次?答案是否定的。BGD 或 MBGD 一次训练 10 个样本,模型的参数就用这 10 个样本的梯度的平均值进行优化。而用 SGD 训练 10 次,即对每个参数优化 10 次,且每次优化都是在上一次优化的基础上进行的,结果当然不一样。

3.3.8 三层神经网络模型

本节最核心的内容是三层神经网络。前面求平方根和正弦的网络都是三层的,包括输入层、中间层和输出层。我们还发现,这样的网络既可以用来训练求平方根,也可以用来求正弦。那么这种通用性是不是放之四海皆准呢?更进一步,我们可不可以用一个模型同时求正弦和平方根呢?

　　三层神经网络可以表达任意函数，这个定理在 1989 年就已经被 G. Cybenko 证明（参见 http://www. dartmouth. edu/ ~ gvc/Cybenko_ MCSS. pdf）；但是那是一个非常数学化的证明，一般人阅读起来比较吃力。从本节开始，我们将给出一个形象的、容易理解的说明（而非证明）。我们会发现，神经网络的表达能力是有限的，超过极限，增加深度和神经元个数并不能提高网络的表达能力。我们还将学习样本数量与神经元数量之间的联系，理解过拟合的实质以及根本解决办法，发现最小样本区域的概念，发现神经元网络的内在不稳定性，理解网络在样本空间之外表现不佳的原因。

　　所谓三层神经网络，就是除了输入层和输出层，仅有一个中间层（又称为隐藏层）的网络，结构如图 3 - 7 所示。其中各层之间的连接都是全连接，中间层带一

图 3 - 7　三层神经网络

个激活函数（通常是 relu( )）。这样的网络就可以被用来模拟任意一个一元或者多元函数，甚至可以同时模拟多个多元函数。

　　但是请注意，第一，这里所说的函数是连续函数。对于非连续函数，只要它是分段连续的，我们的证明在每一段上仍然是有效的。第二，函数的定义域是有界的。也就是说，我们不考虑下界是负无穷，或者上界是正无穷的情况。这个限制对实际应用几乎没有影响。因为一般来说，我们不太可能在一个上界或者下界完全不受限的范围内使用网络。第三，中间层的激活函数是 relu( )。如果使用其他激活函数，如 leaky_relu( )、sigmoid( )，结论是一样的。其证明是可以类推的，本文不再赘述。

　　我们将首先从一元函数讲起，然后再扩展到多元函数，最后扩展到多个多元函数。

3.4　用三层神经网络拟合任意一个函数

　　这节我们将讨论如何用三层神经网络拟合任意一个函数。

3.4.1　三层神经网络拟合一元函数

　　为了模拟任意一个一元函数，这时的网络可以定义为

$$z = \mathrm{relu}(x\boldsymbol{w}_1 + \boldsymbol{b}_1)$$
$$y = z\boldsymbol{w}_2 + b_2$$

其中：

$$\boldsymbol{w}_1 = \begin{bmatrix} w_{11}, & w_{12}, & \cdots, & w_{1n} \end{bmatrix}$$

$$\boldsymbol{w}_2 = \begin{bmatrix} w_{21} \\ w_{22} \\ \vdots \\ w_{2n} \end{bmatrix}$$

$$\boldsymbol{b}_1 = [b_{11}, b_{12}, \cdots, b_{1n}]$$

x 和 y 分别是输入和输出，形状都是 $[1，1]$；变量 w_1 和 w_2 的形状分别是 $[1，n]$ 和 $[n，1]$，n 是中间层神经元的数量；变量 b_1 和 b_2 的形状分别是 $[n]$ 和 $[1]$，因为运算可广播性质，在下面的计算中分别被当作形状 $[1，n]$ 和 $[1，1]$ 看待。对应的网络如图 3-8 所示。

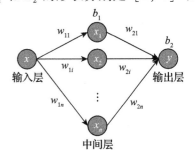

三层网络可以表达什么样的一元函数呢？从图 3-8 中我们看到，对于中间层的任意一个神经元，$z_i = xw_{1i} + b_{1i}$，其中 w_{1i} 和 b_{1i} 分别是 w_1 和 b_1 的第 i 个分量。在 ZOX 坐标系中，这代表了二维空间中的一条直线，如图 3-9a 所示。

图 3-8　三层神经网络拟合一元函数

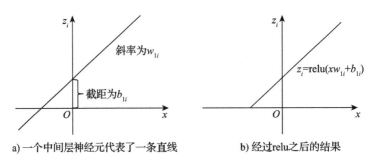

a) 一个中间层神经元代表了一条直线　　　b) 经过relu之后的结果

图 3-9　任意一个中间层神经元

经过 relu 之后，直线变成了折线，其中一段在 x 轴上，另一段是斜率等于 w_{1i} 的射线，如图 3-9b 所示。最后再经过一次全连接，得到 $y = z_i w_{2i} + b_2$，则折线变成了图 3-10a 所示的样子。与图 3-9b 相比，不同之处如下：

1）折线整体向上或者向下移动了若干距离。

2）第二段射线的斜率发生了改变，原来是 w_{1i}，现在是 $w_{1i} w_{2i}$，这意味着 y 的值可以是负的，如图 3-10b 所示。

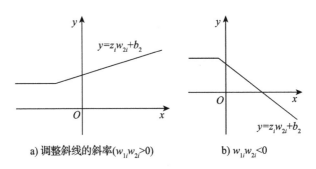

a) 调整斜线的斜率($w_{1i} w_{2i} > 0$)　　　b) $w_{1i} w_{2i} < 0$

图 3-10　$w_{1i} w_{2i}$ 的两种情况

这说明，经过全连接、relu 激活、全连接之后，我们可以获得任意一个两段折线，其中一段是水平的，另一段的斜率是任意的。

前面仅仅考虑了中间层的一个神经元。下面增加一个神经元，看看会发生什么。如图 3－11a 所示，中间层的两个神经元代表了两条两段折线；图 3－11b 代表了这两条折线相加的结果。

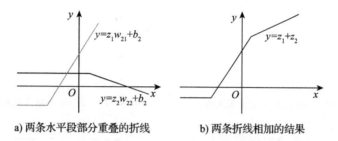

a) 两条水平段部分重叠的折线　　　b) 两条折线相加的结果

图 3－11　中间层的两个神经元效果

也就是说，任意两条两段折线的和构成了一条最多三段的折线。这个结论不仅对图 3－11 所示的情况有效，对于两条任意的两段折线都有效——哪怕其中不存在水平的线段，例如两条折线都是 V 字形的。更进一步，**任意 n 条两段折线的和就是一条最多 $n+1$ 段的折线**。这是因为一条两段折线就有一个折点（即两段射线的交点），n 条两段折线最多会有 n 个折点。由于每相邻两个折点之间的所有线段的线性方程之和仍然是线性方程 $\left(\sum_i (a_i x + b_i) = \left(\sum_i a_i \right) x + \left(\sum_i b_i \right) \right)$，所以这 n 个折点会产生一条最多 $n+1$ 段的折线，如图3－12 所示。

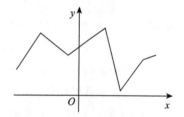

图 3－12　任意多段折线

如果一个三层神经网络的中间层有 n 个神经元，则每个神经元都会产生一条两段折线；在输出层就会产生一条最多 $n+1$ 段折线。这个结论对我们的重要启示就是：利用三层神经网络可以拟合任意一元函数，只要样本数量 m 足够大并且中间层神经元个数等于 m。在得出这个结论之前，我们先来看看样本、训练和预测的本质。

3.4.2　样本、训练和预测

设有样本集合 $\{(x_i, y_i) \mid i = 1, 2, \cdots, n\}$，把它们画在 XOY 直角坐标系中，就是一个个孤立的点，但是如果把相邻的两个点用直线连接起来，就构成了一条"曲线"。图 3－13 所示是一条用 200 个随机样本构成的正弦曲线，看上去比较"完美"。但是如果把样本数量减少到 40 个，效果就比较一般了，如图 3－14 所示。

所以世上本没有什么曲线，你看到的曲线不过是一大堆直线拼接而成的。

对于样本来说，重要的不是数量，而是相邻两个样本之间的距离。如果相邻的两个样本之间距离过远，则上述用直线拟合曲线的效果就比较差。由此可得出一个推论：如果样本分布不均匀，即使数量很多，用直线拟合曲线的效果也会不好。这是因为样本空间内，有的地方样本密集，有的地方稀疏，这些稀疏地方相邻样本之间的距离就远。

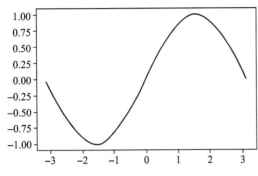

图 3 - 13　用 200 个样本构成的正弦曲线

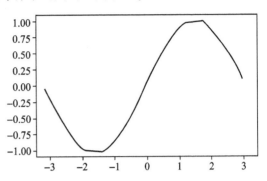

图 3 - 14　用 40 个样本构成的正弦曲线

所以，当我们用三层神经网络拟合一个一元函数时，如果我们只能用直线拟合曲线，则最佳效果不过是在所有相邻的两个样本点之间连上直线，从而构成一条多段折线。所谓训练，就是确定哪些样本之间是相邻的。所谓预测，就是找到样本的两个相邻点，然后从它们之间的一条直线或者多段折线上给出样本的预测值，如图 3 - 15 所示。

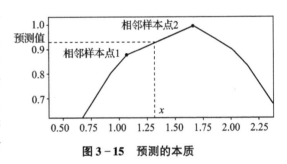

图 3 - 15　预测的本质

而上一节我们已经知道，一个中间层有 n 个神经元的三层神经网络在输出层会产生一条最多 $n+1$ 段的折线。如果恰好有 n 个样本，那么最佳的拟合效果就是这 n 个折点分别与一个样本点重合，所有相邻折点之间的连线一起就构成了一条完美拟合样本的曲线。

3.4.3　中间层神经元个数和样本数量之间的关系

现在，试着验证一下我们的结论。运行代码 3 - 14，得到结果如图 3 - 6a 所示。可以看到，prediction 所代表的预测"曲线"就是一条多段折线。当样本数量与折点数量相同时，折点总是尽可能地拟合一个样本点。当折点与样本点之间的平均距离近时，拟合的效果就比较好，否则就比较差。图 3 - 6b 是对图 3 - 6a 局部放大后的结果，可以看到，拟合很难达到 100% 好的效果。这也说明了，我们不可能得到一个百分之百"完美"的曲线。

现在我们试着把中间层神经元个数从 200 个改为 10 个，样本数保持 200 个不变。下面把代码 3 - 14 的主程序中的 Model（200）改为 Model（10）：

代码 3 - 15　求解正弦时中间层神经元个数改为 10 个

```
if __name__ = ='__main__':
    …… # 代码同 p03_14
    with Model1(10) as model1:  # 创建一个中间层有 10 个神经元的通用模型
        …… # 其他代码保持不变
```

运行程序得到的结果如图 3 - 16a 所示。可以看到 prediction 的预测线呈折线状。如果进一步把中间层神经元个数改为 5 个，样本数量仍然保持 200 个不变，会得到图 3 - 16b 所示结果，会看到明显的五段折线的样子。由于样本是随机产生的，所以有时会看到六段折线。假设中间层神经元数量是 m，则三层神经网络能够生成折线的段数 p 满足：

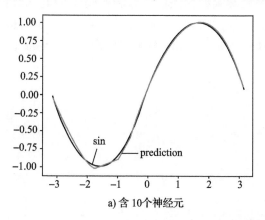 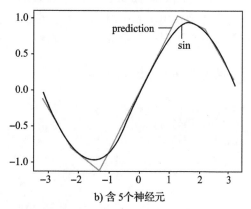

a) 含 10 个神经元　　　　　　　　　　　b) 含 5 个神经元

图 3 - 16　中间层含不同数量神经元效果

$$p \leqslant m + 1 \qquad (3 - 4)$$

式 (3 - 4) 的意思是说，**中间层神经元数量限制了三层神经网络的拟合能力**。

如果我们令中间层神经元数量为 200，样本数量为 10，会发生什么呢？如图 3 - 17 所示，尽管我们的确得到了一个多达 200 段左右的折线，但折线仍然尽可能地贴近样本点。唯一不同的是，两个样本点之间的连线不是直线，而是由多条线段组成的曲线，并且该曲线也受到了其他临近样本点的影响。

所以，**增加样本**，同时增加中间层神经元数量，提高样本质量，改善其分布，才是提高网络拟合能力的正确方法。

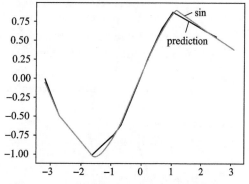

图 3 - 17　中间层 200 个神经元，10 个样本

3.4.4　自变量越界会发生什么

如果自变量的定义域是 $[a, b]$，那么当 $x < a$ 或者 $x > b$ 时会发生什么？由于函数曲线总是由一段段首尾相连的折线段组成的，所以当 $x < a$ 时，因变量的值就由最左边的两段折线负责预测；$x > b$ 时，因变量的值就由最右边的直线延长部分负责预测（读者可以自己写一些代码测试一下是不是这样）。这样就会导致网络在样本定义域之外的拟合效果非常差。

3.4.5 同时拟合 $\cos(x)$、$\sin(x)$

前面几节我们说明了三层神经网络可以模拟任何一个一元函数。事实上，它还可以同时拟合多个一元函数。现在我们试着同时拟合正弦和余弦曲线。请复制代码 3 - 14，然后在 Tensors 类中把输出 y_predict 和标签 y 的形状从 [-1, 1] 改为 [-1, 2]，再对 get_sample( ) 稍作修改。为了图形显示合理，主程序中与 label 或 legend 相关代码删除即可。代码如下：

代码 3 - 16 同时求解正弦和余弦

```
# p03_16_sin_coss.py
·····# 引入语句同 p03_14
class Tensors:
    def __init__(self, middle_units):
        self.x = tf.placeholder(tf.float32, [None], 'x')
        x = tf.reshape(self.x, [ -1, 1])
        z = tf.layers.dense(x, middle_units, tf.nn.relu)
        self.y_predict = tf.layers.dense(z, 2)                 # 预测, 形状[ -1, 2]
        self.y = tf.placeholder(tf.float32, [None, 2], 'y')    # 标签, 形状[ -1, 2]

        loss = (self.y_predict - self.y) ** 2
        loss = tf.reduce_mean(loss)

        self.lr = tf.placeholder(tf.float32, [], 'lr')
        opt = tf.train.AdamOptimizer(self.lr)                  # 使用 AdamOptimizer
        self.train_op = opt.minimize(loss)
        self.loss = tf.sqrt(loss)

class Model:
    ····· # 代码同 p03_14

def get_samples(num):                      # 获取 num 个样本
    xs = np.random.uniform( -math.pi, math.pi, [num])   # 创建 num 个[ -pi,pi)之
                                                        间的均匀分布随机数
    xs = sorted(xs)
    ys = np.sin(xs), np.cos(xs)     # 形状:[2, -1]
    ys = np.transpose(ys)           # 转置为:[ -1, 2]
    return xs, ys

if __name__ == '__main__':
    xs, ys = get_samples(200)
    with Model(200) as model:               # 创建一个中间层有 200 个神经元的通用模型
        # 面用 pyplot 作图
        plt.plot(xs, ys, color = 'blue')     # 画正弦曲线
```

```
model.train(xs, ys, epoches = 5000)    # 进行最多 5000 轮训练

xs, _ = get_samples(400)
ys_predict = model.predict(xs)
plt.plot(xs, ys_predict, color = 'red') # 画预测的正弦曲线
plt.show()                              # 显示图画
```

请注意，我们使用了 tf. train. AdamOptimizer 来取代 tf. train. GradientDescentOptimizer。因为后者是最基础的 GD 法，而前者针对后者的很多问题进行了优化，通常来说，要比后者收敛速度快很多。所以，在主程序中，我们没必要令 epoches = 20000，改为 5000 即可。运行结果如图 3 - 18 所示。

有意思的是，Tensors 构造函数中的第二个全连接可以不使用偏置，也就是说把它改为 self. y_predict = tf. layers. dense(z, 2, use_bias = False)，程序运行的结果几乎没有改变。原因如图 3 - 10 和图 3 - 11 所示，当第二个全连接的偏置等于 0 时，相当于所有两折线的水平部分都在 X 轴上；但多个这样的两折线仍然能构成一条多折线，只不过这条多折线左右两端中有一端位于 X 轴上。但这并不影响多折线对任意曲线的拟合。

当我们把上述正弦和余弦函数的定义域从（-π，π）扩展到（-2π，2π）、（-3π，3π）……时会发生什么？

一开始还行，但后来拟合效果会越来越差。这是什么原因造成的？这是因为中间层的每一个神经元代表了直线 $y = ax + b$。随着定义域的扩大，样本点离原点越来越远。除非对应直线的斜率 a 的绝对值能够随定义域的扩大而等比例缩小，否则偏置 b 的绝对值也会越来越大，如图 3 - 19 所示。而 a、b 都是可训练变量，它们的初值是满足标准正态分布的随机数，也就是说有 95% 的可能落在区间 $[-3, 3]$ 上。如果上述三角函数的定义域是（-4π，4π），三角函数的导数最大可以等于 1，这意味着偏置 b 最小可以小于 -12。从 -3 到 -12 是漫长的距离 9。如果步长是 0.01，则意味着至少需要 900 次更新，且每次 b 都能以最大导数更新，GD 法才能把 b 从 -3 优化成小于 -12。那么增大步长行不行？不行，因为三角函数在某个样本点的导数与拟合该样本点的上述直线的斜率基本一致，所以 a 的变化范围不大。太大的步长又会影响 a 的优化，以及其他绝对值不大的偏置的优化。

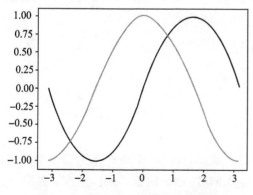

图 3 - 18 同时拟合正弦和余弦函数

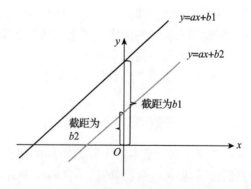

图 3 - 19 截距（即偏置）随定义域的扩大而增大

3.4.6 拟合多元函数

虽然上述推导和试验都是针对一元函数，但是三层神经网络同样可以拟合任意多元函数，或者输出多元的函数。

另外，这个结论对四层或者四层以上的神经网络同样成立，对 relu 之外的其他激活函数成立，对全连接之外的其他操作也成立。我们在下一章讲述卷积操作时还会讨论这个问题。

前面所描述的样本数量、中间层神经元数量和结果折线的段数之间的关系在输入和/或输出多元的情况下同样成立。这意味着，在任何情况下，我们都不能单独增加中间层神经元数量或者样本数量，两者一般应该同时增加或者同时减少；否则网络的拟合能力不会提高或者提高不明显。

3.4.7 过拟合

当中间层神经元数量多于样本数量时，网络的最佳拟合效果就是拟合曲线会精确经过每一个样本点。如果样本质量比较高（前面拟合正弦或余弦时的样本质量就很高），这当然没有问题，也是我们所期望的；但是，如果样本质量参差不齐，有的样本质量好一些，有的则不行，那么精确经过每一个样本点就不是我们所期望的。这时，我们就称网络**过拟合**了。

避免过拟合的办法就是让中间层神经元数量 n 少于样本数量。此时，无论怎么训练，网络也只会产生最多 $n+1$ 段折线。极端情况下，如果中间层只有一个神经元，那最多产生一条两段折线〔如果使用 relu( ) 激活函数，其中一段还是水平的〕；假设输入输出都只有一个神经元，则拟合效果等价于最小二乘法。

3.5 手写数字识别

前面章节中说明了如何用一个三层神经网络拟合正弦和余弦等函数。下面，我们给出一个比较复杂的多元函数的例子：手写数字识别。我们的目的有：

1）实验用三层神经网络实现手写数字识别。
2）收集和整理手写数字样本。
3）给出一个离散值的目标函数的定义。

3.5.1 手写数字样本集合 MNIST

MNIST 是个非常著名的手写数字样本集合，很多培训都以这个集合作为深度学习的起点，我们也不例外。在我们的随书代码库中有一个 MNIST_data 的子目录，包含了 MNIST 集合的所有数据。请将这个数据集复制至自己的工程目录下。

接着，我们需要读取这个数据集。幸运的是，TF 中已经有现成的教学包及函数可以直接读取这个数据集，只需向 read_data_sets( )函数提供数据集的位置即可。代码如下：

代码 3 – 17 获取 **MNIST** 数据集

```
# p03_17_mnist_read_samples.py

from tensorflow.examples.tutorials.mnist.input_data import read_data_sets
import cv2
import numpy as np

if __name__ == '__main__':
    ds = read_data_sets('MNIST_data/')     # 参数要替换为自己的 MNIST 数据集目录
    print(ds.train.num_examples)           # 训练集样本数量,55000 个
    print(ds.validation.num_examples)      # 验证集样本数量,5000 个
    print(ds.test.num_examples)            # 测试集样本数量,10000 个

    imgs, labels = ds.train.next_batch(5)  # 读取 5 个训练样本及其标签
    print(labels)
    img = np.reshape(imgs, [-1, 28])       # 改变形状,5 个样本排成一列
    cv2.imshow('Digits', img)              # 显示图片
    cv2.waitKey()                          # 按任意键关闭图片
```

运行结果如下：

     55000
     5000
     10000
     [3 5 9 4 2]

显示的图片如图 3 – 20 所示。read_data_sets( )的结果中有 3 个子集：train（训练集）、validation（验证集）、test（测试集合）。训练集就是用来进行模型训练的集合，共 55000 个样本。测试集就是训练完成后用来对模型进行测试的集合，共 10000 个样本。验证集共 5000 个样本。每个子集都有 num_examples 属性返回该子集的样本数量，成员函数 next_batch(batch_size) 用来从该子集中获取一批 batch_size 个样本及其标签。每次调用 next_batch( )返回的样本都不相同，直到子集中所有样本都被读过一遍之后，函数会自动从第一个样本重新开始读。

图 3 – 20 5 个训练样本

MNIST 的每个样本都是 28 ×28 的灰度图片，但是数据却是以 784 维的向量⊖形式存在。所以训练时我们要把样本整形为 [28, 28]。

验证与测试的区别在于，前者是在训练过程中对模型进行验证的，后者则是在训练完毕

⊖ 对于向量来说，维数是指向量的长度，例如 50 维向量是指该向量里有 50 个元素；对于矩阵来说，维数指的是它的秩，例如 3 维矩阵就是说该矩阵的秩等于 3。

后对模型进行测试的。验证集、测试集与训练集分开，有助于我们对模型的训练损失变化给出客观评价，避免训练出一个对训练集过拟合的模型。我们总希望训练出的模型对除训练集之外的其他输入数据也尽可能有效，这个性质称为模型的**泛化性**。

而验证集和测试集分开是因为很多情况下，我们在训练一个模型时会根据验证结果对训练进行调整，例如更改步长 lr 或者增加 epoches。也就是说，验证集虽然不参与训练，但是对训练结果也可能会有影响。所以，有必要把它们分开。

3.5.2 独热向量

接下来，复制代码 3 - 16，然后对 Tensors、Model 和主程序作调整。代码如下：

代码 3 - 18 三层神经网络实现 MNIST 手写数字识别

```python
# p03_18_mnist.py
import tensorflow as tf
from tensorflow.examples.tutorials.mnist.input_data import read_data_sets


class Tensors:
    def __init__(self, middle_units):
        self.x = tf.placeholder(tf.float32, [None, 784], 'x')
        z = tf.layers.dense(self.x, middle_units, tf.nn.relu)
        logits = tf.layers.dense(z, 10)              # 预测, [ -1, 10]
        self.y = tf.placeholder(tf.int32, [None], 'y')  # 标签
        y = tf.one_hot(self.y, 10)                   # 转成独热向量, [ -1, 10]

        # 使用交叉熵损失函数
        loss = tf.nn.softmax_cross_entropy_with_logits_v2(labels=y, logits
            =logits)
        self.loss = tf.reduce_mean(loss)             # 损失函数应该是个标量

        self.lr = tf.placeholder(tf.float32, [], 'lr')
        opt = tf.train.AdamOptimizer(self.lr)        # 使用 AdamOptimizer
        self.train_op = opt.minimize(self.loss)


class Model:
    def __init__(self, middle_units):
        graph = tf.Graph()
        with graph.as_default():
            self.ts = Tensors(middle_units)
            self.session = tf.Session(graph=graph)
            self.session.run(tf.global_variables_initializer())

    def train(self, samples, batch_size, epoches=50, lr=0.01):
```

```
# 采用 MBGD 法训练, samples 提供样本, batch_size 指批的大小
ts = self.ts
for epoch in range(epoches):
    batches = samples.num_examples // batch_size   # 计算一个 epoch 包含多
                                                        少批
    for batch in range(batches):
        xs, ys = samples.next_batch(batch_size)    # 获取一批样本
        _, loss = self.session.run([ts.train_op, ts.loss],
                                    {ts.lr: lr, ts.x: xs, ts.y: ys})
        print('epoch:', epoch, ', batch:', batch, ', loss:', loss)

    def __enter__(self):
        return self

    def __exit__(self, exc_type, exc_val, exc_tb):
        self.session.close()

if __name__ == '__main__':
    with Model(2000) as model:                      # 创建一个中间层有 2000 个神经元的通用模型
        ds = read_data_sets('MNIST_data/')          # 参数要替换为自己的 MNIST 数据集目录
        model.train(ds.train, 200, lr = 0.001)      # 用训练集进行训练
```

请注意 Tensors 中对函数 tf. one_hot(tensor, depth) 的调用，它用来把一个整数矩阵中的每个值转成深度为 depth 的**独热向量**。独热向量是指长度为 depth 的向量，其中 depth − 1 个值都是 0，只有 tensor 所指位置处的值是 1。例如，3、5 可以分别转成深度为 10 的独热向量 $[0, 0, 0, 1, 0, 0, 0, 0, 0, 0]$ 和 $[0, 0, 0, 0, 0, 1, 0, 0, 0, 0]$。注意位置是从 0 开始数的。

独热向量之所以存在，是因为位置的值通常比较大。MNIST 中的手写数字是 0 ~ 9。而为了让模型更加容易收敛，通常我们应该让输入数据介于 − 1 与 1 之间。独热向量就起到了这个作用，避免了直接使用像 3、5、9 这么大的数字。独热向量的另一个作用是有利于我们计算交叉熵。

3.5.3　3 种损失函数

前面我们计算正弦、余弦、平方根时使用的都是**方差损失函数**，即

$$L(y, y') = \frac{\sum_{i=1}^{m}(y_i - y_i')^2}{m} \qquad (3-5)$$

其中 $y = \{y_i \mid i = 1, 2, 3, \cdots, m\}$ 是样本标签集合，$y' = \{y_i' \mid i = 1, 2, 3, \cdots, m\}$ 是对应的样本预测值的集合。这是因为方差损失函数特别适合连续值标签。方差损失函数倾向于把误差平均分配到每个样本上。

假设有样本和训练结果集合 $\{(x_i, y_i, y_i') \mid i = 1, 2, \cdots, m\}$（各符号的含义同上），又

假设 $\Delta y_i = y_i - y_i' (i = 1, 2, \cdots, m)$，则方差损失 $L = \dfrac{\sum \Delta y_i^2}{m}$。如果误差不可避免，即

$\sum \Delta y_i = c$，则我们可以很容易证明，当 $\Delta y_i = \dfrac{c}{m}$ 时 $(i = 1, 2, \cdots, m)$，L 的值达到最小。这就是将误差平均分配。

如果希望误差集中于少量样本上而不是每个样本上，可使用**绝对值损失函数**：

$$L(y, y') = \frac{\sum_{i=1}^{m} |y_i - y_i'|}{m} \tag{3-6}$$

对于 MNIST 这样标签是离散值的情况，应该使用**交叉熵损失函数**，即：

$$L(y, y') = -\frac{\sum_{i=1}^{m} \sum_{j=1}^{d} y_{ij} \ln(y_{ij}')}{m} \tag{3-7}$$

其中标签 $y_i = \{y_{ij} \mid j = 1, 2, \cdots, d\}$ 表示每个离散值的概率，d 是离散值总数。通常，y_i 是一个独热向量。$y_i' = \{y_{ij}' \mid j = 1, 2, \cdots, d\}$ 表示预测每个离散值的概率。对 MNIST 来说，$d = 10$。

使用方差和绝对值损失函数的原因是因为它们同时满足：

1）值域是 $[0, +\infty)$。

2）当 $L = 0$ 时，必有 $y_i = y_i'$ 对任何 $i = 1, 2, \cdots, m$ 都成立。

这就使得我们可以通过 GD 法求 L 的最小值，从而获得网络的最优解。当我们使用交叉熵损失函数时，它也满足上面两个条件。读者可以以 d 作为归纳参数，用数学归纳法证明上述第 2 个条件对交叉熵损失函数也成立。

3.5.4 softmax 函数

交叉熵损失函数需要计算每个离散值的概率。但是代码 3 - 18 的 Tensors 类中并没有什么代码与概率有关，这是怎么回事呢？这就要提到 softmax( ) 函数（TF 中是 tf. nn. softmax( ) 函数）。这个函数就是用来把一个值范围为 $(-\infty, +\infty)$ 的向量转为数量相等的概率的。

设有向量 $x = \{x_i \mid i = 1, 2, \cdots, n\}$，则 softmax 函数为：

$$\text{softmax}(x) = \left\{ \frac{e^{x_i}}{\sum_{j=1}^{n} e^{x_j}} \,\middle|\, i = 1, 2, \cdots, n \right\} \tag{3-8}$$

这个公式显然满足概率的基本要求（都位于 $[0, 1]$ 区间，所有概率和等于 1）。更重要的是，它还有很多其他优点，例如分母不会等于 0，不同的输入得到的概率一定不同。如果用 $\dfrac{x_i^2}{\sum_{j=1}^{n} x_j^2}$ 代替上式来计算概率，就不具有这些优点。

与 TF 的 reduce 系列函数（见 3.1.7 节的降维操作）一样，tf. nn. softmax(logits, axis = None) 函数也有 axis 参数，其含义和用法几乎完全相同。不同的是，缺省时，tf. nn. softmax( ) 中的 axis 等于 −1，表示最后一个维度；而 reduce 系列函数缺省 axis 参数时，表示整个矩阵所有的数据参与 reduce 运算。这种区别主要是因为前者一般用来把一个向量转成一组概率，

而 reduce 系列函数在缺省情况下一般并不针对哪个特定维度。

softmax( ) 函数还有一个与 sigmoid( ) 函数 [见式 (3-2)] 相同的性质:

$$\text{softmax}'(x) = \text{softmax}(x)(1 - \text{softmax}(x))$$

这个性质使得 softmax 偏导数的计算十分简洁。

所以,在代码 3-18 的 Tensors 中,一旦计算出 logits 之后,应该执行 softmax 操作把它转成概率,再计算这些概率与 y 的交叉熵。即代码应该是这样的:

```
logits = …
y = …
p = tf.softmax(logits)
p2 = tf.maximum(p, eps)    # eps 是一个小正数,例如 0.0001
loss = -tf.reduce_sum(y * tf.log(p2))
```

其中,p 到 p2 的转化是为了防止对 0 求对数。而实际上,真实代码是这样的:

```
logits = …
y = …
loss = tf.nn.softmax_cross_entropy_with_logits_v2(…)
```

这是因为函数 tf.nn.softmax_cross_entropy_with_logits_v2( ) 是对上面最后 3 行代码的简化,也就是说,可以用一个函数调用实现交叉熵的计算。但 TF 不会仅仅为了替换 3 行代码就随便定义一个函数,所以,很可能除了简化,这个函数还做了更多的事情。

忽略 p2,我们有:

$$\text{loss} = -\text{reduce\_sum}(y \ln(p))$$
$$p = \text{softmax}(\text{logits})$$

所以:

$$\frac{\partial \text{loss}}{\partial \text{logits}} = -y \frac{\frac{\partial p}{\partial \text{logits}}}{p} = -y \frac{p(1-p)}{p} = y(p-1)$$

这不但是对偏导的优化,更重要的是,即使 p 中某个概率等于 0,也不会导致除零错。既简化了代码,又提高了运行速度,还避免了除零错,更省掉了一个超参 eps,一举四得。这就是交叉熵函数 tf.nn.softmax_cross_entropy_with_logits_v2( ) 的价值。

由于这个函数内部实际会对输入张量执行 softmax 操作,所以,读者一定不要自行对 logits 执行 softmax 操作。

3.5.5 保存和恢复模型

在代码 3-18 的 Model 类的 train( ) 函数中,我们使用了 MGDB(即小批量梯度法),这是因为我们的计算机内存没有那么大,不能一次训练 50000 个样本。我们改为一批训练 200 个样本。由于训练时间加长,训练 5000 轮已经不现实,我们改为缺省训练 50 轮。

接着，运行程序，会发现损失函数 loss 的值的确在不断下降。但是，紧接着可能就会发现一个问题：每次重新运行程序时，模型都是从 0 开始训练，以前的训练都白费了。所以很有必要在训练时随时保存模型，以便下次训练时可以在当前训练结果基础上继续训练。

TF 的 tf. train. Saver 类型对象就是用来保存和恢复模型的。复制代码 3 – 18，然后对它进行如下修改：

代码 3 – 19 保存和恢复模型

```python
# p03_19_mnist_save_restore.py
····· # 此段代码同 p03_18
class Model：
    def __init__(self, middle_units, save_path)：
        self.save_path = save_path
        graph = tf.Graph()
        with graph.as_default()：
            self.ts = Tensors(middle_units)
            self.session = tf.Session(graph = graph)
            self.saver = tf.train.Saver()          # 创建 Saver 对象
            try：
                self.saver.restore(self.session, save_path)   # 恢复模型
                print('Success to restore model from', save_path)
                # 如果恢复模型成功,就不必对变量进行初始化
            except：
                print('Fail to restore model from', save_path)
                # 恢复失败,说明老模型不存在,就对变量初始化
                self.session.run(tf.global_variables_initializer())

    def train(self, samples, batch_size, epoches = 50, lr = 0.01)：
        ts = self.ts
        make_dir(self.save_path)
        for epoch in range(epoches)：
            batches = samples.num_examples // batch_size
            for batch in range(batches)：
                xs, ys = samples.next_batch(batch_size)
                _, loss = self.session.run([ts.train_op, ts.loss],
                                           {ts.lr: lr, ts.x: xs, ts.y: ys})
            print('epoch:', epoch, ', loss:', loss)              # 每批打印改为每轮打印
            self.saver.save(self.session, self.save_path)   # 保存模型
    ····· # 此段代码同 p03_18

def make_dir(path: str)：        # 自动新建目录
    pos = path.rfind(os.sep)   # 查找目录分隔符
    if pos > = 0：
        os.makedirs(path[0: pos], exist_ok = True)
```

```
if __name__ == '__main__':
    path_and_name = 'models/p03_19/mnist'          # 模型保存位置
    with Model(2000, path_and_name) as model:      # 创建一个中间层有 2000 个神经元的
                                                    #   通用模型
        ds = read_data_sets('MNIST_data/')          # 参数要替换为自己的 MNIST 数据集目录
        model.train(ds.train, 200, lr = 0.001)      # 用训练集进行训练
```

以缺省方式构造 tf. train. Saver 对象，会把当前缺省计算图中的所有变量（包括可训练的和不可训练的）都记录下来。如果想指定参数进行保存，可以设置 var_ list 参数。

当调用 Saver. save(session, path) 时，第一个参数 session 是指定的会话，负责提供变量的值；第二个参数 path 是模型保存的位置。save( ) 函数会在指定目录下以指定的名字保存 4 个文件，这些文件中除了 checkpoint 之外名称都相同，不同的是扩展名。图 3 - 21 显示了以 path = 'models/p03_19/mnist' 为参数保存的 4 个文件。

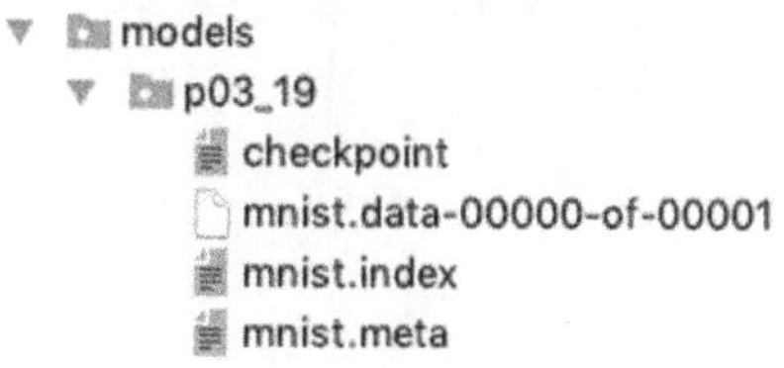

```
▼ ▣ models
    ▼ ▣ p03_19
        ▤ checkpoint
        ▯ mnist.data-00000-of-00001
        ▤ mnist.index
        ▤ mnist.meta
```

图 3 - 21 模型保存为 4 个文件

Saver. restore(session, path)方法可以帮助我们从指定的路径恢复模型。所谓恢复模型，是指从上述路径的 4 个文件中读取变量的值，然后用它们给 session 会话中指定的变量赋值。

Saver 保存模型时只保存变量（不管它是不是可训练的）的名字及其值，并不保存其他张量，更不保存计算图。这意味着保存模型之后，在下次恢复模型之前，还是可以更改计算图的。但要注意，逻辑上必须讲得通。例如，如果某些变量被删除，并不要紧，不会导致模型恢复出错；但是如果新增了模型变量，或者更改了某个变量的形状，则恢复模型时就会出错。

在代码 3 - 19 中，一旦恢复出错，就简单地用一个新模型代替。如果不希望这样做，更改这一段代码即可。

一旦恢复成功，会话中所有变量都已有了值，就不需要执行 session. run（tf. global_ variables_initializer( )）来对变量进行初始化。如果强行初始化，TF 也不会报错，但是会用初始化值替代恢复的值。但如果恢复失败，又希望训练继续下去，就应该执行上述初始化语句。

3.5.6 验证模型

接下来，我们要实验如何验证训练。请先复制代码 3 - 19，然后在 Model 类的 train( ) 函数体中，每轮训练结束后就对模型进行验证。方法是运行一个 precise 张量以获取模型的精度：

代码 3 - 20 验证模型的精度

```
# p03_20_mnist_valid.py
…… # 此段代码同 p03_19
```

```python
class Tensors:
    def __init__(self, middle_units):
        ……  # 在本函数的最后添加以下代码,构建预测和精度张量
        # 从每个样本的 10 个 logits 值中取最大值的位置(从 0 数)
        self.y_predict = tf.argmax(logits, axis = 1, output_type = tf.int32)   # [-1]
        cmp = tf.equal(self.y_predict, self.y)   # 与标签进行对比,获得一个布尔值矩阵
        cmp = tf.cast(cmp, tf.float32)                # 真和假分别转为 1 和 0
        self.precise = tf.reduce_mean(cmp)        # 获取这一批样本的预测精度


class Model:
    ……  # 此段代码同 p03_19
    def train(self, datasets, batch_size, epoches = 50, lr = 0.01):  # samples 改为
                                                                     datasets
        ts = self.ts
        make_dir(self.save_path)
        for epoch in range(epoches):
            batches = datasets.train.num_examples // batch_size    # 获取训练样本
            for batch in range(batches):
                xs, ys = datasets.train.next_batch(batch_size)      # 获取一批训练样本
                self.session.run(ts.train_op, {ts.lr: lr, ts.x: xs, ts.y: ys})

            # 验证模型
            xs, ys = datasets.validation.next_batch(batch_size)  # 获取一批验证样本
            loss, precise = self.session.run([ts.loss, ts.precise], {ts.x: xs,
            ts.y:ys})
            print('epoch:', epoch, ', loss:', loss, ', precise:', precise) # 打印损失
                                                                           和精度

            self.saver.save(self.session, self.save_path)

    ……  # 此段代码同 p03_19
……  # 此段代码同 p03_19
if __name__ = = '__main__':
    path_and_name = 'models /p03_19 /mnist'

    with Model(2000, path_and_name) as model:
        ds = read_data_sets('MNIST_data /')
        model.train(ds, 200, lr = 0.001)   # 用整个 datasets 进行训练
```

运行后的部分结果如下:

epoch:0 , loss:0. 13321966 , precise:0. 99

epoch:1 , loss:0. 030969061 , precise:0. 995

epoch:2 , loss:0. 083528556 , precise:0. 985

epoch:3 , loss:0. 002791484 , precise:1. 0

epoch：4 , loss：0. 2297467 , precise：0. 98

epoch：5 , loss：0. 17451599 , precise：0. 985

epoch：6 , loss：0. 012596469 , precise：0. 995

3.5.7　测试和使用模型

接下来对模型进行测试。代码与验证类似，不同的地方在于测试是整个训练结束后进行的。复制代码 3 - 20，然后在 Model 的最后添加用于测试的成员函数 test( ) 和用于预测的成员函数 predict( )。代码如下：

代码 3 - 21　测试模型

```
# p03_21_mnist_test.py
…… # 此段代码同 p03_20
class Model：
    …… # 此段代码同 p03_20
    def test(self, datasets, batch_size)：
        ts = self.ts
        precise_sum = 0
        num = 0
        batches = datasets.test.num_examples // batch_size
        for _ in range(batches)：
            xs, ys = datasets.validation.next_batch(batch_size)
            precise = self.session.run(ts.precise, {ts.x: xs, ts.y:ys})
            precise_sum + = precise * len(xs)
            num + = len(xs)
        print('The precise is：', precise_sum/num)

    def predict(self, xs)：
        ts = self.ts
        return self.session.run(ts.y_predict, {ts.x: xs})

…… # 此段代码同 p03_20
if __name__ = ='__main__'：
    path_and_name ='models /p03_19 /mnist'
    with Model(2000, path_and_name) as model：
        ds = read_data_sets('MNIST_data /')
        # model.train(ds, 200, lr = 0.001)　 # 由于训练的模型已被保存,所以可以直接测试
        model.test(ds, 200)
```

运行模型，可以不经过训练直接打印出模型的精度：

The precise is：0. 9876000118255616

除了 test( )，Model 还有一个函数 predict( )，可以对用户输入的数字图片列表进行预测。注意，predict( ) 一次可以预测多张图片，所以即使只预测一张图片，用户也要把它放进

一个列表里（如［img］）传给函数。另外，输入的每张图片必须是 784 维的向量，而不能是［28，28］的矩阵。并且图片上的灰度数据必须在区间［0，1］上。读者可以把输入的图片列表转成 numpy. ndarray 数据，再除以 255 即可。

3.6　结束语

本章我们首先以上一章的表达式概念为基础介绍了人工智能框架 Tensorflow 的基本概念和基本操作，包括张量、常量、变量、占位符、会话、运行、形状、阶、各种运算、全连接操作、激活函数、softmax、三种损失函数、样本集、测试集、验证集等；介绍了重要的三层神经网络，并给出了网络拟合能力与中间层神经元数量以及样本数量之间的关系；以手写数字识别为例，证明了三层神经网络对多元输入和/或多元输出的函数同样有效；对过拟合进行了定义，并推导出了减少过拟合现象的基本方法。我们得出了以下结论：

1）三层神经网络可以拟合任意一个一元或者多元函数。

2）三层神经网络的第二个全连接的偏置可以省略。

3）四层或者更多层神经网络不会比三层神经网络的拟合能力更强（但有可能参数要求较少，训练速度较快）。

4）神经网络（包括三层、多层神经网络，以下同）的训练严重依赖于样本的数量、质量和分布。

5）增加中间层神经元数量对网络拟合能力的提高有限。靠谱的办法是提高样本的数量、质量，改善其分布，并在此基础上适当增加中间层层数或者神经元数量。

6）在样本质量不佳或者参差不齐的情况下，应该减少中间层神经元数量，以避免过拟合。

7）目前基于全连接和激活函数的神经网络（包括后面章节中的卷积神经网络、循环神经网络、生成式对抗网络等），只是对样本的拟合和模仿，不具备人类独有的自主学习能力和小样本学习能力。要想取得突破，必须发展新的网络结构、新的操作方式以及新的神经网络学习方法。

第4章

Chapter Four

卷积神经网络

上一章我们介绍了三层神经网络，并说明了神经网络的实质是函数依赖关系图。本章我们将以卷积操作为基础，介绍适合图像处理的卷积神经网络。

卷积操作（Convolution）也是一个线性变换⊖，输入和输出都是向量。与全连接不同的是：后者输出数据中的每一个元素都与输入数据中的每一个元素相关，而前者输出数据中的每一个元素只与输入数据中的一块邻近区域有关。这使得卷积操作特别适合图像处理。因为图像中的一个像素点，通常与邻近的像素点之间有比较强的依赖关系，与远处的像素点之间的关系就比较弱。例如一张人脸照片，构成人脸的那部分像素相互之间的距离必然比较接近。更进一步，构成眼睛的那部分像素相互之间就更接近了。

4.1 卷积

4.1.1 一维卷积

我们先从最简单的一维卷积操作说起。设有向量 $[3, 2, 5, 9, 0, 2, 9]$，卷积核 $[1, 0, -1]$，偏置（bias）2 以及步长（strides）1，则卷积操作就是沿着向量从左到右，每 3 个值与卷积核点乘得到点积，最后加上偏置 2 的结果，如图 4-1 所示。

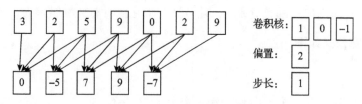

图 4-1　一维卷积操作示例

如果把步长改为 2，则结果如图 4-2 所示。

⊖ 即结果是输入的一次多项式，例如 $y = ax + b$ 就是从 x 到 y 的线性变换，其中 x、y 都是多维矩阵（含标量和向量）。

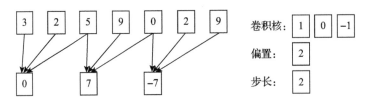

图4-2　步长为2的卷积

从图4-1和图4-2可以看出，卷积操作就是在数据向量上滑动一个长度固定的窗口，窗口内所观察到的数据与卷积核求点积，结果加上偏置即可。

假设输入向量的长度为 l，卷积核长度为 k，步长为 s，输出向量的长度为 w，则输出向量的第 i 个元素（$i=0$，1，2，……）与输入向量的第 si，$si+1$，$si+2$，…，$si+k-1$ 个元素（从0开始数）相关，与其他元素无关，并且有卷积输出大小计算公式：

$$w = \left\lceil \frac{l-k}{s} \right\rceil + 1 \qquad (4-1)$$

图4-3可以帮助读者理解式（4-1）。例如，一个20维向量，卷积核长度为7，步长为3，则卷积结果向量的长度为5。你会发现，输入向量的最后一个元素没有参与运算。一个简单的验证办法是令 $l=19$，你会发现它仍然生成了5个元素。

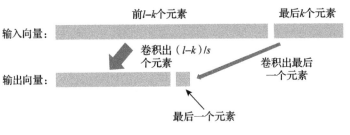

图4-3　理解式（4-1）

如果希望这个被浪费的元素也能参与运算，那就需要在输入向量的两头添加0元素——这个0元素被称为补丁（Padding），从而使得输入向量的长度变长，卷积时就能利用原输入向量的每个元素。例如，在上面这个例子中，要想使输入向量的第20个元素也能参与卷积操作，则总共需要2个补丁，原输入向量左右两边各添加1个补丁即可。把 $l=22$ 代入式（4-1），会发现输出向量的长度是6，且包括补丁在内没有元素被浪费。

补丁数量计算公式如下：

$$\text{paddings} = \left\lceil \frac{l-k}{s} \right\rceil s + k - l \qquad (4-2)$$

在避免浪费的情况下，输出向量的第 i 个元素（$i=0$，1，2，……）与输入向量的第 $si-p$，$si-p+1$，$si-p+2$，…，$si-p+k-1$ 个元素（从0开始数）有关，与其他元素无关。其中 s 是步长，$p = \left\lceil \dfrac{\text{paddings}}{2} \right\rceil$ 是输入向量左边添加的补丁数。例如上例中，输出向量的第0个元素与输入向量的第0个至第5个元素有关（补丁不是输入的一部分），与其他元素无关；第3个元素与输入向量的第8个至第14个元素相关，与其他元素无关。

4.1.2　二维卷积

所谓二维卷积就是指输入、输出和核窗口都是二维的。卷积时，核窗口在输入矩阵上从左到右，从上到下依次滑动。每次出现在核窗口内的数据会与卷积核的数据分别相乘，结果再求和，最后加上偏置就得到输出矩阵中的一个值。

由于有两个维度，所以，二维卷积操作就要指明两个步长。输出矩阵的两个维度长度的计算公式类似于式（4-1）。计算补丁时所使用的公式也类似于式（4-2）。

例如，假设输入矩阵形状为 $[32, 28]$，卷积核形状为 $[6, 3]$，步长为 $[5, 4]$，则输出矩阵的形状就是 $[6, 7]$。位于 $[2, 6]$ 位置处的元素与输入矩阵中以 $[10, 24]$ 为左上角坐标、以 $[15, 26]$ 为右下角坐标窗口内的数据相关。

如果想避免浪费，则两个维度所需补丁总数分别为 4 和 3，输出形状是 $[7, 8]$。位于 $[2, 6]$ 位置处的元素与输入矩阵中以 $[8, 23]$ 为左上角坐标、以 $[13, 25]$ 为右下角坐标窗口内的数据相关。

一般情况下，$k \leqslant l$。根据式（4-1），不论一维卷积还是二维卷积，乃至更高维度的卷积，假设某个维度上的步长是 s，则结果矩阵在那个维度上将大约缩小 s 倍。

4.1.3　通道

N 维卷积操作的输入、输出数据以及卷积核都是 N 维的。但在实际使用卷积操作时，还会要求输入再增加一个维度，这个维度就是**通道**（Channel），又称为**特征**（Feature）。对于彩色图像来说，通道数通常是 3，表示 RGB 三原色[⊖]。经过卷积操作之后，图像的通道数可以发生改变。

既然通道表示的是同一个像素点在不同通道上的特征，则在卷积时通常应该把它们视为一个整体。因为卷积关注的是邻近区域内像素点相互之间的影响，一般并不在意同一个像素点不同特征之间的"距离"，所以卷积核也增加了一个与输入通道相对应的维度。点积时，一个窗口内所有像素点及其所有通道上的全部数据与卷积核对应元素分别相乘，再求和，加上偏置后将得到输出图像上的一个像素点，如图 4-4 所示。

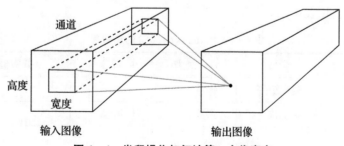

图 4-4　卷积操作如何计算一个像素点

⊖　也有使用 HSV 或其他颜色体系的。HSV 即色调（Hue）、饱和度（Saturation）和明度（Value）。RGB 是面向硬件的；而 HSV 是面向用户的，更适合图像处理。

卷积时窗口内全部像素及其全部通道同时参与计算,以输出一个像素点。

但是,对于输出来说,一次点积加偏置只能生成一个像素点——准确地说,只能生成一个像素点的一个特征。如果我们希望输入图像的通道数是 n,则需要进行 n 次点积加偏置操作。这意味着,卷积核还应该增加一个维度 n。

综上所述,N 维卷积操作的卷积核是 $N+2$ 维的。多出的两个维度分别对应于输入数据的通道数和输出数据的通道数。

例如,假设输入矩阵的通道数是 3,卷积窗口的大小是 5×5,并且希望输出矩阵的通道数是 16,则卷积核的形状是 $[5, 5, 3, 16]$。一般地,**卷积核的大小只与卷积窗口的大小以及输入输出矩阵的通道数有关**,而与输入输出矩阵除通道之外的其他维度无关。

那卷积操作的什么与输入输出矩阵除通道之外的其他维度有关呢?前者的计算量与后者有关。以图像为例,假设输入图像的形状是 $[64, 32, 3]$(高 64 个像素,宽 32 个像素,3 个通道),卷积窗口的大小是 5×5,并且我们希望输出图像的形状是 $[64, 32, 16]$,则一次点积就需要进行 $5 \times 5 \times 3 \times 16$ 次乘法运算⊖才能输出一个像素的所有 16 个特征。由于输出图像一共有 64×32 个像素,所以,共需要 $5 \times 5 \times 3 \times 16 \times 64 \times 32$ 次乘法运算。

读者可能会觉得这个数值很大,但是实际上卷积比全连接所需要的计算要少多了。如果是全连接,我们需要 $64 \times 32 \times 3$ 次乘法运算才能计算出一个像素的一个特征,总共需要 $64 \times 32 \times 3 \times 64 \times 32 \times 16$ 次乘法运算才能输出一张特征图。两者的比值 $\dfrac{5 \times 5}{64 \times 32}$,正是核窗口与输入数据窗口大小的比值。这恰恰是卷积操作与全连接的本质区别:为了输出一个像素点,**卷积参考一小片邻近区域内的像素点,全连接参考所有像素点**。所以,与全连接一样,卷积也是线性的⊜,只不过是全连接的特殊情形。

4.1.4 TF 对卷积的第一种实现

TF 对卷积有两种实现方式。第一种,由用户自行提供卷积核。主要由 tf. nn. conv1d( )、tf. nn. conv2d( )和 tf. nn. conv3d( )3 个函数组成,分别表示一维、二维和三维卷积。这 3 个函数的参数的名称、次序和含义等基本相同。下面以最常用的二维卷积 tf. nn. conv2d( )为例说明卷积操作的常用参数,见表 4 - 1。

表 4 - 1　tf. nn. conv2d( )的参数表

次序	名称	含义	类型	可选	阶	缺省值	示例
1	input	输入矩阵	张量	必填	4		
2	filter	卷积核	张量	必填	4		

⊖　忽略加法运算,因为它比乘法运算的计算量少很多,它们不在一个数量级上。

⊜　与之相反,relu 激活函数却是非线性的。因为三层神经网络理论告诉我们,全连接与 relu 的组合可以拟合任意连续曲线。

（续）

次序	名称	含义	类型	可选	阶	缺省值	示例
3	strides	步长	4 个整数的列表（list）或者张量	必填	4		$[1, 2, 2, 1]$
4	padding	说明是否需要给输入打补丁	字符串′same′或者′valid′	必填			′valid′
5	use_cudnn_on_gpu	<该参数不常用>	布尔（bool）	选填		True	
6	data_format	数据格式，说明通道的位置	字符串′NHWC′或′NCHW′	选填		′NHWC′	
7	dilations	膨胀系数	整数列表（list）	选填		$[1, 1, 1, 1]$	

注意：

1）输入矩阵并不是 3 维的，而是 4 维的。多出来的一个维度是第一个维度，表示样本的数量。相应地，输出也是 4 维的。卷积核的形状不受影响。

2）卷积核 filter 是一个 4 维整数张量，形如 [卷积核高度，卷积核宽度，输入通道数，输出通道数]。

3）步长 strides 可以是一个 4 维整数列表或 4 维向量张量⊖，如 $[1, 2, 2, 1]$，其中的每个数字表示在移动卷积核时窗口在对应维度上的移动次序和步长。TF 约定，样本数量和通道所在的维度的步长必须等于 1。所以，如果数据格式是 NHWC，则 strides [0] 和 strides [3] 必须等于 1。

4）补丁 padding 只能取值为字符串′valid′或者′same′，前者表示不对输入数据打补丁——这意味着输入矩阵中有些数据可能会被浪费；后者表示对数据打补丁，以便输入矩阵中的所有数据都能被用到。读者不要被′same′这个值迷惑了，以为输出矩阵的大小不变。事实上，只要对应的步长大于 1，输出矩阵的指定维度肯定比输入矩阵小，即使 padding 等于′same′。

5）数据格式 data_format 只能取值为字符串′NHWC′或′NCHW′。前者是缺省值，表示输入、输出矩阵的 4 个维度分别是样本数（N）、样本高度（H）、样本宽度（W）和样本通道数（C）；后者的含义以此类推。这个参数影响了函数对 strides 和 dilations 的解释。

6）膨胀系数 dilations 是一个 4 维整数列表，如 $[1, 1, 1, 1]$。其中的整数 k 表示在核窗口中，在对应的维度上，每 k 个像素中的第一个像素与卷积核中的数据对应。大于 1 的膨胀系数可以实现一种称为**膨胀卷积**的效果，如图 4-5 所示。

⊖ 向量或者列表的维数是指其中的元素的数量，例如 4 维向量的意思就是指这个向量里有 4 个元素。向量的秩始终是 1。矩阵的维数就是秩，例如 4 维矩阵的意思是这个矩阵有 4 个维度，秩等于 4。

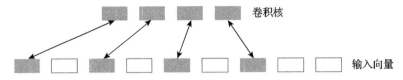

图 4 - 5   膨胀系数等于 2 的一维膨胀卷积

由于卷积操作是一种特殊的全连接操作，所以卷积操作的梯度计算参考全连接操作即可。一个技巧是：卷积操作输出矩阵中的任意一个像素 A，如果输入矩阵中像素点 B 对 A 的计算无关，则在反向传播中，B 的梯度与 A 的梯度无关。意即：**在前向传播中无关的两个神经元，在反向传播中也无关**。这个结论在任何情况下都成立。

下面是对 tf. nn. conv2d 的实验：

代码 4 - 1 卷积操作实验

```
# p04_01_conv.py
import tensorflow as tf

a = tf.random_normal([2, 16, 20, 7])
filter = tf.random_normal([3, 3, 7, 12])   # 3 * 3 的卷积,输出 12 个通道

b = tf.nn.conv2d(a, filter, strides = [1, 2, 2, 1], padding = 'valid')
print(b.shape)   # 输出(2, 7, 9, 12)

c = tf.nn.conv2d(a, filter, strides = [1, 2, 2, 1], padding = 'same')
print(c.shape)   # 输出(2, 8, 10, 12)
```

4.1.5 TF 对卷积的第二种实现

TF 对卷积的第二种实现是由 TF 为用户提供变量形的卷积核。主要由 tf. layers. conv1d ( )、tf. layers. conv2d ( ) 和 tf. layers. conv3d ( ) 3 个函数组成，分别表示一维、二维和三维卷积。这 3 个函数的主要参数的次序、名字、作用等基本相同。下面以 tf. layers. conv2d ( ) 为例说明卷积操作的常用参数，见表 4 - 2。

表 4 - 2   tf. layers. conv2d ( ) 的参数表

次序	名称	含义	类型	可选	缺省值	示例
1	inputs	输入矩阵	4 维矩阵张量	必填		
2	filters	输出通道数	整数	必填		64
3	kernel_size	卷积核大小	整数或 2 个整数的列表/元组：(卷积核高度，卷积核宽度)。一个整数表示所有高度、宽度都是这个值	必填		2

(续)

次序	名称	含义	类型	可选	缺省值	示例
4	strides	步长	整数或 2 个整数的列表/元组，表示卷积操作在竖横两个方向上的步长。一个整数表示所有方向的步长都是这个值	选填	(1, 1)	3
5	padding	是否需要打补丁	字符串'same'或者'valid'	选填	'valid'	'same'
6	data_format	通道的位置	字符串'channels_first'表示输入输出是 NCHW 格式，'channels_last'表示 NHWC 格式	选填	'channels_last'	
7	dilation_rate	膨胀系数	整数或 2 个整数的列表/元组，表示竖横两个方向上的膨胀系数	选填	(1, 1)	
8	activation	激活函数	函数	选填	None	tf. nn. relu
9	use_bias	是否使用偏置	布尔（bool）	选填	True	

与 tf. nn. conv2d( )函数相比，使用 tf. layers. conv2d( )时有以下注意事项：

1）filters 参数只是一个整数，用来指明输出通道数；而 tf. nn. conv2d( )中的 filters 是一个 4 维矩阵张量，用户须自行定义卷积核张量。

2）如果 kernel_size 是一个整数 k，其含义同 (k, k)，表示卷积核的高度、宽度都是 k。

3）根据 inputs 的最后一个维度 c、filters 和 kernel_size = (h, w) 可确定卷积核的形状是 [h, w, c, filters]。函数内部会调用 tf. get_variable( )建一个这样形状的变量，并把它作为卷积核。表 4 - 2 中仅列出了主要参数，未列出的其他参数大部分与这个变量有关。

4）如果步长 strides 是一个整数 s，其含义同 (s, s)，表示这个卷积操作在高度、宽度两个维度上的步长都是 s。

5）data_format 可以取值为'channels_first'或'channels_last'，前者表示 NCHW 格式，即输入参数 inputs 的 4 个维度分别表示样本数（N）、通道数（C）、高度（H）和宽度（W）；后者表示 inputs 是 NHWC 格式。

6）如果膨胀系数 dilation_rate 是一个整数 d，其含义同 (d, d)，表示这个卷积操作在高度、宽度两个维度上的膨胀系数都是 d。

7）激活函数 activation 是一个一元可广播函数，卷积完毕后会执行这个函数。缺省时，activation = None 表示没有激活函数。

下面是使用 tf. layers. conv2d( )的例子：

代码 4-2   测试 **tf. layers. conv2d( )**

```
# p04_02_conv.py

import tensorflow as tf

a = tf.random_normal([2, 16, 20, 7])

b = tf.layers.conv2d(a, 12, 3, strides = 2)
print(b.shape)   # 输出(2, 7, 9, 12)

c = tf.layers.conv2d(a, 12, 3, strides = 2, padding = 'same')
print(c.shape)   # 输出(2, 8, 10, 12)
```

tf. nn. conv2d( ) 与 tf. layers. conv2d( ) 的区别在于前者需要用户自行定义卷积核，而后者会自动帮助用户创建变量型的卷积核张量。所以，搭建人工智能模型时一般使用后者，其他情况下（例如只是单纯地计算两个矩阵的卷积）使用前者较多。

4.1.6 卷积的实质

前面我们已经说过，卷积是一种只考虑邻近区域像素点的全连接操作。科学家们研究发现，某些特定的卷积核能够发现图像中的某种特征。例如，如果想发现图像中是否存在边长为 3 的正方形，那么使用如下卷积核就可以了：

$$\begin{bmatrix} 1 & 1 & 1 \\ 1 & -1 & 1 \\ 1 & 1 & 1 \end{bmatrix}$$

卷积结果值越大，存在边长为 3 的正方形的可能性越高。以此类推，我们能够发现类似于小正方形、直线、曲线这样的基本特征。卷积得到的结果称为**特征图**。特征图上的每个通道都代表了一种可能的特征。在特征图上进一步执行卷积，就可能抽象出更高级的特征，例如边缘、小块面积等。这样一级一级抽象下去，最终可能从一张照片中抽象出鼻子、嘴巴、耳朵等特征，最终抽象出一张人脸。深度学习对人脸识别的过程就是这样的。

由于卷积核犹如一个筛子，从左到右、从上到下筛过输入图像，留下的就是特征。所以，卷积核也被称为**过滤器**（Filter）。

4.2 池化操作

4.2.1 最大值池化和平均值池化

池化操作用来获取输入图像小块区域内的平均值或者最大值，分为平均值池化和最大值池化两种。图 4 - 6 所示为最大值池化和平均值池化的例子。

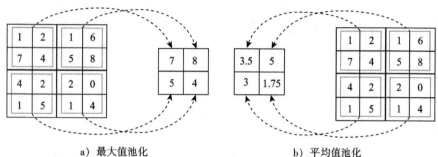

a）最大值池化　　　　　　　　b）平均值池化

图 4 - 6　最大值池化和平均值池化

TF 中实现最大值池化操作的有 3 个函数：tf. layers. max_pooling1d( )、tf. layers. max_pooling2d( ) 和 tf. layers. max_pooling3d( )，分别表示一维、二维和三维最大值池化。

以 tf. layers. max_pooling2d( ) 为例，它的参数见表 4 - 3。

表 4 - 3　tf. layers. max_pooling2d( ) 的参数表

次序	名称	含义	类型	可选	缺省值	示例
1	inputs	输入矩阵	4 维矩阵张量	必填		
2	pool_size	池化窗口的大小	整数或 2 个整数的列表/元组：（窗口的高度，窗口的宽度）。一个整数时表示高度、宽度都是这个值	必填		2
3	strides	步长	整数或 2 个整数的列表/元组，表示池化操作在竖横两个方向上的步长。一个整数时表示所有方向的步长都是这个值	必填	(1, 1)	2
4	padding	是否需要打补丁	字符串'same'或者'valid'	选填	'valid'	'same'
5	data_format	通道的位置	字符串'channels_first'表示输入输出是 NCHW 格式,'channels_last'表示 NHWC 格式	选填	'channels_last'	

注意：

1）与卷积操作一样，池化操作也是用一个窗口在输入图像上从左到右、从上到下按照指定步长滑动，每次取窗口中所有数据的最大值输出。而卷积操作是把窗口中的像素全部取出，然后与卷积核进行点积运算。所以表 4 - 3 中的参数都是与输入图像、滑动窗口等有关的，与卷积核无关。

2）pool_size 类似于表 4 - 2 中的 kernel_size，被用来定义池化窗口的大小。

3）strides 和 padding 的含义分别类似于表 4 - 2 中的同名参数。

4）输入数据 inputs 必须是 4 维的，各维度的含义依参数 data_format 的不同而不同，可参考表 4 - 2。

5）与 tf. layers. conv2d（）等函数不同，tf. layers. max_pooling2d（）内部不会产生任何变量。我们把内部会产生可训练变量的张量称为**可训练张量**，否则称为**不可训练张量**。tf. layers. max_pooling2d（）的结果就是一个不可训练张量。

TF 中实现平均值池化操作的也有 3 个函数：tf. layers. average_pooling1d（）、tf. layers. average_pooling2d（）和 tf. layers. average_pooling3d（），分别表示一维、二维和三维平均值池化。

上述 3 个函数所有参数的名字、次序、类型、含义、缺省值以及说明等全部与对应的最大值池化函数相同。唯一不同的是，前者输出的是邻近区域内的平均值，后者输出的是邻近区域内的最大值。

4.2.2　池化操作的梯度

对于一个窗口大小为（2，3）的池化操作来说，平均值池化等价于一个卷积操作，卷积核的每个元素都是 1/6，并且有：

$$\nabla_x = \frac{\nabla_y}{6}$$

其中 x 是池化的输入，y 是池化的结果。这意味着每经过一次池化，梯度就会缩小 5/6。这可能会导致**梯度消失**现象，即梯度变为 0 或者绝对值很小，变量无法因此得到更新。

对于最大值池化来说，根据"前向传播中不相关的两个结点在反向传播中也不相关"的原则，我们有：

$$\nabla_x = \begin{cases} \nabla_y, & x \text{ 是最大值} \\ 0, & x \text{ 不是最大值} \end{cases}$$

最大值池化与平均值池化的这些区别，使得前者的使用更广泛一些。在实际模型搭建中，最大值池化的作用是在输入图像中的每个邻近区域内抛弃特征不明显的数据。这意味着模型结构设计和训练上的浪费。所以我们建议，一般情况下可以不使用池化操作。如果目的只是降低输入数据的规模，那么改为使用步长大于 1 的第二种卷积操作即可。因为卷积核是可训练的变量，模型训练时可以根据实际情况调整窗口内每个数据的权重。关于这个问题，可参见下节实例。

4.3　用 CNN 实现手写数字识别

这是我们第二次接触手写数字识别问题。上一次我们使用了三层神经网络，这次我们使用由卷积操作、全连接、激活操作组成的卷积神经网络（Convolutional Neural Network，

CNN）。前面我们已经证明了，在样本集保持不变的情况下，只要中间层神经元数量不受限，训练轮数足够多并且学习步长合适，三层神经网络可以接近极限拟合手写数字识别。CNN的拟合能力不可能比三层神经网络更强，不论前者中间层有多少层，不论每个中间层有多少神经元。

　　但是我们仍然有必要研究卷积神经网络。最主要的原因在于，在同等情况下，CNN 所需要的参数数量和计算量要比三层神经网络少很多。例如，前面使用三层神经网络拟合手写数字识别时，中间层使用了 2000 个神经元。两次全连接操作共需要 $784 \times 2000 + 2000 + 2000 \times 10 + 10 \approx 1.6 \times 10^6$ 个参数和 1.6×10^6 次乘法运算。而同样情况下 CNN 需要多少参数和计算量呢？我们先从模型的结构说起。

4.3.1　模型的结构

　　用户输入的图像是一个 784 维的向量 x，我们按照以下步骤搭建网络：

　　1）把 x 整形为 $[28, 28, 1]$ 的灰度图。

　　2）用一次 3×3 的卷积操作从 x 中抽象出 32 个基本特征，图像形状变成 $[28, 28, 32]$。这些特征可以是特殊灰度的点，长度不超过 3 的短直线、曲线或者其他形状等。32 种特征与 32 个通道一一对应⊖。

　　3）进行第二次 3×3 卷积，进一步抽象出高一级的特征。由于高级的特征往往比低级的特征多（例如不同的原子也就 100 多个，可是组合而成的分子就很多了），所以，我们把特征的种类从 32 种提升到 64 种。另外，把步长设为 2，目的是把图像的大小变成 14×14。这是因为虽然特征的种类增加了，但是特征的数量却在减少。就好比用 4 个原子合成了一个分子，虽然这 4 原子的分子有很多很多种可能，但数量却只有一个。手写数字图像最终的特征只有一个，那就是它是 10 个数字中的一个。

　　4）再进行第三次 3×3 卷积，形成 7×7 大小的 128 种特征。

　　5）最后再进行一次 7×7 的卷积，并且只抽象出 10 种特征。这 10 种特征分别代表了当前这个手写数字图像所具有的 0～9 十个数字特征的大小。特征最明显的就是答案。

　　用 CNN 实现的手写数字识别网络结构如图 4－7 所示。

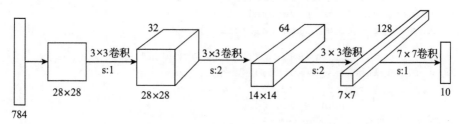

图 4－7　CNN 手写数字识别网络结构

⊖　卷积操作有一个重要作用：从当前输入的图像所拥有的特征出发，抽象出高一级的特征。所以一个通道就代表了一种特征，不同通道代表不同的特征。一个通道上元素值的大小代表了对应像素点的对应特征的强弱。

上述每一次卷积之后都要进行激活，除了最后一次 7×7 卷积。这是因为卷积是线性变换，线性变换的组合仍然是线性变换，除非线性变换之后紧跟激活。这个结论是我们在前面学习三层神经网络时总结的。但是最后一次线性变换（7×7 卷积）却不要激活。这是因为这一层的结果直接输出，如果跟随激活的话，输出值中就没有负数，这就不能拟合任意函数了。

请复制代码 3-21，然后更改 Tensors，再把主程序中的模型保存位置修改一下即可：

代码 4-3　CNN 实现手写数字识别

```python
# p04_03_cnn_mnist.py
.....
class Tensors:
  def __init__(self):       # 取消了 middle_units 参数
    self.x = tf.placeholder(tf.float32, [None, 784], 'x')
    x = tf.reshape(self.x, [-1, 28, 28, 1])
    x = tf.layers.conv2d(x, filters=32, kernel_size=3, padding='same',
                          activation=tf.nn.relu)   # 结果的形状：[-1, 28, 28, 32]
    x = tf.layers.conv2d(x, filters=64, kernel_size=3, strides=(2, 2),
padding='same',
                          activation=tf.nn.relu)   # 结果的形状：[-1, 14, 14, 64]
    x = tf.layers.conv2d(x, filters=128, kernel_size=3, strides=(2, 2),
padding='same',
                          activation=tf.nn.relu)   # 结果的形状：[-1, 7, 7, 128]
    x = tf.layers.conv2d(x, filters=10, kernel_size=7, padding='valid')
                                   # 结果的形状：[-1, 1, 1, 10]
    logits = tf.reshape(x, [-1, 10])     # [-1, 10]

    self.y = tf.placeholder(tf.int32, [None], 'y')
    y = tf.one_hot(self.y, 10)

    loss = tf.nn.softmax_cross_entropy_with_logits_v2(labels=y, logits=
logits)
    self.loss = tf.reduce_mean(loss)

    self.lr = tf.placeholder(tf.float32, [], 'lr')
    opt = tf.train.AdamOptimizer(self.lr)
    self.train_op = opt.minimize(self.loss)

    self.y_predict = tf.argmax(logits, axis=1, output_type=tf.int32)   # [-1]
    cmp = tf.equal(self.y_predict, self.y)
    cmp = tf.cast(cmp, tf.float32)
    self.precise = tf.reduce_mean(cmp)
.....   # 注意要删除所有 middle_units
if __name__ == '__main__':
    path_and_name = 'models/p04_03/mnist'
    with Model(path_and_name) as model:
        ds = read_data_sets('MNIST_data/')
        model.train(ds, 200, lr=0.001)
        model.test(ds, 200)
```

代码运行的部分结果如下：

> epoch：0 ，loss：0. 11266028 ，precise：0. 97
> epoch：1 ，loss：0. 049752384 ，precise：0. 98
> epoch：2 ，loss：0. 03992051 ，precise：0. 99
> epoch：3 ，loss：0. 036717128 ，precise：0. 985
> The precise is：0. 9848000109195709

4.3.2　模型参数数量和计算量

要想获得模型参数的数量，最简单的办法是调用 Graph. get_collection( )函数，以获取计算图中的所有可训练变量，然后根据每个变量的形状来获得参数总量。下面我们在代码4 – 3中定义一个新的函数 show_params( )，并在主程序创建模型 model 之后调用它。

代码 4 – 4　显示可训练参数数量

```python
from functools import reduce
……
def show_params(graph):
    total = 0
    for var in graph.get_collection(tf.GraphKeys.TRAINABLE_VARIABLES):
        ps = reduce(lambda s, e: s * e.value, var.shape, 1)
        total += ps
        print(var.name, ':', var.shape, ps)
    print('-' * 50)
    print('Total:', total)

if __name__ == '__main__':
    path_and_name = 'models /p04_03 /mnist'
    with Model(path_and_name) as model:
        show_params(model.session.graph)   # 显示计算图中的所有参数
        ds = read_data_sets('MNIST_data /')
        # model.train(ds, 200, lr = 0.001)
        model.test(ds, 200)
```

运行之后，显示结果如下：

conv2d/kernel：0 ：(3, 3, 1, 32) 288
conv2d/bias：0 ：(32,) 32
conv2d_1/kernel：0 ：(3, 3, 32, 64) 18432
conv2d_1/bias：0 ：(64,) 64
conv2d_2/kernel：0 ：(3, 3, 64, 128) 73728
conv2d_2/bias：0 ：(128,) 128
conv2d_3/kernel：0 ：(7, 7, 128, 10) 62720

conv2d_3/bias:0 : (10,) 10

Total: 155402

……

总共约 1.55×10^5 个参数, 不及三层神经网络的 1/10。计算量约为 7.5×10^6 次乘法, 是三层神经网络的 4.7 倍。这也解释了为什么 CNN 的训练要比三层神经网络慢不少。这说明什么? 鱼和熊掌不可兼得。要想获得一个轻量级的模型, 必须花费更多的训练时间。但是训练是一次性的, 预测 (Prediction, 也称为推理 Inference) 则是经常性的。所以一般来说, 我们可以用三层神经网络获知样本集是否靠谱以及模型的极限, 然后再用 CNN 进行常规训练以获得最终使用的模型。

4.3.3　关于全连接和 Dropout

在我们的模型中, 最后一步是一个从形状 $[7, 7, 128]$ 到形状 $[1, 1, 10]$ 的 7×7 卷积。这等价于一个从形状 $[7 \times 7 \times 128]$ 到形状 $[10]$ 的全连接操作。所以这一步用一个这样的全连接代替也是可以的。即把 Tensor 中的下面两句

```
x = tf.layers.conv2d(x, filters = 10, kernel_size = 7, padding = 'valid')
logits = tf.reshape(x, [ -1, 10])    #[ -1, 10]
```

改为:

```
x = tf.layers.flatten(x)        # 等价于 x = tf.reshape(x, [ -1, 7 * 7 * 128]
logits = tf.layers.dense(x, units = 10)      # 全连接到[ -1, 10]
```

其中的 tf. layers. flatten(x) 函数用来把多维矩阵 x 整形为两维矩阵, 其中第一个维度的长度保持不变。这个函数的作用就是把一个矩阵"压扁"成一个向量, 等价于对整形函数 tf. reshape( ) 的一次调用。

有些教程在上述全连接和输出层之间又增加了一个**弃出操作** (Dropout):

```
x = tf.layers.flatten(x)
x = tf.nn.dropout(x, keep_prob = 0.6)
logits = tf.layers.dense(x, units = 10)      # 全连接到[ -1, 10]
```

tf. nn. dropout( ) 的作用是随机地从输入矩阵中挑选部分神经元, 予以放行。其他神经元则被阻止。tf. nn. dropout( ) 的参数见表 4 - 4。

表 4 - 4　tf. nn. dropout( ) 的参数表

次序	名称	含义	类型	可选	缺省值	示例
1	*x*	输入矩阵	张量	必填		
2	keep_prob	放行比例	浮点数或浮点数张量	必填		0. 6

（续）

次序	名称	含义	类型	可选	缺省值	示例
3	noise_shape	噪声形状	一个整数列表/元组，表示一个与 x 的形状可广播的形状	选填	None	[3, 1, 4]
4	seed	随机数种子	整数	选填	None	12345

注意：

1）弃出操作每次随机挑选神经元予以放行。这次放行的神经元与下次放行的神经元很可能不一样。

2）被放行的神经元的输出值除以 keep_prob 之后输出，反向传播时，梯度也会除以 keep_prob。

3）不被放行的神经元的输出值等于 0，在反向传播中，这些神经元的梯度也等于 0。这意味着这些神经元对任何参数的优化都没有影响。

4）tf. nn. dropout() 的第二个参数 keep_prob 是一个位于区间（0，1］上的浮点数或者浮点数张量，表示予以放行的神经元占总数的比例。1 表示 100% 放行。被放行神经元的值输出前会除以 keep_prob，这意味着输出值会被放大，以抵消未放行神经元不起作用的影响。反向传播时，被放行神经元的梯度也会相应放大。这意味着不被放行神经元的梯度被集中到前者身上了。

5）noise_shape 缺省时，x 的各个神经元各自独立地按照 keep_prob 决定是被放行还是不被放行。不缺省时，必须是一个与 x 的形状可广播的形状。假设 x 的形状是 [3，5，4，7]，noise_shape 的值是 [3，1，1，7]，则意味着维度 1 和维度 2 必须整体地放行或者不被放行，维度 0 和维度 3 则可以独立地决定放行或者不被放行。

下面是使用弃出操作的例子：

代码 4－5 弃出（**Dropout**）操作示例

```
# p04_05_dropout.py
import tensorflow as tf
data = tf.constant(1, dtype = tf.float32, shape = [2, 3, 4])
a = tf.nn.dropout(data, keep_prob = 0.2)
b = tf.nn.dropout(data, keep_prob = 0.5, noise_shape = [2, 1, 4])

with tf.Session() as session:
    print('a =')
    print(session.run(a))
    print('b =')
    print(session.run(b))
```

运行结果如下：

```
a =
[[[0. 0. 0. 0.]
  [5. 0. 5. 0.]
  [5. 0. 0. 0.]]

 [[0. 5. 0. 0.]
  [0. 0. 0. 0.]
  [0. 0. 0. 0.]]]
b =
[[[2. 2. 0. 0.]
  [2. 2. 0. 0.]
  [2. 2. 0. 0.]]

 [[2. 2. 0. 2.]
  [2. 2. 0. 2.]
  [2. 2. 0. 2.]]]
```

由于是随机放行，所以每次运行的结果都不一样。如果希望每次运行的结果都一样，请设置 seed 参数。

弃出操作的实质是随机地阻止一些神经元，目的是防止过拟合。这是我们谈到的第二种降低过拟合的方法。在谈三层神经网络时，我们介绍了第一种方法，即直接删除多余的神经元。可以看出这两种方法有共同的本质。

图 4 – 8a 是用一条直线拟合所有的样本，相当于最小二乘法。图 4 – 8b 是用一条直线拟合随机选定的一个样本。$L1$、$L2$ 分别是对一个样本进行拟合，L 是综合 $L1$ 和 $L2$ 的结果。

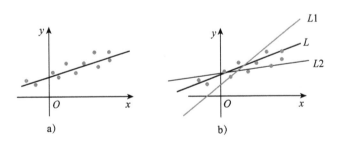

图 4 – 8　两个中间神经元拟合与弃出操作效果比较

假设有一个三层神经网络要拟合一个一元函数。图 4 – 8a 是中间层仅有一个神经元的最终拟合效果，相当于最小二乘法拟合所有样本。

接着我们换一个假设，假设上面那个三层神经网络的中间层有很多神经元，但中间层之后跟着一个 Dropout 层，并且这个弃出层仅允许一个神经元通过，则这个弃出层的实际作用就是从所有样本中随机选取一个样本，然后根据这个样本拟合出一条直线来（见图 4 – 8b 中的虚线 $L1$）。下一次训练时，就会对这条直线进行微调，以便它尽量拟合另外一个随机选出的样本（图 4 – 8b 中的虚线 $L2$）。由于样本是随机选出的，所以只要训练次数足够多，这条直线的最终结果就是对最小二乘法的逼近。

4.3.4 用 Tensorboard 监视训练

接下来，我们来学习 TF 提供的一个"福利"：对训练过程进行监视和记录。在前面所有的代码中，我们都是在命令行上输出结果的。不仅不直观，无法看出变化的趋势，而且还不保存训练的历史，难以事后分析。

TF 提供了一个 Tensorboard（简称为 TB）可视化工具，既可以帮助我们观察计算图的结构和细节，还可以用各种图表显示训练的过程。TB 的使用方法如下：

第一步，明确自己要什么。拿代码 4 - 3 和代码 4 - 4 来说（它们是用来识别手写数字的），我们最希望看到损失函数和识别精度随训练步骤的变化情况。确定这两个目标之后，我们接着执行下面的步骤。

第二步，复制代码 4 - 3 和代码 4 - 4，然后在其基础上在 Tensors.＿init＿() 方法的最后添加新的代码：

代码 4 - 6 汇总标量并且合并汇总

```
# p04_06_tb_summary.py
.....
class Tensors:
  def __init__(self):
    .....
    # 使用 TB
    tf.summary.scalar('loss', self.loss) # 汇总标量,这会形成一条折线图,跟踪损失函数
    tf.summary.scalar('precise', self.precise) # 汇总标量,形成第二条折线图,跟踪精度
    self.summary = tf.summary.merge_all()   # 对所有汇总进行合并
```

第三步，在 Model.train() 函数中，在训练循环之前构造一个日志文件写入器（FilterWriter）。为了构造这个写入器，在 train() 参数表中增加 logdir 参数，用来指明日志文件的路径。更改主程序以设置 logdir 的值：

代码 4 - 7 构造一个日志文件写入器

```
# p04_06_tb_summary.py
.....
  def train(self, datasets, batch_size, epoches = 50, lr = 0.01, logdir = None):
    ts = self.ts
    make_dir(self.save_path)
    # 创建日志文件写入器
    file_writer = None if logdir is None else \
      tf.summary.FileWriter(logdir, graph = self.session.graph)
    for epoch in range(epoches):
      .....
    .....
```

```
.....
if __name__ == '__main__':
  path_and_name = 'models/p04_06/mnist'
  with Model(path_and_name) as model:
    show_params(model.session.graph)
    ds = read_data_sets('MNIST_data/')
    model.train(ds, 200, lr = 0.001, logdir = 'logs/p04_06')  # 设置日志文件的路径
    model.test(ds, 200)
```

第四步，在 train( ) 内层循环体的最后加入汇总，并把汇总信息写入日志[⊖]。

代码 4 – 8 汇总以及把汇总信息写入日志

```
def train(self, datasets, batch_size, epoches = 50, lr = 0.01, logdir = None):
    .....
    for epoch in range(epoches):
      batches = datasets.train.num_examples //batch_size
      for batch in range(batches):
        .....
      if file_writer is not None:
            # 用验证样本进行统计汇总
            xs, ys = datasets.validation.next_batch(batch_size)
            summary = self.session.run(ts.summary, {ts.lr: lr, ts.x: xs, ts.y: ys})
            # 把汇总信息写入日志文件中
            file_writer.add_summary(summary, epoch * batches + batch)
    self.saver.save(self.session, self.save_path)
```

第五步，在操作系统的命令行上，转到工程所在的目录，创建子目录 logs，用来保存所有的日志，如图 4 – 9 所示。

图 4 – 9 创建日志根目录 logs

⊖ 为了程序简洁，我们删除了原来代码中屏幕打印的部分。

注意，这个目录将被用来保存所有程序的日志，而不仅仅是上述 MNIST 程序的日志。后者的日志将被保存在 logs 的子目录 p04_06 中。这也是上一步设置 logdir 时设置的是"logs/p04_p6"而不是"logs"的原因。

第六步，在操作系统的命令行上，运行 tensorboard − −logdir logs/：

```
appletekiMacBook-Air:deeplearning apple$ tensorboard --logdir logs/
TensorBoard 1.9.0 at http://appletekiMacBook-Air.local:6006 (Press CTRL+C to quit)
```

这一步的目的是启动 Tensorboard 服务器。logdir 参数指明了日志根目录路径。TB 服务器一旦启动就不必关闭了。这是因为它对所有工程和所有程序都有效。如果你改动了程序，并希望删除以前的日志，简单地删除 logs 下相应的子目录即可。

第七步，运行代码 4 − 6，开始训练。

第八步，打开浏览器，访问地址 http://localhost:6006，可以看到 TB 显示的训练过程，如图 4 − 10 所示。

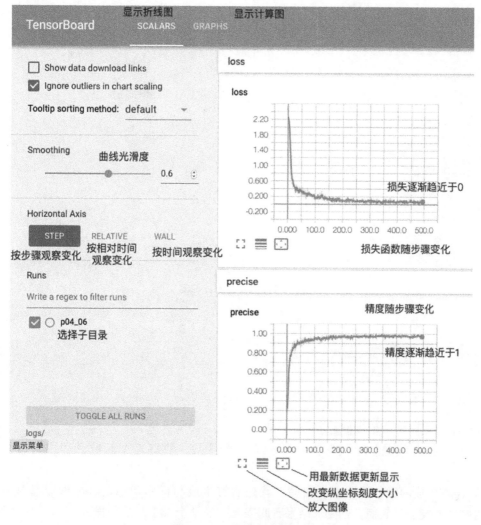

图 4 − 10　TB 观察训练过程

注意：

1）TB 的缺省端口是 6006。如果读者希望改变端口，可以在运行 TensorBoard 时指定 −−port参数，例如 tensorboard −−logdir logs/ −−port 6789。

2）图 4 – 10 标注了各个按钮和选项的含义。

3）在折线图上，用户可以用鼠标拖曳的方式放大一个局部。如果想恢复原状，单击图 4 – 10下方的第三个按钮"更新显示"即可。

4）单击"GRAPHS"可以显示计算图，如图 4 – 11 所示。

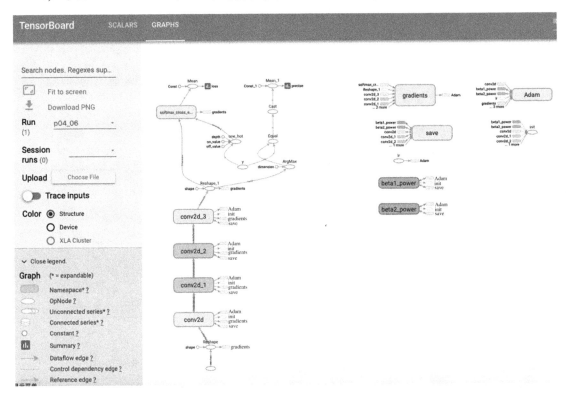

图 4 – 11   TB 显示计算图

4.4　手写数字生成

4.4.1　生成问题

深度学习主要解决两类问题：

1）样本拟合问题。即根据样本集生成一个函数，使得这个函数的输出符合样本的规律。

2）样本生成问题，简称生成问题。就是能够生成与样本类似的、能够以假乱真的样本。例如，生成手写数字，就要求结果看起来真的像某个人手写的一样。

生成问题之所以重要，是因为它在现实生活中有很多应用，例如代替设计师设计服装、鞋样、广告、宣传画等。它还有很多其他酷炫的应用，例如把一张现代的照片转换为凡·高风格的油画，把一个正在哭的人的表情改为笑等。

同拟合问题一样，生成问题也是用神经网络拟合一个函数 $y = f(x)$。不同的是，这个函数的输入 x 是一个随机数向量（输出 y 自然是生成的样本）。而拟合问题的输入和输出都是由用户提供的确定的值，不是随机数。

那么怎么训练这个模型呢？有两种办法：

第一，显式地获得样本分布规律，简称为**显式分布**法（Explicit Distribution）。也就是说，通过对模型的训练，我们可以显式地获得随机数 x 的分布规律，从而拟合出函数 $y = f(x)$。例如，假设通过用样本训练一个网络我们可以获知 x 符合正态分布，并且还求出了该分布的平均值和标准差两个参数，我们就可以生成任意一个满足这个分布的随机数 x，输入网络后就可以生成一个样本。下面我们将学习的 VAE 模型就是显式分布法。

第二，隐式分布法（Implicit Distribution）。即样本的分布规律隐藏在模型当中，训练结束后我们并不能显式地获得样本分布规律。对于 x 来说，我们总是任意输入一个随机数向量 [通常满足标准正态分布，即 $x \sim N(0, 1)$]，期待模型能够直接生成假样本。后面章节要介绍的 GAN（生成式对抗网络）就属于这一种。

4.4.2 VAE 模型和语义

VAE（Variant Auto Encoder）模型即变分自动编码器模型，是显式分布的生成模型之一。VAE 模型的主体结构如图 4-12 所示，编码器负责把图片转成语义。

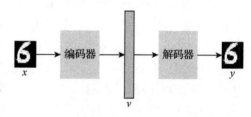

图 4-12 VAE 结构

VAE 模型结构公式如下：

$$v = \text{encode}(x)$$
$$y = \text{decode}(v) \qquad\qquad (4-3)$$
$$\text{Loss} = |x - y|^p$$

其中，x 是样本，y 是生成的样本。v 是一个向量，称为样本的**语义**。损失函数 Loss 是 x 和 y 的绝对误差（$p=1$）或者方差（$p=2$）。也就是说，训练的目的是让 y 尽可能与 x 相等。encode() 函数代表编码器的功能，作用是把样本转换为语义。decode() 函数代表解码器的功能，作用是把语义复原为样本。

语义是对样本的数学抽象，是一个向量，可以把它看成是样本的身份证。不同人的身份证不同，身份证中的各个属性呈正交关系，即相互之间不存在依赖。例如表示省份的编码与出生日期以及性别编码都是相互独立的，不存在哪个属性对哪个属性的依赖。对于语义来说，一个元素就代表了样本的一个属性。例如在手写数字图片中，语义的某个属性表示这个数字的左右倾斜角度，而另一个属性则代表数字的大小（size）等。

语义的另一个特点是高度压缩性，能用 3 个属性表示的语义就不会使用 4 个属性。

对于手写数字生成项目来说，训练时，通过输入 28×28 手写数字图片，网络将试图输出与输入一模一样的图片。通过这种方法，来迫使编码器生成真实反映数字图片所有独立特征的语义向量 v，同时迫使解码器根据这个语义向量尽量复原输入图片。

训练完毕后，我们有两个合理假设：

1）所有样本输入编码器后都能得到合理的语义向量。所谓合理，就是满足语义的上述要求。

2）语义的每一个元素满足正态分布。

第一个假设告诉我们，语义的元素相互之间互不依赖，呈正交关系。第二个假设告诉我们，我们可以很容易地通过计算语义每个元素的平均值和标准差来确定正态分布的参数。最后，使用模型时，我们可以抛弃编码器，直接通过上述正态分布参数拟合出一个语义向量来。把它输入解码器，就能生成以假乱真的样本。这就是 VAE 模型的全部思想。

在前面用 CNN 进行手写数字识别的程序中，我们已经接触了编码器。输入手写数字样本，输出的是 10 个元素组成的 logits 向量。这个向量就是样本的语义。我们最后会把 logits 通过 softmax 操作转换为概率，所以只需考虑如何构建解码器即可。

4.4.3 反卷积操作

为了构建编码器，我们使用了卷积操作。卷积的特点是每卷积一次，样本数据的规模要么不变，要么缩小一半（大小变为 1/4，通道数乘 2），如图 4 - 7 所示。**反卷积**操作（Deconvolution，又称为**转置卷积** Transpose convolution）正好相反，它能够扩大数据的规模。

设有矩阵 A 的形状是 $[6, 12, 32]$，经过一个 $3 \times 3 / s : 2 / same$ 卷积之后得到形状 $[3, 6, 64]$ 的矩阵 B，则矩阵 B 经过一个 $3 \times 3 / s : 2 / same$ 的反卷积之后得到的形状就是 $[6, 12, 32]$。TF 对卷积的实现有两种，以二维卷积 tf. nn. conv2d（）和 tf. layers. conv2d（）为例，其分别表示用户提供卷积核和函数内部自动生成卷积核两种卷积方式。对应的，二维反卷积操作也有两种实现方式：tf. nn. conv2d_transpose（）和 tf. layers. conv2d_transpose（），也分别表示用户提供卷积核和函数内部自动生成卷积核两种卷积方式。

在 TF 中，反卷积的参数的名称、次序、数据类型、含义、缺省值等都与对应的卷积操作几乎完全相同。例如，tf. layers. conv2d_transpose（）也有 inputs、filters、kernel_size、strides、padding、data_format、activation、use_bias、trainable、reuse 等属性。唯一的不同是 tf. layers. conv2d_transpose（）没有 dilation_rate 属性。关于 tf. layers. conv2d（）的参数细节可见表 4 - 2。

当 strides = 2 时，卷积操作会使输入图像大小大约缩小 50%；但同样的参数值对反卷积来说就是放大图像 100%。当对矩阵 A 使用卷积操作得到矩阵 B 时，后者的形状经过同样参数的反卷积操作后得到的就是 A 的形状。

反卷积操作形状公式如下：

$$\text{shape}(A) = \text{shape}(\text{deconv}(\text{conv}(A, \text{params}), \text{params})) \qquad (4-4)$$

其中，params 是任意一组对 A 卷积操作合理的参数的集合。shape（A）表示 A 的形状。

注意，仅矩阵的形状满足上述公式，矩阵本身并不具有上述相等关系。这就是为什么有的教程不把它称为反卷积操作，而是称为转置卷积操作的原因。这样做还有第二个原因，即它们的卷积核在进行点积运算时形状正好互为转置。

假设矩阵 A 的形状是 $[h1, w1, c1]$，经过 $k \times k / s / valid$ 卷积后所得到的矩阵 B 的形状是 $[h2, w2, c2]$，则意味着卷积核的形状是 $[k, k, c1, c2]$。见图 $4 - 4$，卷积时，输入图像上一个 $k \times k$ 区域内，所有 $c1$ 个通道上的数据经过全连接之后会得到输出图像上一个像素点的所有 $c2$ 个通道的值。所以，这实际是一个形状 $[1 \times 1, k \times k \times c1]$ 与形状 $[k \times k \times c1, c2]$ 进行矩阵相乘后得到形状 $[1 \times 1, c2]$ 的过程。

反过来，进行反卷积时，就是形状 $[1 \times 1, c2]$ 与形状 $[c2, k \times k \times c1]$ 进行矩阵相乘得到形状 $[1 \times 1, k \times k \times c1]$ 的过程。可以看到，两种操作中卷积核的实际形状互为转置。

4.4.4　网络的结构

以图 $4 - 7$ 为蓝本，我们给出了手写数字生成模型的结构，如图 $4 - 13$ 所示。其中上半部分为编码器的结构，下半部分为解码器的结构。

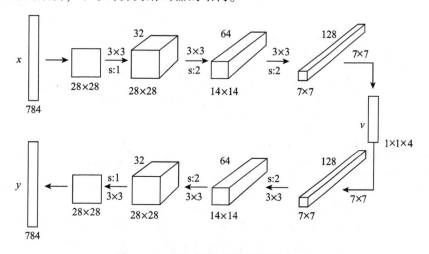

图 4 - 13　手写数字生成模型网络结构

根据这个结构，复制代码 $4 - 6$，然后对 Tensors 作如下修改：

代码 4 - 9　手写数字生成模型的 **Tensors**

```python
# p04_09_gen_mnist.py
......
MODEL_PATH = 'models/p04_09/gen_mnist'
LOGDIR = 'logs/p04_09'
class Tensors:
  def __init__(self):
    self.x = tf.placeholder(tf.float32, [None, 784], 'x')
    x = tf.reshape(self.x, [-1, 28, 28, 1])
    self.vector = self.encode(x)
    self.y = self.decode(self.vector)
```

```
        loss = tf.square(self.x - self.y)    #等价于(x - y)**2
        self.loss = tf.reduce_mean(loss)

        self.lr = tf.placeholder(tf.float32, [], 'lr')
        opt = tf.train.AdamOptimizer(self.lr)
        self.train_op = opt.minimize(self.loss)

        # 显示方差损失前要开平方根
        self.summary = tf.summary.scalar('loss', tf.sqrt(self.loss))
        self.summary = tf.summary.merge_all()

def encode(self, x):
    x = tf.reshape(x, [-1, 28, 28, 1])
    x = tf.layers.conv2d(x, filters = 32, kernel_size = 3, padding = 'same',
        activation = tf.nn.relu)    #[28, 28, 32]
    x = tf.layers.conv2d(x, filters = 64, kernel_size = 3, strides = (2, 2),
padding = 'same',activation = tf.nn.relu)    #[14, 14, 64]
    x = tf.layers.conv2d(x, filters = 128, kernel_size = 3, strides = (2, 2),
padding = 'same',activation = tf.nn.relu)    #[7, 7, 128]
    x = tf.layers.conv2d(x, filters = 4, kernel_size = 7, padding = 'valid')    #[1, 1, 4]
    vector = tf.reshape(x, [-1, 4])    #语义向量含有 4 个元素
    return vector

def decode(self, vector):
    y = tf.reshape(vector, [-1, 1, 1, 4])
    y = tf.layers.conv2d_transpose(y, filters = 128, kernel_size = 7, padding = 'valid',
        activation = tf.nn.relu)    #[7, 7, 128]
    y = tf.layers.conv2d_transpose(y, filters = 64, kernel_size = 3, strides = (2, 2),
        padding = 'same', activation = tf.nn.relu)    #[14, 14, 64]
    y = tf.layers.conv2d_transpose(y, filters = 32, kernel_size = 3, strides = (2, 2),
        padding = 'same', activation = tf.nn.relu)    #[28, 28, 32]
    y = tf.layers.conv2d_transpose(y, filters = 1, kernel_size = 3,
    padding = 'same')    #最后一步不要激活函数,[28, 28, 1]
    return tf.reshape(y, [-1, 28 * 28])
.....
```

Tensors 中, 我们用函数 encode() 和 decode() 抽象了编码和解码过程。其中 encode() 的代码直接复制自代码 4 - 6 中的编码器, 仅仅把最后生成 10 个特征的语句改为了生成 4 个特征, 表示语义向量。在编写 decode() 时, 按照 encode() 的逆步骤进行程序设计。encode() 的第一步和最后一步卷积分别对应于 decode() 的最后一步和第一步反卷积。在进行反卷积操作时, 除 filters 外, 参数完全复制自 encode() 中相应的卷积操作。

由于 loss 既能反映损失函数, 又能当作精度, 所以对精度进行汇总的代码被删除。

在开始训练之前, 我们必须明确原识别模型的输入有两个, 一个是手写数字图片 x, 另

一个是 x 的标签 y。而在这个模型中，只有一个输入 x。所以在 Model. train( ) 函数中，任何关于标签的内容，如 ts. y 和 ys 等，都将被删除。

代码 4 - 10　训练和验证时无须提供标签值

```python
def train(self, datasets, batch_size, epochs = 50, lr = 0.01, logdir = None):
    ts = self.ts
    make_dir(self.save_path)
    file_writer = None if logdir is None else \
        tf.summary.FileWriter(logdir, graph = self.session.graph)
    for epoch in range(epochs):
        batches = datasets.train.num_examples // batch_size
        for batch in range(batches):
            xs, _ = datasets.train.next_batch(batch_size)
            self.session.run(ts.train_op, {ts.lr: lr, ts.x: xs})

            if file_writer is not None:
                xs, ys = datasets.validation.next_batch(batch_size)
                summary = self.session.run(ts.summary, {ts.lr: lr, ts.x: xs})
                file_writer.add_summary(summary, epoch * batches + batch)

    self.saver.save(self.session, self.save_path)
    print('Model is saved into', self.save_path)
```

由于生成模型以生成假样本为目的，所以在开始训练之前，请读者删除 Model. test( ) 方法以及主程序中调用它的语句。然后运行程序，开始训练。我们通过 TB 可以看到损失函数随训练步骤的增加而下降的过程，如图 4 - 14 所示。

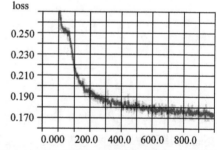

图 4 - 14　手写数字生成模型训练损失下降过程

4.4.5　动量

仔细研究代码 4 - 9，Tensors 中还缺少对语义各个元素的平均值和标准差的计算。下面我们以平均值为例，说明应该怎样计算。

由于每次获得的是一批而不是全部样本的语义，所以我们应该按照一定的公式来计算最终的平均值。这些公式可以写为：

$$s^{(i)} = s^{(i-1)} + n_i, \qquad i = 1, 2, \cdots\cdots \tag{4-5}$$

$$s^{(0)} = 0 \tag{4-6}$$

$$M^{(i)} = \frac{M^{(i-1)} s^{(i-1)} + m_i n_i}{s^{(i)}}, \qquad i = 1, 2, \cdots\cdots \tag{4-7}$$

$$M^{(0)} = 0 \tag{4-8}$$

其中，$s^{(i)}$是训练的样本总数，m_i和n_i分别是参加第i次训练的样本平均数和样本数量，$M^{(i)}$是第i次训练后得到的总样本平均数。令$a_i = \dfrac{s^{(i)-1}}{s^{(i)}}$，代入式（4-5）得：$\dfrac{n_i}{s^{(i)}} = 1 - a_i$。再把这两个比值代入式（4-7）得：

$$M^{(i)} = a_i M^{(i-1)} + (1 - a_i) m_i$$

基于两个原因我们可以把a_i用一个位于（0，1）区间上的小数代替：模型刚开始训练时语义并不准确，所以m_i也不准确（精确的a_i意义不大）；更重要的是，所有样本都反复进行了 epoches 轮训练。随着轮数的增加，a_i的确趋近于一个固定值。所以，我们用常数小数 a 代替a_i代入上式，得动量公式：

$$M^{(0)} = 0$$

$$M^{(i)} = a M^{(i-1)} + (1 - a) m_i, \qquad i = 1, 2, \cdots\cdots \qquad (4-9)$$

这个公式就是深度学习中常用的动量公式。它比上面那 4 个公式要简单，更重要的是，不必记录总样本数$s^{(i)}$，也不必考虑本次样本数n_i。公式的含义是：当我们计算一个量时，可以参考它的历史值和当前值，用 a 和 $1-a$ 分别代表后两个值的权重。之所以称之为动量公式，是因为只要 $a > 0$，历史值总能保持一定的惯性。a 被称为**惯性系数**。

有了动量公式，我们把惯性系数 a 当成超参，在训练开始前就赋予它一个常数值（例如 0.99），训练开始后就可以计算当前总平均值。

对总标准差的考虑与此类似，但不完全一样。这是因为：

$$\text{平均数} \quad M = \frac{\sum_{i=1}^{n} m_i}{n}$$

$$\text{标准差} \quad Std = \sqrt{\sum_{i=1}^{n} \frac{(m_i - M)^2}{n}} = \sqrt{\sum_{i=1}^{n} \frac{m_i^2 - 2m_i M + M^2}{n}}$$

$$= \sqrt{\frac{\sum_{i=1}^{n} m_i^2 - 2M \sum_{i=1}^{n} m_i + nM^2}{n}} = \sqrt{\frac{\sum_{i=1}^{n} m_i^2}{n} - M^2}$$

有了上述标准差公式[⊖]，我们在计算标准差时，可以仅记录元素平方的平均数。所以，在 Tensors 里可先定义两个初值为 0、形状同语义向量的不可训练变量 total_mean 和 total_ms，分别保存总平均数和总平方平均数，然后用 tf.assign( ) 对它们进行赋值。请读者先复制代码 4-9 和代码 4-10，然后对 Tensors 进行如下修改：

代码 4-11 利用动量计算总平均数和总平方平均数

```
# p04_11_gen_mnist_momentum.py
......
class Tensors:
    def __init__(self):
        self.x = tf.placeholder(tf.float32, [None, 784], 'x')
```

⊖ 可以用一句话记住标准差公式：标准差的平方等于平方的平均数减去平均数的平方。

```
x = tf.reshape(self.x, [-1, 28, 28, 1])
self.vector = self.encode(x)
self.y = self.decode(self.vector)

# 利用动量计算语义的平均数和平方平均数,这是两个不可训练变量
init = tf.initializers.zeros
self.total_mean = tf.get_variable('total_mean', [4], tf.float32, init,
                                        trainable = False)
total_ms   = tf.get_variable('total_mean_square', [4], tf.float32, init,
                                        trainable = False)
self.total_std = tf.sqrt(total_ms - tf.square(self.total_mean))

mean = tf.reduce_mean(self.vector, axis = 0) # 计算当前平均数
ms = tf.reduce_mean(tf.square(self.vector), axis = 0)   # 计算当前平方平均数

alpha = tf.placeholder(tf.float32, [], 'alpha')          # 惯性系数
new_total_mean = alpha * self.total_mean + (1 - alpha) * mean  # 动量公式
new_total_ms = alpha * total_ms + (1 - alpha) * ms        # 动量公式
self.alpha = alpha
# 用 assign 语句对变量赋值
update_total_mean = tf.assign(self.total_mean, new_total_mean)
update_total_ms = tf.assign(total_ms, new_total_ms)
# 把赋值语句加入 UPDATE_OPS 集合
tf.add_to_collection(tf.GraphKeys.UPDATE_OPS, update_total_mean)
tf.add_to_collection(tf.GraphKeys.UPDATE_OPS, update_total_ms)

loss = tf.square(self.x - self.y)   # 等价于(x - y) ** 2
self.loss = tf.reduce_mean(loss)

self.lr = tf.placeholder(tf.float32, [], 'lr')
opt = tf.train.AdamOptimizer(self.lr)
with tf.control_dependencies(tf.get_collection(tf.GraphKeys.UPDATE_OPS)):
    self.train_op = opt.minimize(self.loss)

# 显示方差损失前要开平方根
self.summary = tf.summary.scalar('loss', tf.sqrt(self.loss))
.....
```

注意:

1) 代码中使用了两个不可训练的变量 total_mean 和 total_ms 来保存动量的值。不可训练意味着它们的值不受反向传播影响。

2) 所有动量的赋值语句要插入到 TF 的预定义集合 UPDATE_OPS 中,详见 tf. add_to_collection( )方法。TF 预定义了很多集合,例如 TRAINABLE_VARIABLES 集合就保存了所有可训练变量,UPDATE_OPS 集合则保存了需要在训练时执行的更新操作。这些集合都可以

通过 tf. get_collection（name）方法获取，name 是集合的名字。集合的名字可以通过
tf. GraphKeys 中定义的字符串常量获取。

3）通过调用 tf. control_dependencies( )实现了控制依赖。

4.4.6　控制依赖

上节代码中，对损失函数 loss 求最小值的操作 opt. minimize( )被放在一个控制依赖里运行。
这节我们首先解决什么是控制依赖，以及为什么会有控制依赖，然后解决怎么实现控制依赖。

图 4-15a 是一个计算图。显然，如果要计
算 D，则会导致 B 和 E 被求解。而求解 B 又会
导致 A 和 C 被求解。计算图就是根据这些依赖
关系确定哪个张量先计算，哪个张量后计算，
以及哪些张量可以并行计算。计算图的这个性
质导致一个优点：那些无关的张量是不会被求
解的，例如求解 D 时 F 结点就不会被求解。
图 4-15b 建立了 D 对 F 的控制依赖。

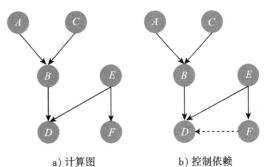

a) 计算图　　　　　　　b) 控制依赖

图 4-15　计算图和控制依赖

但有时我们希望在计算某个结点时另外一
个或者若干个无关的结点也能被计算。例如生
成手写数字图片时，希望在训练的同时更新（Update）语义向量的总平均数 total_mean 和总
平方平均数 total_ms。为了达到这个目的，就需要建立训练操作（即 opt. minimize( )）对这
两个变量的依赖。

在 TF 中，语句

with tf. control_dependencies（[B1，B2，…]）:
　　A1
　　A2
　　…

的含义是：with 语句范围内生成的任何张量，包括 $A1$、$A2$、……中的任何一个（含它们内
部产生的张量，以下同）在被求值之前，都会导致 $B1$、$B2$、……先被运行[一]。即每一个
Ai（i =1，2，…）都依赖于全部的 $B1$、$B2$、……所以读者可以认为，从每一个 Bi 都有一个
虚线箭头指向每一个 Ai。

回到代码 4-11，在开始训练前，还需要提供惯性系数。我们把常用的训练参数和超级
参数的缺省值作为常数定义在整个程序的开头，并在主程序中使用它们。Model. train( )也进
行相应修改：

`代码 4-12`　**计算平均数和标准差**

```
# p04_11_gen_mnist_momentum.py
......
```

─────────────

　⊖　运行一个张量就是指用会话 Session. run( )函数求一个张量的值。

```python
MODEL_PATH = 'models/p04_11/gen_mnist'  # 模型文件路径
LOGDIR = 'logs/p04_11'                    # 日志根目录
PREDICT_PATH = 'predicts/p04_11/temp.png'  # 保存预测结果的文件路径
BATCH_SIZE = 500                          # 一批中的样本数量
LR = 0.0001                               # 步长
EPOCHES = 100                            # 循环轮数,所有样本训练一遍称为一轮
ALPHA = 0.99                             # 惯性系数
.....
class Model:
    .....
    def train(self, datasets, batch_size, epoches = 50, lr = 0.01, logdir =
    None, alpha = 0.99):
        ts = self.ts
        make_dir(self.save_path)
        file_writer = None if logdir is None else \
            tf.summary.FileWriter(logdir, graph = self.session.graph)
        for epoch in range(epoches):
            batches = datasets.train.num_examples // batch_size
            for batch in range(batches):
                xs, _ = datasets.train.next_batch(batch_size)
                # 训练时要提供惯性系数 alpha
                self.session.run(ts.train_op, {ts.lr: lr, ts.x: xs, ts.alpha: alpha})

                if file_writer is not None:
                    xs, ys = datasets.validation.next_batch(batch_size)
                    # 验证时无须提供惯性系数
                    summary = self.session.run(ts.summary, {ts.lr: lr, ts.x: xs})
                    file_writer.add_summary(summary, epoch * batches + batch)

        self.saver.save(self.session, self.save_path)
        print('Model is saved into', self.save_path)
        mean, std = self.session.run([ts.total_mean, ts.total_std])
        # 每轮循环都打印语义的平均数和标准差
        print('mean =', mean)
        print('std =', std)
    .....
.....
if __name__ == '__main__':
    with Model(MODEL_PATH) as model:
        show_params(model.session.graph)
        ds = read_data_sets('MNIST_data/')
        model.train(ds, BATCH_SIZE, epoches = EPOCHES, lr = LR, logdir = LOGDIR,
        alpha = ALPHA)
```

4.4.7 预测

接着，我们试着运行代码进行训练。训练完毕之后可以试着使用这个模型来生成手写数字。

首先需要引入 numpy 和 cv2 两个包。numpy 是用来进行向量和矩阵运算的，例如加、减、乘、除、乘方、求对数、求反、绝对值、平方根、整形、转置、关系比较、逻辑运算、三角函数、反三角函数等。事实上，TF 张量的值的类型就是 numpy.array。numpy 中的绝大部分运算在 TF 中都有对应的运算，TF 的设计很大程度上借鉴了 numpy 的成果。TF 中运算的可广播性质也脱胎于 numpy。

cv2 是著名的计算机视觉（Computer Vision）包，可用它来保存图像。cv2 最大的特点不是图形图像的处理能力，而是可以把 numpy.array 数据作为图像基本数据结构。这使得我们可以把它与 numpy 以及 TF 结合在一起，处理起来十分方便。

numpy 和 cv2 不是本书的重点。如果读者的 Python 系统中没有安装这两个包，请在操作系统命令行上顺序执行下面的语句：

```
$ python3 -m pip install numpy
$ python3 -m pip install opencv-python
```

预测时，我们先获取语义的平均值和标准差，然后调用 numpy.random.normal() 函数以生成正态分布随机数。把随机数向量的集合送入模型运行，无须提供训练时才需要的学习步长、惯性系数等超参就可以生成手写数字。最后通过 numpy 的整形和转置函数把所有图片整在一张图上，用 cv2 保存即可。

代码 4-13 随机生成手写数字

```python
# p04_11_gen_mnist_momentum.py
import numpy as np
import cv2
.....
class Model：
  .....
  def predict(self, batch_size, path, cols =20)：
    # cols：每 cols 个图片排成一行
    assert batch_size % cols = =0   # batch_size 必须能被 cols 整除

    ts = self.ts
    mean, std = self.session.run([ts.total_mean, ts.total_std])
    vectors = np.random.normal(loc =mean, scale = std, size = [batch_size, len
    (mean)])
    imgs = self.session.run(ts.y, {ts.vector: vectors})
    # 整理 imgs，每 cols 个图片排成一行
```

```
        imgs = np.reshape(imgs, [batch_size//cols, cols, 28, 28])
        imgs = np.transpose(imgs, [0, 2, 1, 3])  #[-1, h=28, cols, w=28]
        imgs = np.reshape(imgs, [batch_size//cols*28, cols*28])
        make_dir(path)  #创建目录
        cv2.imwrite(path, imgs*255)
        print('Write file', path)
.....
if __name__ == '__main__':
  with Model(MODEL_PATH) as model:
        show_params(model.session.graph)
        ds = read_data_sets('MNIST_data/')
        #model.train(ds, BATCH_SIZE, epoches=EPOCHES, lr=LR, logdir=LOGDIR,
        alpha=ALPHA)
        model.predict(BATCH_SIZE, PREDICT_PATH)
```

运行程序，得到的结果如图 4-16 所示。

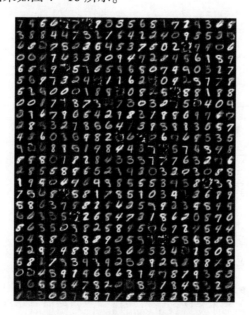

图 4-16　随机生成的手写数字

4.5　条件 VAE 模型

4.5.1　CVAE 模型

前文讲述了 VAE 模型是一种无监督的学习模型，下面介绍一种有监督的 VAE 模型——
条件 VAE 模型（Conditional VAE, CVAE）。它要解决的问题是：如何按照指定的标签生成
手写数字。例如，指定标签 3，模型就能生成手写数字 3 的图片。

图 4-17 所示为用于条件式手写数字生成的
CVAE 模型结构图。其中解码器的输入增加了标
签，标签对解码器内部的行为从"侧面"施加影
响，以保证解码器总是输出标签指定的数字图片。

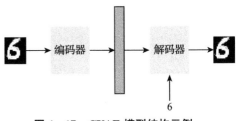

训练完毕之后，抛弃编码器。对解码器输入随
机数向量和一个指定的标签，就能期待解码器输出
标签指定的数字的图片。

图 4-17　CVAE 模型结构示例

为什么不让标签也来从侧面影响编码器呢？因为语义本身就包含了数字图片的所有特
征，例如数字的左右偏移、倾斜角度、某一段笔画的粗细等，不需要标签提供额外帮助。

4.5.2　条件式手写数字生成模型

图 4-18 所示为条件式手写数字生成模型细节结构。

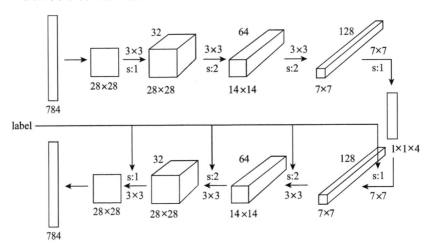

图 4-18　条件式手写数字生成模型细节结构

怎样实现标签对解码器的侧面影响？方法是：首先把标签当成索引，从一个含有 10 个
矩阵的字典中获得（lookup）一个矩阵，该矩阵应该与当前特征图的大小和通道数（也称为
深度，以下同）相同，这样两个矩阵就可以相加。再对相加后的结果进行卷积和激活即可。
请复制代码 4-11、代码 4-12 和代码 4-13，然后对它的 Tensors 进行如下修改：

代码 4-14　条件式随机生成手写数字

```
# p04_14_CVAE_mnist.py
.....
class Tensors:
  def __init__(self):
    self.x = tf.placeholder(tf.float32, [None, 784], 'x')
    self.label = tf.placeholder(tf.int32, [None], 'label')    #定义标签
    x = tf.reshape(self.x, [-1, 28, 28, 1])
```

```python
        self.vector = self.encode(x)
        self.y = self.decode(self.vector, self.label)  #标签辅助生成器生成图片
        .....


    def encode(self, x):
        .....


    def decode(self, vector, label):  #标签参与解码, vector:[-1, 4], label: [-1]
        y = tf.reshape(vector, [-1, 1, 1, 4])
        y = tf.layers.conv2d_transpose(y, filters = 128, kernel_size = 7, padding
        = 'valid',
                        activation = tf.nn.relu)              #[7, 7, 128]

        dictionary = tf.get_variable('dict1', [10, 7, 7, 128], tf.float32)   #第一个字典
        y += tf.nn.embedding_lookup(dictionary, label)
        y = tf.layers.conv2d_transpose(y, filters = 64, kernel_size = 3, strides = (2, 2),
                        padding = 'same', activation = tf.nn.relu)  #[14, 14, 64]

        dictionary = tf.get_variable('dict2', [10, 14, 14, 64], tf.float32)   #第二个字典
        y += tf.nn.embedding_lookup(dictionary, label)
        y = tf.layers.conv2d_transpose(y, filters = 32, kernel_size = 3, strides = (2, 2),
                        padding = 'same', activation = tf.nn.relu)  #[28, 28, 32]

        dictionary = tf.get_variable('dict3', [10, 28, 28, 32], tf.float32)  #第三个字典
        y += tf.nn.embedding_lookup(dictionary, label)
        y = tf.layers.conv2d_transpose(y, filters = 1, kernel_size = 3, padding = 'same')
        return tf.reshape(y, [-1, 28 * 28])


class Model:
    .....
    def train(self, datasets, batch_size, epoches = 50, lr = 0.01, logdir =
    None, alpha = 0.99):
        .....
      for epoch in range(epoches):
        batches = datasets.train.num_examples // batch_size
        for batch in range(batches):
          xs, labels = datasets.train.next_batch(batch_size)
          self.session.run(ts.train_op,
                  {ts.lr: lr, ts.x: xs, ts.alpha: alpha, ts.label: labels})

          if file_writer is not None:
            xs, labels = datasets.validation.next_batch(batch_size)
            summary = self.session.run(ts.summary,
                  {ts.lr: lr, ts.x: xs, ts.label: labels})
            file_writer.add_summary(summary, epoch * batches + batch)
        .....
```

```
.....
  def predict(self, labels, path, cols =20):
    # cols: 每 cols 个图片排成一行
    batch_size = len(labels)
    assert batch_size % cols = =0    # batch_size 必须能被 cols 整除

    ts = self.ts
    mean, std = self.session.run([ts.total_mean, ts.total_std])
    vectors = np.random.normal(loc =mean, scale =std, size =[batch_size, len
(mean)])
    imgs = self.session.run(ts.y, {ts.vector: vectors, ts.label: labels})
    .....

def make_dir(path: str):
  .....

def show_params(graph):
  .....

if __name__ = ='__main__':
  with Model(MODEL_PATH) as model:
    show_params(model.session.graph)
    ds = read_data_sets('MNIST_data/')
    model.train(ds, BATCH_SIZE, epoches = EPOCHES, lr = LR, logdir = LOGDIR,
    alpha = ALPHA)
    # 根据标签生成手写数字图片
    labels =[e % 10 for e in range(BATCH_SIZE)]
    model.predict(labels, PREDICT_PATH)
```

　　读者可能会感到迷惑，字典居然是一个初值随机的可训练变量。换句话说，字典并不是本来就存在的，而是训练出来的。这种技巧我们在后面学习循环神经网络时还会用到。

　　除 Tensors 外，程序的其他部分（例如训练和预测）也要进行相应的修改。因为比较简单，这里不再赘述。

　　运行程序，得到的结果如图 4-19 所示。

4.6　使用 GPU

　　到目前为止，我们所有的代码都是在 CPU 上运行的。这节讨论如何让代码利用 GPU 强大的并行矩阵运

图 4-19　条件式随机生成的手写数字

算能力加速模型的训练，提高使用模型时的响应速度。一般来说，GPU 对训练和响应速度的提高从几十倍到几百倍不等。当适应了 GPU 的高速之后，你会觉得 CPU 的速度慢得惊人。当然，GPU 也是有代价的，要想马儿跑又想马儿不吃草是很难的：

1）GPU 的能耗也惊人，还附带有噪声污染。GPU 本质上就是靠能耗提高算力的。

2）TF 使用 GPU 时要安装 CUDA、CUDNN 和 Tensorflow – GPU 版。

4.6.1　单 GPU 和 nvidia – smi 命令

单 GPU 的使用主要分为两步：

第一步，从系统管理员处获知可以使用的 GPU 号码（从 0 开始编号），然后在操作系统中定义环境变量 CUDA_VISIBLE_DEVICES。例如：

$$CUDA\_VISIBLE\_DEVICES = 3$$
$$CUDA\_VISIBLE\_DEVICES = 0,3,5$$

前者表示可以使用 3 号 GPU，后者表示可以使用 0 号、3 号和 5 号 GPU。

第二步，把所有张量都置于 with tf. device（'/gpu:0'）范围内。其中的数 0 表示想使用分配的第一个 GPU。如果 CUDA_VISIBLE_DEVICES = 0,3,5，那么就是操作系统的 0 号 GPU。'/gpu:2' 表示使用分配的第三个 GPU，也就是操作系统的 5 号 GPU。请复制代码 4 – 14，然后在 Model 的构造函数里进行如下修改：

代码 4 – 15　使用一个指定的 GPU

```
# p04_15_GPU_single.py
.....
class Model:
  def __init__(self, save_path):
    self.save_path = save_path
    graph = tf.Graph()
    with graph.as_default():
     with tf.device('/gpu:0'):  # 使用分配给我的第一个 GPU
       self.ts = Tensors()
     config = tf.ConfigProto(allow_soft_placement = True)  # 没有 GPU 时允许用
     CPU 代替
     self.session = tf.Session(graph = graph, config = config)
     .....
     .....
    .....
   .....
```

如果你的计算机上有英伟达的合适型号的 GPU⊖，并且正确地安装了 Tensorflow – GPU 版，还正确设置了环境变量 CUDA_VISIBLE_DEVICES，那么上面的代码就可以运行。如果

　⊖　其他品牌的 GPU 目前还不支持深度学习模型训练。英伟达支持的型号可查寻英伟达网站。

上面这些条件之一不满足，或者某些意外因素导致 GPU 不能使用，tf. ConfigProto 对象可以帮助你用 CPU 代替 GPU 运行，而不用修改代码。条件是设置 allow_soft_placement = True。

通过速度的差异，可以感觉到程序是否真的在 GPU 上运行。另外，英伟达还提供了 nvidia – smi 工具，可以帮助监测 GPU 运行情况。如果 GPU 安装在一个 Linux 操作系统上（例如 Ubuntu），那么请在操作系统命令行上运行：

$ watch – n 1 nvidia – smi

其中，watch 是一个 Linux 操作系统命令，用来观察其他命令的输出。"– n 1"参数表示每 1s 刷新一下输出。nvidia – smi 是真正要执行的命令，用来输出 GPU 状态和参数。结果如图 4 – 20 所示。如果观察到 GPU 的使用率大于 0%，就意味着它的确被使用了。关于 GPU 状态显示的更详细说明见表 4 – 5。

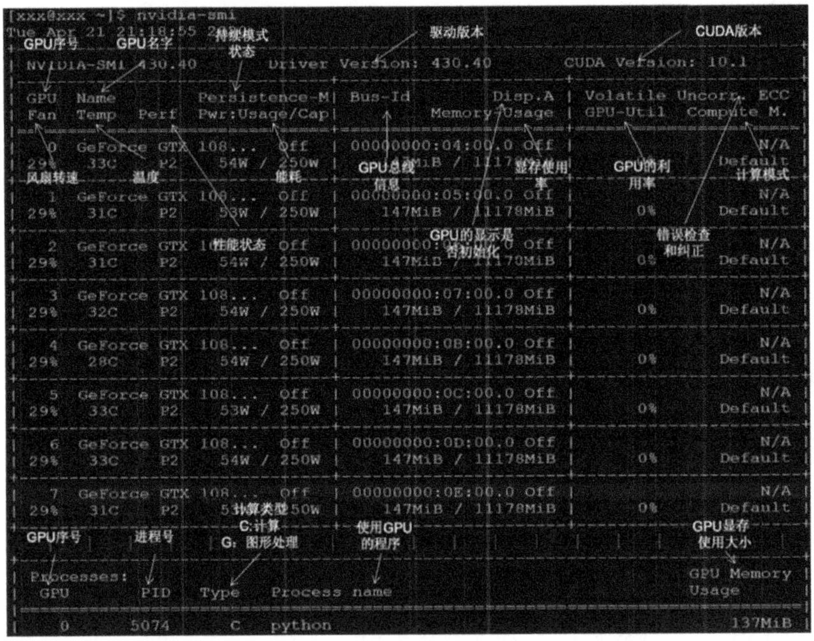

图 4 – 20　nvidia – smi 命令观察 GPU 运行状态

表 4 – 5　GPU 状态和参数说明

状态	参数说明
Driver Version	430. 40 表示用的驱动是 430. 40
CUDA Version	10. 1 表示用的 CUDA 是 10. 1
GPU	GPU 序号
Name	GPU 名字
Persistence – M	持续模式状态
Fan	N/A 是风扇转速，在 0 到 100% 之间变动。这个速度是计算机期望的风扇转速，实际情况下，如果风扇堵转，可能达不到显示的转速。有的设备不会返回转速，因为它不依赖风扇冷却，而是通过其他外部设备保持低温（例如我们实验室的服务器是常年放在空调房间里的）

（续）

状态	参数说明
Temp	温度，单位为℃。
Perf	性能状态，值从 P0 到 P12。P0 表示最大性能，P12 表示最小性能
Pwr：Usage/Cap	能耗
Bus – Id	表示 GPU 总线信息
Disp. A	Display Active，表示 GPU 的显示是否初始化
GPU Memory Usage	显存使用率
Volatile GPU – Util	GPU 的利用率
Uncorr. ECC	表示 ECC 的相关信息，ECC 即 Error Correcting Code，意为错误检查和纠正
Compute M.	计算模式，0/DEFAULT、1/EXCLUSIVE_PROCESS、2/PROHIBITED

也可以在 tf. device. ( )中设置参数'/cpu:0'来指定在 CPU 上运行张量。但是无论 CPU 有多少核，都被看成是一个整体，只能用'/cpu:0'引用。这一点与 GPU 不同。

4.6.2　多 GPU 和重名问题

如果想同时使用多个 GPU，那么第一部分的工作与单 GPU 相同，也就是为每个 GPU 定义张量。这一步，通过执行类似于下面所示的语句可以达到目的：

with tf. device. ("/gpu：X")：

　　ts = Tensors( )

其中，X 是分配的第几个 GPU（从 0 开始数）。例如，假设环境变量 CUDA_VISIBLE_DEVICES = 0，3，5，并且想使用 0 号和 5 号 GPU，则应该分别使用"/gpu：0"和"/gpu：2"调用 tf. device( )函数。请复制代码 4 - 15，然后对 Model. __init__( )进行如下修改：

代码 4 – 16　使用多个 GPU 时的错误做法

```
# p04_16_GPU_multiple_wrong.py
.....
class Model:
  def __init__(self, save_path, gpus):  #增加参数 gpus 表示想使用的 GPU 数量
    self.save_path = save_path
    graph = tf.Graph()
  with graph.as_default():
    self.ts =[]
    for i in range(gpus):
      with tf.device('/gpu:% d'% i):  #使用分配给我的第 i 个 GPU
        self.ts.append(Tensors())  #这一句会出错
    .....
```

不要忘记在主程序中修改 Model 对象的构造，要提供一个大于 1 的值给参数 gpus。运行代码，会报错：

```
ValueError: Variable dict1 already exists, disallowed. Did you mean
to set reuse = True or reuse = tf. AUTO_REUSE in VarScope? Originally
defined at: ……
```

出现这个错误的原因是变量 dict1 重名了。原因就在于 TF 第二次调用 Tensors( )构造函数时，"dict1"这个名字前面已经用过了。

发生重名时，除了换名字以外，读者还可以调用 with tf. variable_ scope（"scope_ name"），以便给变量确定一个范围。代码示例如下：

代码 4 - 17　嵌套使用 tf. variable_ scope ( )

```python
# p04_17_variable_scope.py
import tensorflow as tf

with tf.variable_scope('aaaa'):
  a = tf.get_variable('xyz', [])          # 变量实际名字是:aaaa/xyz
  with tf.variable_scope('bbbb'):
    b = tf.get_variable('xyz', [])        # 变量实际名字是:aaaa/bbbb/xyz
  c = tf.get_variable('abc', [])          # 变量实际名字是:aaaa/abc
d = tf.get_variable('xyz', [])            # 变量实际名字是:xyz

with tf.variable_scope('pppp'):
  e = tf.Variable(initial_value = 1.2345, expected_shape = [])
  f = tf.Variable(initial_value = 2.3456, expected_shape = [])

for e in tf.trainable_variables():
  print(e.name)
```

运行后得到结果：

aaaa/xyz:0

aaaa/bbbb/xyz:0

aaaa/abc:0

xyz:0

pppp/Variable:0

pppp/Variable_1:0

我们看到，with tf. variable_ scope（"scope_ name"）是可以嵌套使用的，每嵌套一层，等于在变量的名字前多加了一个前缀。

除了 tf. get_variable( )函数之外，类 tf. Variable( )也可以被用来直接创建一个变量对象。前者必须提供名字，后者可以不提供名字。此时，TF 就会给一个缺省名，并在其后加上"<序号>"形式的后缀以避免重名。由于 tf. Variable( )是直接创建一个变量对象，而

tf. get_variable( ) 则是根据是否重名以及是否允许重名等情况，或者调用 tf. Variable( ) 构造一个对象，或者返回一个重名的对象，所以，本书建议一般不要使用 tf. Variable( )，以避免 TF 在没有警告的情况下构造了一个你本来打算重用的对象。

对应到代码 4 - 16 上，就是在 with tf. device( ) 语句之前或者之后，嵌套一个 with tf. variable_scope( ) 语句。例如：

```
for i in range(gpus):
  with tf.variable_scope('my_scope_% d' % i):
    with tf.device('/gpu:% d' % i):  # 使用分配给我的第 i 个 GPU
      self.ts.append(Tensors())
```

当这样做时，程序的确是不会报错了，但是会导致每个 GPU 独立地训练模型，互相之间并不交换梯度信息。最终导致的结果是，只有最后一个完成任务的 GPU 才把训练结果永久保存到模型文件中。至少在训练时，多 GPU 没有发挥一点作用。

所以，一方面，每个 GPU 训练完毕后，相互之间应该交换梯度信息，以形成一个共同的梯度。通常，以平均梯度为共同梯度，然后再更新相应的变量。例如，假设 4 个 GPU 对同一个标量型变量 x 的梯度分别是 1、1.5、0.5 和 0.2，则 x 应该用 0.8 作为梯度进行更新；另一方面，没有必要每个 GPU 都保留一个变量。事实上，只需一个 GPU 保留变量即可，其他 GPU 都从这个 GPU 中查找变量就行了。这就涉及了变量重用问题。

先看看正确的做法：

代码 4 - 18 多个 GPU 共享变量的正确做法

```
# p04_16_GPU_multiple_wrong.py,以 p04_16 的代码为模板
......
self.ts =[]
# 在循环开始前确立一个统一的变量范围,缺省情况下不允许变量重用
with tf.variable_scope('my_scope'):
  for i in range(gpus):
    with tf.device('/gpu:% d' % i):
      self.ts.append(Tensors())    # 创建张量
    tf.get_variable_scope().reuse_variables() # 从下一个 GPU 开始,变量必须重用
......
```

这段代码的意思是：先在循环开始前调用 tf. variable_scope( ) 创立一个变量范围，所有 GPU 的所有张量都是在这个范围内生成的。缺省情况下，这个变量范围是不允许变量重用的。

在循环体内，先为第 0 个 GPU 创建张量。由于所有变量的名字（在刚才那个变量范围内）都是第一次使用，所以 tf. get_ variable( ) 函数内部会自动地调用 tf. Variable( ) 去创建新的变量对象。更重要的是，由于 tf. device( ) 的限制，这些变量都创建在第 0 个 GPU 上了。

循环体内的最后一行代码是先调用 tf. get_variable_scope( )，以获得包含这个调用的最内层变量范围，然后再调用它的 . reuse_ variables( ) 方法，以表明随后在这个范围内通过

tf. get_variable( )查找的变量必须是已定义过的。函数会返回这个变量。如果在那个范围内没有找到同名变量，就报错。

这意味着，从第 1 个 GPU 开始，所有 tf. get_variable( )返回的都是在第 0 个 GPU 上定义的同名变量。这正是我们所希望的。

tf. variable_scope( )中有一个名为 reuse 的参数，可以取值为 True、None 或者 tf. AUTO_REUSE。缺省是 None，表示继承（嵌套意义上的）父变量范围对这个参数的设定。如果没有父变量范围，则表示不能重用，凡重名必报错。True 表示变量必须是重用的，凡第一次使用的变量名字都会报错。参数 reuse = True 类似于 tf. get_variable_scope( ). reuse_variables( )，但是前者表示范围内所有变量都必须是重用的；后者则比较灵活，可以在一部分语句执行之后再重用变量。tf. AUTO_REUSE 则表示如果有重名的就重用，如果不重名就新建这个变量。请慎用 tf. AUTO_REUSE，因为变量不管有没有重名都不会报错。

从上述说明中可以看出，reuse 参数是不可能有 False 这个值的。为什么呢？因为变量范围是可以嵌套的，子范围对 reuse 的设定必须与父范围一致。如果不一致，逻辑上就讲不通，会产生二义性；而与父范围保持一致正是 reuse = None 的含义，所以 reuse 就不再需要一个 False 选项了。

4.6.3 多 GPU 的梯度

上一节我们解决了变量重用问题，这一节我们解决平均梯度问题。TF 中所有的 Optimizer. minimize( )方法都主要做了两件事：第一，调用 compute_gradients( )方法以获得所有变量的梯度；第二，调用 apply_gradients( )方法以应用这些梯度，即改变每个变量的值。

我们要做的事就是在每个 GPU 上分别计算梯度，然后再求它们的平均值。所以，我们设计 GPUTensors 和 Tensors 两个类，后者负责在指定 GPU 上计算梯度，前者负责收集这些梯度并计算平均梯度，最后把梯度应用到模型的变量上。下面我们实现 GPUTensors 和 Tensors。请复制代码 4-16，然后进行如下修改：

代码 4 – 19　**GPUTensors 和 Tensors**

```
# p04_19_GPU_multiple.py
......
class GPUTensors:
  def __init__(self, gpus):   # gpus:要使用的 GPU 数量
    self.alpha = tf.placeholder(tf.float32, [], 'alpha')   # 惯性系数是所有 GPU 共享的
    self.lr = tf.placeholder(tf.float32, [], 'lr')         # 学习步长也是

    self.ts = []     # 保存所有 Tensors 对象,一个 GPU 与一个 Tensors 对象对应
    # 每个 GPU 上布置一套相同的张量
    with tf.variable_scope('my_scope'):
      for i in range(gpus):
        with tf.device('/gpu:% d' % i):              # 使用分配给我的第 i 个 GPU
```

```python
            self.ts.append(Tensors(self))        # 为每个 GPU 保存 Tensors
          tf.get_variable_scope().reuse_variables() # 下个 GPU 重用变量

      # 在 0 号 GPU 上处理梯度
      with tf.device('/gpu:0'):
        grads_list = [t.grads for t in self.ts]  # 收集所有 GPU 计算出的梯度
        grads = merge_grads_list(grads_list)       # 把它们合并成一个梯度
        opt = tf.train.AdamOptimizer(self.lr)
        with tf.control_dependencies(tf.get_collection(tf.GraphKeys.UPDATE_
        OPS)):
          self.train_op = opt.apply_gradients(grads)

      # 处理汇总
      self.loss = tf.reduce_mean([t.loss for t in self.ts])   # 平均所有 GPU 计算
      出的损失
      self.summary = tf.summary.scalar('loss', tf.sqrt(self.loss))

def merge_grads_list(grads_list):
  # 把各 GPU 生成的梯度合并成一个梯度,grads_list 形状: [gpus, vars, 2]
  grads_list = np.array(grads_list)
  variables = grads_list[0, :, 1]        # 获取变量列表,结果形状:[vars]
  grads_list = grads_list[:, :, 0]       # 获取每个 GPU 上生成的每个变量的梯度,[gpus, vars]
  grads_list = np.transpose(grads_list, [1, 0])  # 转置成形状[vars, gpus]
  result = []
  for grads, var in zip(grads_list, variables):
    result.append((merge_grads(grads), var))
  return result

def merge_grads(grads):
  # 合并同一个变量在各 GPU 中生成的梯度
  if isinstance(grads[0], tf.IndexedSlices):  # 如果梯度是 IndexedSlices(有索
  引的值)
    values = [slice.values for slice in grads]
    values = tf.concat(values, axis = 0)        # 把所有的值合并到一起
    indices = [slice.indices for slice in grads]
    indices = tf.concat(indices, axis = 0)        # 把所有的索引合并到一起
    result = tf.IndexedSlices(values, indices) # 构成新的索引
  else:
    result = tf.reduce_mean(tuple(grads), axis = 0)   # TF 不直接接受 np.array 数据
  return result

class Tensors:
  def __init__(self, parent):
    self.x = tf.placeholder(tf.float32, [None, 784], 'x')
```

```
    self.label = tf.placeholder(tf.int32, [None], 'label')
    x = tf.reshape(self.x, [-1, 28, 28, 1])
    self.vector = self.encode(x)
    self.y = self.decode(self.vector, self.label)

    init = tf.initializers.zeros
    self.total_mean = tf.get_variable('total_mean', [4], tf.float32, init,
            trainable = False)
    total_ms = tf.get_variable('total_mean_square', [4], tf.float32, init,
            trainable = False)
    self.total_std = tf.sqrt(total_ms - tf.square(self.total_mean))

    mean = tf.reduce_mean(self.vector, axis = 0)
    ms = tf.reduce_mean(tf.square(self.vector), axis = 0)

    alpha = parent.alpha          # 使用 GPUTensors 中的惯性系数
    new_total_mean = alpha * self.total_mean + (1 - alpha) * mean
    new_total_ms = alpha * total_ms + (1 - alpha) * ms

    update_total_mean = tf.assign(self.total_mean, new_total_mean)
    update_total_ms = tf.assign(total_ms, new_total_ms)

    tf.add_to_collection(tf.GraphKeys.UPDATE_OPS, update_total_mean)
    tf.add_to_collection(tf.GraphKeys.UPDATE_OPS, update_total_ms)

    loss = tf.square(self.x - self.y)
    self.loss = tf.reduce_mean(loss)

    opt = tf.train.AdamOptimizer(parent.lr)   # 使用 GPUTensors 中的 lr
    with tf.control_dependencies(tf.get_collection(tf.GraphKeys.UPDATE_OPS)):
        self.grads = opt.compute_gradients(self.loss)

def encode(self, x):
    x = tf.reshape(x, [-1, 28, 28, 1])
    x = tf.layers.conv2d(x, filters = 32, kernel_size = 3, padding = 'same',
            activation = tf.nn.relu, name = 'conv1')     # 卷积操作要命名
    x = tf.layers.conv2d(x, filters = 64, kernel_size = 3, strides = (2, 2),
    padding = 'same',
            activation = tf.nn.relu, name = 'conv2')     # 卷积操作要命名
    x = tf.layers.conv2d(x, filters = 128, kernel_size = 3, strides = (2, 2),
    padding = 'same',
            activation = tf.nn.relu, name = 'conv3')     # 卷积操作要命名
    x = tf.layers.conv2d(x, filters = 4, kernel_size = 7, padding = 'valid',
            name = 'conv4')   # 卷积操作要命名
    vector = tf.reshape(x, [-1, 4])
    return vector
```

```
def decode(self, vector, label):
    dictionary = tf.get_variable('dict1', [10, 4], tf.float32)
    y = vector + tf.nn.embedding_lookup(dictionary, label)
    y = tf.reshape(y, [-1, 1, 1, 4])
    y = tf.layers.conv2d_transpose(y, filters = 128, kernel_size = 7, padding
     = 'valid',
            activation = tf.nn.relu, name = 'deconv1')  # 反卷积操作要命名

    dictionary = tf.get_variable('dict2', [10, 7, 7, 128], tf.float32)
    y += tf.nn.embedding_lookup(dictionary, label)
    y = tf.layers.conv2d_transpose(y, filters = 64, kernel_size = 3, strides =
    (2, 2),
      padding = 'same', activation = tf.nn.relu, name = 'deconv2') # 反卷积操作要命名

    dictionary = tf.get_variable('dict3', [10, 14, 14, 64], tf.float32)
    y += tf.nn.embedding_lookup(dictionary, label)
    y = tf.layers.conv2d_transpose(y, filters = 32, kernel_size = 3, strides =
    (2, 2),
      padding = 'same', activation = tf.nn.relu, name = 'deconv3')   # 反卷积操作要
      命名

    dictionary = tf.get_variable('dict4', [10, 28, 28, 32], tf.float32)
    y += tf.nn.embedding_lookup(dictionary, label)
    y = tf.layers.conv2d_transpose(y, filters = 1, kernel_size = 3,
            padding = 'same', name = 'deconv4') # 反卷积操作要命名
    return tf.reshape(y, [-1, 28 * 28])
.....
```

与代码 4-14 相比，上面代码中 encode( ) 和 decode( ) 函数的改动仅仅在于对卷积和反卷积操作进行了命名，以呼应 GPUTensors 的构造函数中对 reuse_ variables( ) 的调用。这样才能保证第 0 个 GPU 负责生成变量，第 1 个及之后的 GPU 负责引用变量。

另一个要注意的地方是函数 merge_ grads（grads）的实现，其中 grads 是各个 GPU 对同一个变量生成的梯度。一般来说，仅需计算这些梯度的平均值即可；但是，并不是每一种梯度都是矩阵，例如索引梯度（tf. IndexedSlices）。

设有函数 $y = f(x, i)$，其中 x 是一个阶大于等于 1 的矩阵，被称为**字典**。i 是一个从 0 开始的整数，表示一个索引。函数的返回值是 x 的第 i 项（例如向量的第 i 项，二维矩阵的第 i 行等），即 $y = x[i]$。请问这个函数的梯度怎么计算？

在计算图上，前向传播中无关的结点在反向传播中也无关。所有我们有：

$$\nabla x[k] = \begin{cases} \nabla y, & k = i \\ 0, & k \neq i \end{cases}$$

也就是说，i 等于几，则 x 的第 i 项的梯度就等于 y 的梯度，其他项的梯度等于 0。所以，我们约定：

$$\nabla x = (i, \nabla y)$$

$(i, \nabla y)$ 就是所谓的索引梯度，更新变量 x 时仅更新 x 的第 i 项，而不是整个更新 x。tf. IndexedSlices 对象就是对索引梯度的封装，它含有 indices 和 values 两个属性，分别表示索引列表和梯度列表⊖。而多个 GPU 产生多个 tf. IndexedSlices 对象时，我们要做的就是从每个对象中分别取出 indices 和 values，然后把所有索引/梯度合并成一个新的索引/梯度列表，最后再构造一个新的 tf. IndexedSlices 对象返回即可。

4.6.4 多 GPU 训练

对于 Model 的构造函数来说，只需构建 GPUTensors 对象即可，其封装了为每个 GPU 构造 Tensors 对象的过程。

代码 4-20 **Model 构造函数**

```
# p04_19_GPU_multiple.py
.....
class Model:
  def __init__(self, save_path, gpus):
    self.save_path = save_path
    graph = tf.Graph()
    with graph.as_default():
      self.gts = GPUTensors(gpus)          # 新建一个 GPUTensors
      config = tf.ConfigProto(allow_soft_placement = True)
      self.session = tf.Session(graph = graph, config = config)
      self.saver = tf.train.Saver()
      try:
        self.saver.restore(self.session, save_path)
        print('Success to restore model from', save_path)
      except:
        print('Fail to restore model from', save_path)
        self.session.run(tf.global_variables_initializer())
```

训练时，要注意为每个 GPU 单独提供数据。我们新建了一个 get_ feed_ dict () 函数来完成这个任务：

代码 4-21 **Model 的训练函数和 get_ feed_ dict ()**

```
# p04_19_GPU_multiple.py
.....
class Model:
      .....
```

⊖ 为什么是列表？因为训练时一次会训练一批多个样本，每个样本都会产生一个索引梯度。

```
    def train(self, datasets, batch_size, epoches = 50, lr = 0.01, logdir =
    None, alpha = 0.99):
        make_dir(self.save_path)
        file_writer = None if logdir is None else \
          tf.summary.FileWriter(logdir, graph = self.session.graph)
        gpus = len(self.gts.ts)
        for epoch in range(epoches):
          batches = datasets.train.num_examples // (batch_size * gpus)
          for batch in range(batches):
            feed_dict = self.get_feed_dict(datasets.train, gpus, batch_size)
            # 获取更多的数据
            feed_dict[self.gts.lr] = lr        # 设置学习步长
            feed_dict[self.gts.alpha] = alpha    # 设置惯性系数
            self.session.run(self.gts.train_op, feed_dict)

            if file_writer is not None:
              feed_dict = self.get_feed_dict(datasets.validation, gpus, batch
              _size)
              summary = self.session.run(self.gts.summary, feed_dict)
              file_writer.add_summary(summary, epoch * batches + batch)

            self.saver.save(self.session, self.save_path)
            print('Model is saved into', self.save_path)
            # 从第一个 GPU 处获取语义平均值和标准差
            mean, std = self.session.run([self.gts.ts[0].total_mean,self.
            gts.ts[0].total_std])
            print('mean =', mean)
            print('std =', std)

def get_feed_dict(self, dataset, gpus, batch_size):    # 获得占位符数据字典
  feed_dict = {}
  for i, ts in enumerate(self.gts.ts):
    xs, labels = dataset.next_batch(batch_size)
    feed_dict[self.gts.ts[i].x] = xs        # 为每个 GPU 设置样本
    feed_dict[self.gts.ts[i].label] = labels  # 为每个 GPU 设置标签
  return feed_dict
.....
```

4.6.5　多 GPU 预测

　　预测时要注意，可以使用一个、一部分或者全部 GPU，这取决于你的需要。下面给出仅使用一个 GPU 进行预测的例子。其他情形可以此类推。

代码 4 – 22 **Model** 的预测函数

```
# p04_19_GPU_multiple.py
.....
class Model:
  .....
  def predict(self, labels, path, cols =20):
    # 预测时仅使用一个 GPU, 如需使用多 GPU, 照样子修改代码即可
    batch_size =len(labels)
    assert batch_size % cols = =0

    ts =self.gts.ts[np.random.randint(0, len(self.gts.ts))] # 随机选一个 GPU
    mean, std =self.session.run([ts.total_mean, ts.total_std])
    vectors =np.random.normal(loc =mean, scale =std, size =[batch_size, len(mean)])
    imgs =self.session.run(ts.y, {ts.vector: vectors, ts.label: labels})

    imgs =np.reshape(imgs, [batch_size//cols, cols, 28, 28])
    imgs =np.transpose(imgs, [0, 2, 1, 3])
    imgs =np.reshape(imgs, [batch_size//cols * 28, cols * 28])
    make_dir(path)
    cv2.imwrite(path, imgs * 255)
    print('Write file', path)
.....
```

最后在主程序中调用一个新函数 get_ gpus ( ), 以获取环境变量 CUDA_ VISIBLE_ DEVICES 中定义的 GPU 的数量:

代码 4 – 23 主程序

```
# p04_19_GPU_multiple.py
.....
def get_gpus():
  value =os.getenv('CUDA_VISIBLE_DEVICES', '0')
  return len(value.split(','))

if __name__ = ='__main__':
  with Model(MODEL_PATH, get_gpus()) as model:
    show_params(model.session.graph)
    ds =read_data_sets('MNIST_data/')
    model.train(ds, BATCH_SIZE, epoches = EPOCHES, lr = LR, logdir = LOGDIR,
    alpha = ALPHA)
    labels =[e % 10 for e in range(BATCH_SIZE)]
    model.predict(labels, PREDICT_PATH)
```

完成这些代码之后可以试着运行这个程序, 结果与前面程序相同。只要系统正确安装了 GPU 以及 Tensorflow – gpu, 并且没有被其他人占据, 则通过 TB 可以观察到训练速度明显加

快，如图 4 - 21 所示。

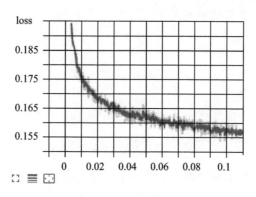

图 4 - 21　训练过程

4.7　残差神经网络

本节我们介绍业界十分流行的基本网络——残差神经网络（Residual Network，ResNet）。它是微软亚洲研究院的何恺明、张祥雨、任少卿、孙剑等人提出的。ResNet 在 2015 年的 ILSVRC（ImageNet Large Scale Visual Recognition Challenge）中取得了冠军。

残差神经网络的主要贡献是发现了"退化现象（Degradation）"。随着网络深度的增加，网络的拟合能力在不断提高；但是增加到一定程度，拟合能力达到顶点之后，再增加网络层次，拟合精度不但没有提高反而会有下降的退化现象。针对这个现象，发明了"快捷连接（Shortcut connection）"，极大地消除了深度过大的神经网络训练困难的问题。神经网络的"深度"首次突破了 100 层，最大的神经网络甚至超过了 1000 层。

4.7.1　残差神经网络的实现

本质上讲，人脸 1:N 模型的结构与前面手写数字识别的结构是一样的，即输入一个样本图片，经过层层卷积获得一个长度为 N 的特征向量（Logits），该向量再经过 Softmax 操作变成概率，最后计算交叉熵即可。

本节我们先介绍 ResNet，然后再用它实现人脸 1:N 模型的搭建。

ResNet 是 CNN 网络中应用比较广泛的一种网络结构，是很多应用模型的基础。ResNet 的基本构件有两种，如图 4 - 22 所示。图 4 - 22a 由两个串联的 3 × 3 卷积构成，称为 Building Block；图 4 - 22b 由一个 1 × 1 卷积、一个 3 × 3 卷积和一个 1 × 1 卷积构成，称为**瓶颈**（Bottleneck）。两种基本构件的主路径之侧都有一条从输入到输出的"捷径"，

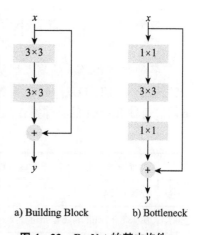

a) Building Block　　b) Bottleneck

图 4 - 22　ResNet 的基本构件

其作用就是在 BP 算法中快速地把梯度从输出端传向输入端,避免梯度在主路径上消失。

ResNet 基本构件表达为公式就是:

$$y = f(x) + x$$

因此我们得到:

$$\nabla x = \left(\frac{\partial f(x)}{\partial x} + 1 \right) \nabla y$$

这就保证了输入端至少保留了一个单位的输出端梯度。特别是当 $f(x)$ 接近最优点时,$\frac{\partial f(x)}{\partial x}$ 趋近于 0,此时输入端仍能获得输出端的梯度,避免梯度消失。因为这个特点,ResNet 常常能够构建层数很多的深度神经网络,而不会产生梯度消失现象。一般网络就没有这个能力了。

这样,$f(x)$ 就是对输入和输出之间差异的拟合,这也是残差神经网络名字的由来。一般来说,求同存异比推倒重来要容易。

50 层的 ResNet 的总体结构如图 4-23 所示。结构中主要有 4 个模块,每个模块分别重复了 3、4、6、3 次。由于每一个模块都是由图 4-22 所示的瓶颈构成,

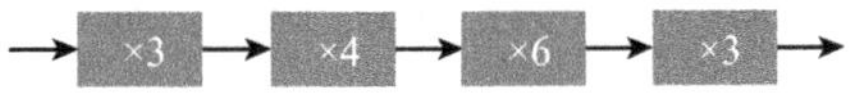

图 4-23 50 层 ResNet 总体结构

再加上前后分别有一个卷积和一个全连接,所以总共有 50 层神经元,简称 ResNet50。

其他类型的 ResNet 主要因模块重复次数的不同而不同。例如 ResNet101 的模块重复次数是 3、4、23、3。表 4-6 是几种 ResNet 的模块构成:

表 4-6　ResNet 模块构成

名称	基本构件	重复次数	总层数⊖
ResNet18	Building Block	2、2、2、2	18
ResNet34		3、4、6、3	34
ResNet50	Bottleneck	3、4、6、3	50
ResNet101		3、4、23、3	101
ResNet152		3、8、36、3	152

考察网络的层数时一般只考虑会产生可训练变量的操作,如卷积、反卷积、全连接等,不考虑不产生可训练变量的操作,如池化、激活等。

各种类型 ResNet 的输入都是形状为 $[224, 224, 3]$ 的彩色图片,经过一层 7×7 的卷积之后变成 $[112, 112, 64]$,再经过一层 3×3/Strides = 2 的最大值池化之后变成 $[56, 56, 64]$。每种 ResNet 的具体操作步骤见表 4-7。

表 4-7　ResNet 详细操作

	ResNet18	ResNet34	ResNet50	ResNet101	ResNet152
形状	$[224, 224, 3]$				
操作	卷积 7×7/filters:64/strides:2				

（续）

	ResNet18	ResNet34	ResNet50	ResNet101	ResNet152
形状	[112, 112, 64]				
操作	最大值池化 3×3/strides:2				
形状	[56, 56, 64]				
操作	$\begin{bmatrix} 卷积\,3 \times 3/64/1 \\ 卷积\,3 \times 3/64/1 \end{bmatrix} \times 2$	$\begin{bmatrix} 卷积\,3 \times 3/64/1 \\ 卷积\,3 \times 3/64/1 \end{bmatrix} \times 3$	$\begin{bmatrix} 卷积\,1 \times 1/64/1 \\ 卷积\,3 \times 3/64/1 \\ 卷积\,1 \times 1/256/1 \end{bmatrix} \times 3$	$\begin{bmatrix} 卷积\,1 \times 1/64/1 \\ 卷积\,3 \times 3/64/1 \\ 卷积\,1 \times 1/256/1 \end{bmatrix} \times 3$	$\begin{bmatrix} 卷积\,1 \times 1/64/1 \\ 卷积\,3 \times 3/64/1 \\ 卷积\,1 \times 1/256/1 \end{bmatrix} \times 3$
形状	[56, 56, 64]		[56, 56, 256]		
操作	$\begin{bmatrix} 卷积\,3 \times 3/128/* \\ 卷积\,3 \times 3/128/1 \end{bmatrix} \times 2$	$\begin{bmatrix} 卷积\,3 \times 3/128/* \\ 卷积\,3 \times 3/128/1 \end{bmatrix} \times 4$	$\begin{bmatrix} 卷积\,1 \times 1/128/* \\ 卷积\,3 \times 3/128/1 \\ 卷积\,1 \times 1/512/1 \end{bmatrix} \times 4$	$\begin{bmatrix} 卷积\,1 \times 1/128/* \\ 卷积\,3 \times 3/128/1 \\ 卷积\,1 \times 1/512/1 \end{bmatrix} \times 4$	$\begin{bmatrix} 卷积\,1 \times 1/128/* \\ 卷积\,3 \times 3/128/1 \\ 卷积\,1 \times 1/512/1 \end{bmatrix} \times 8$
形状	[28, 28, 128]		[28, 28, 512]		
操作	$\begin{bmatrix} 卷积\,3 \times 3/256/* \\ 卷积\,3 \times 3/256/1 \end{bmatrix} \times 2$	$\begin{bmatrix} 卷积\,3 \times 3/256/* \\ 卷积\,3 \times 3/256/1 \end{bmatrix} \times 6$	$\begin{bmatrix} 卷积\,1 \times 1/256/* \\ 卷积\,3 \times 3/256/1 \\ 卷积\,1 \times 1/1024/1 \end{bmatrix} \times 6$	$\begin{bmatrix} 卷积\,1 \times 1/256/* \\ 卷积\,3 \times 3/256/1 \\ 卷积\,1 \times 1/1024/1 \end{bmatrix} \times 23$	$\begin{bmatrix} 卷积\,1 \times 1/256/* \\ 卷积\,3 \times 3/256/1 \\ 卷积\,1 \times 1/1024/1 \end{bmatrix} \times 36$
形状	[14, 14, 256]		[14, 14, 1024]		
操作	$\begin{bmatrix} 卷积\,3 \times 3/512/* \\ 卷积\,3 \times 3/512/1 \end{bmatrix} \times 2$	$\begin{bmatrix} 卷积\,3 \times 3/512/* \\ 卷积\,3 \times 3/512/1 \end{bmatrix} \times 3$	$\begin{bmatrix} 卷积\,1 \times 1/512/* \\ 卷积\,3 \times 3/512/1 \\ 卷积\,1 \times 1/2048/1 \end{bmatrix} \times 3$	$\begin{bmatrix} 卷积\,1 \times 1/512/* \\ 卷积\,3 \times 3/512/1 \\ 卷积\,1 \times 1/2048/1 \end{bmatrix} \times 3$	$\begin{bmatrix} 卷积\,1 \times 1/512/* \\ 卷积\,3 \times 3/512/1 \\ 卷积\,1 \times 1/2048/1 \end{bmatrix} \times 3$
形状	[7, 7, 512]		[7, 7, 2048]		
操作	平均值池化 7×7				
形状	[512]		[2048]		
操作	全连接				
形状	[类别数]				
操作	Softmax				
形状	概率分布：[类别数]				

注：＊表示第一次循环时该卷积的步长为 2，否则为 1。

表 4-7 中只列出了核心的卷积、池化、全连接等操作，没有列出加法以及激活等操作。下面我们实现 ResNet：

代码 4-24　ResNet 的实现

```python
import tensorflow as tf

class _Module:
    def __init__(self, repeats, inputs, outputs, resize, type):
        self.repeats = repeats   # 重复次数
```

```
        self.inputs = inputs        # 输入通道数
        self.outputs = outputs      # 输出通道数
        self.resize = resize        # 是否改变大小
        self.type = type            # 基本构件类型, bottleneck 或者 buildingblock

CONFIG = {
  'resnet18': [_Module(2, 64, 64, False, 'buildingblock'),
               _Module(2, 128, 128, True, 'buildingblock'),
               _Module(2, 256, 256, True, 'buildingblock'),
               _Module(2, 512, 512, True, 'buildingblock')],

  'resnet34': [_Module(3, 64, 64, False, 'buildingblock'),
               _Module(4, 128, 128, True, 'buildingblock'),
               _Module(6, 256, 256, True, 'buildingblock'),
               _Module(3, 512, 512, True, 'buildingblock')],

  'resnet50': [_Module(3, 64, 256, False, 'bottleneck'),
               _Module(4, 128, 512, True, 'bottleneck'),
               _Module(6, 256, 1024, True, 'bottleneck'),
               _Module(3, 512, 2048, True, 'bottleneck')],

  'resnet101': [_Module(3, 64, 256, False, 'bottleneck'),
                _Module(4, 128, 512, True, 'bottleneck'),
                _Module(23, 256, 1024, True, 'bottleneck'),
                _Module(3, 512, 2048, True, 'bottleneck')],

  'resnet152': [_Module(3, 64, 256, False, 'bottleneck'),
                _Module(8, 128, 512, True, 'bottleneck'),
                _Module(36, 256, 1024, True, 'bottleneck'),
                _Module(3, 512, 2048, True, 'bottleneck')],
}

def resnet(input, resnet_type, training, name = 'resnet'):
    # 生成残差神经网络,
    # type 可以是'resnet18', 'resnet34', 'resnet50', 'resnet101', 或者'resnet152'
    with tf.variable_scope(name):
        x = tf.layers.conv2d(input, 64, 7, 2, 'same', name = 'conv1')    # 形状: [-1,
112, 112, 64]
        x = tf.layers.batch_normalization(x, axis = [1, 2, 3], training = training,
name = 'bn1')
        x = tf.nn.relu(x)
        x = tf.layers.max_pooling2d(x, 3, 2, 'same')    # [-1, 56, 56, 64]

        for i, module in enumerate(CONFIG[resnet_type]):
            resize = module.resize
```

```python
        for j in range(module.repeats):
            with tf.variable_scope('resnet_%d_%d' % (i, j)):
                with tf.variable_scope('left'):
                    left = resnet_left(x, resize, module, training)
                with tf.variable_scope('right'):
                    right = resnet_right(x, resize, module, training)
                x = tf.nn.relu(left + right)
                resize = False
        size = (x.shape[1].value, x.shape[2].value)  # size = (7, 7)
        x = tf.layers.average_pooling2d(x, size, 1)  # [ -1, 1, 1, -1]
        x = tf.layers.flatten(x)  # 变成二维矩阵
        # 最后的全连接和 Softmax 操作由用户自己完成
        return x


def resnet_left(x, resize, module, training):
    # 残差基本构件左路
    strides = 2 if resize else 1
    if module.type == 'bottleneck':
        x = tf.layers.conv2d(x, module.inputs, 1, strides, 'same', name = 'conv1')
        x = tf.layers.batch_normalization(x, axis = [1, 2, 3], training = training,
        name = 'bn1')
        x = tf.nn.relu(x)
        x = tf.layers.conv2d(x, module.inputs, 3, 1, 'same', name = 'conv2')
        x = tf.layers.batch_normalization(x, axis = [1, 2, 3], training = training,
        name = 'bn2')
        x = tf.nn.relu(x)
        x = tf.layers.conv2d(x, module.outputs, 1, 1, 'same', name = 'conv3')
    else:
        x = tf.layers.conv2d(x, module.inputs, 3, strides, 'same', name = 'conv1')
        x = tf.layers.batch_normalization(x, axis = [1, 2, 3], training = training,
        name = 'bn2')
        x = tf.nn.relu(x)
        x = tf.layers.conv2d(x, module.outputs, 3, 1, 'same', name = 'conv2')
    x = tf.layers.batch_normalization(x, axis = [1, 2, 3], training = training,
    name = 'bn3')
    return x


def resnet_right(x, resize, module, training):
    # 残差基本构件右路，即捷径连接
    if resize or x.shape[-1].value != module.outputs:
        strides = 2 if resize else 1
        x = tf.layers.conv2d(x, module.outputs, 1, strides, 'same', name = 'conv')
        x = tf.layers.batch_normalization(x, axis = [1, 2, 3], training = training,
        name = 'bn')
    return x
```

```
if __name__ == '__main__':
    x = tf.placeholder(tf.float32, [3, 224, 224, 3])
    y = resnet(x, 'resnet50', True)
    print(y.shape)
```

运行代码，输出（3，2048）。请注意，代码中使用的 tf. layers. batch_ normalization( ) 就是有名的 BN 操作。该操作的目的是把输入矩阵的每一个元素转换为标准正态分布，从而有利于后续的处理。

4.7.2　BN 操作

BN 操作的目的很简单，即把数据转换为标准正态分布。一般来说，数据中的每个元素是满足正态分布的，但不满足标准正态分布。例如学生有体重、性别、年龄等属性，每个属性的计量单位是不一样的。这就使得每一个属性的取值范围相差很大。例如年龄的取值是 10~15，体重的取值是 40~60。体重差个五六千克可能不算啥，可是年龄差五六岁就差很远了。

而标准正态分布可以解决这个问题。将所有学生的所有属性转成标准正态分布以后，学生的各个属性的值就变成以 0 为均值，以 1 为标准差的正态分布数据。这样就避免了上述数据粒度问题，还有利于后续数据处理。因为越接近 0 的数越容易拟合，越容易收敛。例如 0.9^{200} 是一个很小很小的数，而 1.1^{200} 就是一个很大很大的数。

TF 中进行标准正态分布的操作就是 BN 操作：tf. layers. batch_ normalization( )。它的参数见表 4-8。

表 4-8　tf. layers. batch_ normalization( ) 参数表

次序	名称	含义	类型	可选	缺省值
1	inputs	输入矩阵	张量	必选	
2	axis	指定维度	整数	选填	-1
3	momentum	移动平均值的动量	浮点值	选填	0.99
4	epsilon	极小浮点数，增加到方差计算中，以避免除以 0。	浮点值	选填	0.001
5	center	是否将 β 的偏移量添加到规范化张量中	布尔值	选填	True
6	scale	是否使用 gamma 值，如果是 True，乘以 gamma；如果是 False，则不使用 gamma。	布尔值	选填	True
7	beta_initializer	beta 权重的初始化方法		选填	tf. zeros_initializer( )
8	gamma_initializer	gamma 权重的初始化方法		选填	tf. ones_initializer( )

（续）

次序	名称	含义	类型	可选	缺省值
9	moving_mean_initializer	移动平均值的初始化方法		选填	tf. zeros_initializer( )
10	moving_variance_initializer	移动方差的初始化方法		选填	tf. ones_initializer( )
11	beta_regularizer	beta 权重的正规化方法		选填	None
12	gamma_regularizer	gamma 权重的正规化方法		选填	None
13	beta_constraint	beta 投影函数，用于 beta 权重约束，在被优化器更新后应用于 beta 权重		选填	None
14	gamma_constraint	gamma 投影函数，用于优化器更新后的 gamma 权重		选填	None
15	renorm	是否使用批量归一化（这会在训练期间增加额外的变量）	布尔值	选填	False
16	renorm_clipping	一个字典，可以将键'rmax','rmin','dmax'映射到用于剪辑重新校正的 Tensors 标量	字典	选填	None
17	renorm_momentum	renorm 动量，用于更新移动平均值和标准偏差	浮点值	选填	0.99
18	fused	如果为 None 或者 True，则使用更快、更融合的实现；如果为 False，请使用系统推荐的实现．	布尔值	选填	None
19	training	是否为训练模式	布尔值	选填	False
20	trainable	参数是否可训练	布尔值	选填	True
21	virtual_batch_size	批次大小。如果为 None，表示在整个批次中执行批量规范化	整数	选填	None
22	adjustment	一个函数，它包含输入张量（动态）形状的 Tensor，并返回一对（scale, bias）以应用于规范化值（在 gamma 和 β 之前），仅在训练期间使用		选填	None
23	name	图层的名称	字符串	选填	None

注意：

1）BN 操作的目的是以所有样本为基础，计算样本的每个元素在所有样本间的均值 M 和标准差 Std。前面在介绍 VAE 模型时已经说明了，由于我们通常使用的是 MBGD 训练方法，无法一次性处理所有样本，所以不得不用动量来解决由于样本分批处理而带来的问题（详见 4.4.5 节）。所以有：

$$M^{(0)} = 0$$

$$M^{(i)} = a\, M^{(i-1)} + (1-a)\, \text{reduce\_mean}(\text{input},\ \text{axis}'),\quad i = 1,\ 2,\ \cdots\cdots$$

其中 a 是惯性系数。标准差通过平方均值进行计算。axis′是计算均值和平方均值的维度或维度列表。关于它的含义可参见后面对参数 axis 的说明。平方均值的动量 MS 的计算公式是：

$$MS^{(0)} = 0$$

$$MS^{(i)} = a\, MS^{(i-1)} + (1-a)\, \text{reduce\_mean}(\text{input}^2,\ \text{axis}'),\quad i = 1,\ 2,\ \cdots\cdots$$

$$Std = \sqrt{MS - M^2}$$

然后用 M 和 Std 把当前输入样本 inputs 进行标准正态分布转换，即：

$$\text{inputs} = \frac{\text{inputs} - M}{Std} \qquad\qquad (4-10)$$

这样输入样本就变成了以 0 为均值，以 1 为标准差的正态分布数据，十分有利于后续处理。

2）一旦使用了 BN 操作，则必须把训练操作置于控制依赖之下。例如：

```
with tf.control_dependencies(tf.get_collection(tf.GraphKeys.UPDATE_
OPS)):
    self.grads = opt.compute_gradients(self.loss)
```

这是因为在训练时我们需要更新上述动量，而在预测时则不需要。所以 tf.layers.batch_normalization() 函数会在内部创建和维护相关的动量，但需要我们在构建训练操作时手工建立控制依赖（详见 4.4.6 节）。

3）training 参数是一个布尔型张量或者 Python 的 bool 数据，表示是以训练模式还是预测模式调用这个函数。在预测模式下，函数会用保存在动量里的均值和标准差对输入数据 input 进行标准正态分布转换，结果再进行一次恢复操作（后面会解释）后输出；而在训练模式下，函数会用当前输入数据的均值和标准差来做上述工作。无论哪种模式，函数都会创建计算步骤以便用当前输入数据更新动量，并把这些更新操作放进 TF 的 tf.GraphKeys.UPDATE_OPS 集合中。

4）恢复操作。按照式（4-10）转换的输入数据，还需要按照以下公式进行恢复：

$$\text{inputs} = \text{input}\ \gamma + \beta \qquad\qquad (4-11)$$

其中 γ 和 β 都是可训练变量，且形状与 M、Std 相同。可以看出式（4-11）是式（4-10）的逆操作。这样做的目的是让输入数据的某些元素有机会不进行标准正态分布化，提供了灵活性。对于需要进行标准正态分布化的数据，优化的结果是 γ 和 β 的对应元素分别是 1 和 0。

5）axis 表示将沿着哪个或者哪几个维度求平均值和标准差。言下之意，就是不在 axis 中定义的维度就是上述第一步求当前均值和标准差的维度 axis′。也就是说，axis 和 axis′是互补关系。

假设 inputs 的形状是 [3, 5, 7, 2]。如果 axis = 0，意味着 axis′ = [1, 2, 3]。并且一批有 3 个样本，每个样本中有 70 个元素，且这 70 个数被求平均值和标准差，这样一批数据里就会有 3 个平均值和标准差。一批一批地算下去，每一批的第 i（$i=1,2,3$）个平均值和标准差就会被用来更新第 i 个平均值动量和第 i 个标准差动量。最终会得到 3 个平均值动量和 3 个标准差动量。

如果 axis = [1, 2]，意味着 axis′ = [0, 3]。并且一批有 35 个样本，每个样本中有 6 个元素，且这 6 个数被求平均值和标准差，这样一批数据里就会有 35 个平均值和标准差。一批一批地算下去，每一批的第 i（$i=1,2,\cdots,35$）个平均值和标准差就会被用来更新第 i 个平均值动量和第 i 个标准差动量。最终会得到 35 个平均值动量和 35 个标准差动量。这就是 axis 的含义。

所以 axis 等价于平均值动量和标准差动量的形状。上例中，如果 axis = [0, 2]，则意味着最终会有形状如 [3, 1, 7, 1] 的 21 个平均值动量和 21 个标准差动量。axis = [1, 2, 3] 表示对每个像素点的每个特征都单独求平均值和标准差，最终会产生形状如 [5, 7, 2] 的平均值动量及标准差动量。如果只想每个像素点单独求平均值和标准差，不在乎特征的区别，则应该设 axis = [1, 2]，假设 0 号维度表示样本数量，3 号维度表示特征。

下面我们测试 TF 的 BN 操作：

代码 4 – 25　测试 **tf. layers. batch_normalization** ( )

```
# p04_25_batch_normalization
import tensorflow as tf

x = tf.random_uniform([300, 128, 100, 3])   # 创建 300 个随机样本
y3 = tf.layers.batch_normalization(x, axis = 3, name = 'y3')
y3 = tf.layers.batch_normalization(x, axis = [3], name = 'y3_')
y13 = tf.layers.batch_normalization(x, axis = [1, 3], name = 'y13')
y03 = tf.layers.batch_normalization(x, axis = [0, 3], name = 'y03')
y123 = tf.layers.batch_normalization(x, axis = [1, 2, 3], name = 'y123')
y0123 = tf.layers.batch_normalization(x, axis = [0, 1, 2, 3], name = 'y0123')

for var in tf.global_variables():
  print('% 25s: \t% s' % (var.name, var.shape))
```

输出结果如下：

```
          y3/gamma: 0: (3,)
           y3/beta: 0: (3,)
    y3/moving_mean: 0: (3,)
y3/moving_variance: 0: (3,)

         y3_/gamma: 0: (3,)
          y3_/beta: 0: (3,)
   y3_/moving_mean: 0: (3,)
y3_/moving_variance: 0: (3,)
```

y13/gamma：0：(1, 128, 1, 3)

y13/beta：0：(1, 128, 1, 3)

y13/moving_mean：0：(1, 128, 1, 3)

y13/moving_variance：0：(1, 128, 1, 3)

y03/gamma：0：(300, 1, 1, 3)

y03/beta：0：(300, 1, 1, 3)

y03/moving_mean：0：(300, 1, 1, 3)

y03/moving_variance：0：(300, 1, 1, 3)

y123/gamma：0：(1, 128, 100, 3)

y123/beta：0：(1, 128, 100, 3)

y123/moving_mean：0：(1, 128, 100, 3)

y123/moving_variance：0：(1, 128, 100, 3)

y0123/gamma：0：(300, 128, 100, 3)

y0123/beta：0：(300, 128, 100, 3)

y0123/moving_mean：0：(300, 128, 100, 3)

y0123/moving_variance：0：(300, 128, 100, 3)

为了让大家更加深入地理解 BN 操作，我们自己也实现了一个简单的 BN 操作：

代码 4 - 26   自己实现的 BN 操作

```
# p04_26_my_BN
import tensorflow as tf
import numpy as np


def my_batch_normalize(inputs, axis = -1, momentum = 0.99, training = True,
eps = 1e -5, gamma = True, beta = True, name = None):
  if type(axis) = = int:
    if axis < 0:
      axis = [len(inputs.shape) + axis]
    else:
      axis = [axis]
  if type(training) = = bool: # training 通常应该是一个布尔型张量
    training = tf.constant(training)
  reduce_axis = tuple(set(range(len(inputs.shape))) - set(axis))
  shape = [inputs.shape[i].value if i in axis else 1 for i in range(len
(inputs.shape))]
  with tf.variable_scope('my_bn' if name is None else name):
    mom_mean = tf.get_variable('mom_mean', shape, inputs.dtype,
          tf.initializers.zeros, trainable = False)
```

```
        mom_ms = tf.get_variable('mom_ms', shape, inputs.dtype,
            tf.initializers.ones, trainable = False)
        mom_std = tf.sqrt(mom_ms - tf.square(mom_mean))
        mom_std = tf.maximum(eps, mom_std)    # 避免除 0
            mean = tf.reduce_mean(inputs, reduce_axis)
            mean = tf.reshape(mean, shape)
            ms = tf.reduce_mean(tf.square(inputs), reduce_axis)
            ms = tf.reshape(ms, shape)
            new_mean = momentum * mom_mean + (1 - momentum) * mean
            new_ms = momentum * mom_ms + (1 - momentum) * ms

        def true_training():
            update_mean = tf.assign(mom_mean, new_mean)
            update_ms = tf.assign(mom_ms, new_ms)
            tf.add_to_collection(tf.GraphKeys.UPDATE_OPS, update_mean)
            tf.add_to_collection(tf.GraphKeys.UPDATE_OPS, update_ms)
            return (inputs - mom_mean) / mom_std

        def false_training():
            return (inputs - new_mean) / tf.maximum(eps, tf.sqrt(new_ms - new_mean ** 2))

        inputs = tf.cond(training, true_training, false_training)

        if gamma:
            g = tf.get_variable('gamma', shape, tf.float32, tf.initializers.ones)
            inputs = g * inputs
        if beta:
            b = tf.get_variable('beta', shape, tf.float32, tf.initializers.zeros)
            inputs + = b
        return inputs


if __name__ = = '__main__':
    x = tf.random_uniform([300, 128, 100, 3])    # 创建 300 个随机样本
    y3 = my_batch_normalize(x, axis = 3, name = 'y3')
    y3 = my_batch_normalize(x, axis = [3], name = 'y3_')
    y13 = my_batch_normalize(x, axis = [1, 3], name = 'y13')
    y03 = my_batch_normalize(x, axis = [0, 3], name = 'y03')
    y123 = my_batch_normalize(x, axis = [1, 2, 3], name = 'y123')
    y0123 = my_batch_normalize(x, axis = [0, 1, 2, 3], name = 'y0123')

    for var in tf.global_variables():
        print('% 25s: \t% s' % (var.name, var.shape))
```

运行以后可以得到几乎一样的输出结果：

y3/mom_mean：0：(1, 1, 1, 3)
y3/mom_ms：0：(1, 1, 1, 3)
y3/gamma：0：(1, 1, 1, 3)
y3/beta：0：(1, 1, 1, 3)

y3_/mom_mean：0：(1, 1, 1, 3)
y3_/mom_ms：0：(1, 1, 1, 3)
y3_/gamma：0：(1, 1, 1, 3)
y3_/beta：0：(1, 1, 1, 3)

y13/mom_mean：0：(1, 128, 1, 3)
y13/mom_ms：0：(1, 128, 1, 3)
y13/gamma：0：(1, 128, 1, 3)
y13/beta：0：(1, 128, 1, 3)

y03/mom_mean：0：(300, 1, 1, 3)
y03/mom_ms：0：(300, 1, 1, 3)
y03/gamma：0：(300, 1, 1, 3)
y03/beta：0：(300, 1, 1, 3)

y123/mom_mean：0：(1, 128, 100, 3)
y123/mom_ms：0：(1, 128, 100, 3)
y123/gamma：0：(1, 128, 100, 3)
y123/beta：0：(1, 128, 100, 3)

y0123/mom_mean：0：(300, 128, 100, 3)
y0123/mom_ms：0：(300, 128, 100, 3)
y0123/gamma：0：(300, 128, 100, 3)
y0123/beta：0：(300, 128, 100, 3)

4.8　表情识别

表情识别就是识别人脸上的喜、怒、哀、乐等表情。

4.8.1　样本

表情识别的第一件事情就是收集表情样本。比较著名的表情样本集就是香港中文大学汤晓鸥教授实验室公布的 CelebA（http：//mmlab. ie. cuhk. edu. hk/projects/CelebA. html），共有 20 万张人脸图片，每张图片有 40 种属性。请读者自行下载和学习这个数据集，了解其构成和标注方式。注意，这个数据集包括原始数据集和进行人脸对齐后的数据集。读者应该使用后者，并把人脸从图片中扣取出来，再用 cv2. resize( )把照片改成 [224，224]，然后调用 cv2. imwrite( )保存。

数据整理工作将十分耗时和烦琐。在我们的工程中一般要用去 80% 以上的资源和时间。本书并不直接使用这个数据集，而是用随机数代替。请读者学习过这个模型之后自行把代码与这个集合对接。

4.8.2　通用超级框架

我们将在代码 4 - 19 的多 GPU 模型基础上构建表情识别程序，这其中的绝大多数代码都可以重用。这就提示我们可以在代码 4 - 19 的基础上构建一个框架的框架，这就是**超级框架**⊖的由来。请读者复制代码 4 - 19，然后进行以下修改：

代码 4 - 27　超级框架

```
# p04_27_super_framework.py
import tensorflow as tf
import os
from functools import reduce
import numpy as np

class Tensors:
    # 与一个 GPU 对应的所有张量的集合。一个 GPU 就有一个 Tensors 对象与之对应。
    # 用户应该定义这个类的子类，并定义 x、loss、y_predict 分别表示输入张量的集合、
    # 损失张量的集合和预测张量的集合。GPUTensors 会根据这 3 个集合确定如何构建
    # 总的 train_op、loss 和 y_predict。
    def __init__(self, parent):
```

<hr>

⊖　事实上，TF 中的 Keras 就是扮演超级框架这个角色的。不过本书并不涉及 Keras，因为我们的目的是理解 GD 法和 BP 算法的实质以及 TF 的基础。

```
      self.parent = parent
      # 子类必须定义以下张量
      self.x = None              # 输入张量，多个输入则用 list/tuple
      self.loss    = None        # 损失张量，多个损失则用 list/tuple
      self.y_predict = None      # 预测输出，多个输出则用 list/tuple

   def grads(self):             # 梯度张量，根据 loss 计算得到的
      opt = self.parent.config.get_optimizer(self.parent.lr)
      losses = self.loss if type(self.loss) in (list, tuple) else [self.loss]
      return [opt.compute_gradients(ls) for ls in losses]

class DataSet：# 数据集，用来为模型提供数据
   def get_number(self)：  # 样本数量，子类应该重定义这个方法
      return 0

   def next_batch(self, batch_size):
      # 返回下一批样本。应该返回一个元组或列表 a，其中 a[i]是这一批样本的第 i 个字段的值
      # 返回的字段应该与 Tensors.x 中的每个张量一一对应。子类应该重定义这个方法
      return None

class DataSets：# 样本数据集的集合，是训练、验证、测试 3 个集合的封装
   def __init__(self, train：DataSet, validation：DataSet, test：DataSet):
      self.train = train
      self.validation = validation
      self.test = test

class ArrayDataSet(DataSet)：# 一个数组类型的 DataSet
   def __init__(self, *data):
      # *data 表示参数列表，即调用时所有无名实参构成一个参数列表，data[i]表示第 i 个参数
      # 这里 data 表示由若干字段构成的数据集，每个字段包含所有样本在这个字段上的值
      # 假设样本是点的坐标，则 data[0]和 data[1]分别是所有点的 x 坐标集合和 y 坐标集合
      self.data = data
      self.start = np.random.randint(0, len(data[0]))  # 一个随机的开始位置

   def get_number(self):
      # 返回一个数据集中数据的字段数，一行代表一个样本，一列代表一个字段
      return len(self.data[0])

   def next_batch(self, batch_size):
      num = self.get_number() # 返回字段总数
      next = self.start + batch_size
      result = []   # 用来保存一批样本中每个字段的值
      for d in self.data：# 对每个字段循环
        if next < num:
          r = d[self.start：next]   # 取当前字段指定范围的值
        else:
```

```python
        if type(d) == np.ndarray:
            r = np.concatenate((d[self.start:], d[:next - num]), axis = 0)
        else:
            r = d[self.start:] + d[:next - num]    # 把前后的值合并在一起
        result.append(r)       # 把当前字段的值插入列表 result
    self.start = next % num   # 更新下一次读样本的起始位置
    return result

class ShuffledDataSet(DataSet):   # 可洗牌的数据集
  def __init__(self, dataset, buffer_size):
    self.dataset = dataset
    self.buffer_size = buffer_size
    data = dataset.next_batch(self.buffer_size)
    self.buffers = [[d for d in ds] for ds in data]   # 为避免发生关联把数据浅复制一遍

  def get_number(self):
    return self.dataset.get_number()

  def next_batch(self, batch_size):
    if batch_size > self.buffer_size:
      batch_size = self.buffer_size
    size = len(self.buffers[0])
    data = self.dataset.next_batch(self.buffer_size - size)
    for buffer, ds in zip(self.buffers, data):
      buffer.extend(ds)
    indices = np.random.permutation(size + len(data[0]))[0: batch_size]
    indices = reversed(sorted(indices))
    result = []
    for buffer in self.buffers:
      r = []
      for i in indices:
        r.append(buffer[i])
        del buffer[i]
      result.append(r)
    return result

class Config:   # 用来保存用户的设置，用户可以构建它的子类以保存特定设置
  def __init__(self):
    self.save_path = 'models/%s' % self.get_name() # 模型文件路径
    self.logdir = 'logs/%s' % self.get_name()       # 日志根目录
    self.batch_size = 500          # 一批中的样本数量
    self.lr = 0.0001               # 步长
    self.epoches = 100             # 循环轮数,所有样本训练一遍称为一轮
    self.momentum = 0.99           # 惯性系数
```

```python
    self.gpus = get_gpus()          # 要使用的 GPU 数量
    self._datasets = None

  @property
  def datasets(self):
    if self._datasets is None:
      self._datasets = self.get_datasets()
    return self._datasets

  def get_optimizer(self, lr) -> tf.train.Optimizer:
    return tf.train.AdamOptimizer(lr)    # 返回一个优化器

  def get_name(self) -> str:
    # 应用的名字,子类应该重定义这个方法以便提供一个有意义的名字
    raise Exception('get_name() is not defined')

  def get_sub_tensors(self, gpu_tensors) -> Tensors:
    # 子类应该重定义这个方法以返回一个 Tensors 对象,以便与一个 GPU 对应
    # Tensors 对象中必须含有 x、loss 和 y_predict 属性,分别表示输入张量集合、
    # 损失张量集合和预测张量集合
    raise Exception('get_sub_tensors() is not defined')

  def get_datasets(self) -> DataSets:
    # 返回数据集,子类应该重定义这个方法以返回一个数据集
    raise Exception('get_datasets() is not defined')

  def get_gpu_tensors(self):
    # 返回一个 GPUTensors 对象,它汇总了各个 GPU 上的相关张量
    return GPUTensors(self)    # 新建一个 GPUTensors

class GPUTensors:
  # 汇总各个 GPU 上所有张量集合的对象
  def __init__(self, cfg:Config):    # cfg 是 Config 类型
    self.config = cfg
    self.momentum = tf.placeholder(tf.float32, [], 'momentum') #惯性系数是所有
    GPU 共享的
    self.lr = tf.placeholder(tf.float32, [], 'lr')          #学习步长也是

    self.ts = []    # 保存所有 Tensors 对象,一个 GPU 与一个 Tensors 对象对应
    # 每个 GPU 上布置一套相同的张量
    with tf.variable_scope(cfg.get_name()):
      for i in range(cfg.gpus):
        with tf.device('/gpu:%d' % i):              # 使用分配给我的第 i 个 GPU
          self.ts.append(cfg.get_sub_tensors(self)) # 为每个 GPU 保存 Tensors
          tf.get_variable_scope().reuse_variables()  # 从下个 GPU 开始重用变量
```

```
    # 在 0 号 GPU 上处理梯度
    with tf.device('/gpu:0'):
      gls = [t.grads() for t in self.ts]   # 收集所有 GPU 计算出的梯度
      grads = [merge_grads_list([gl[i] for gl in gls]) for i in range(len(gls
      [0]))]
      opt = cfg.get_optimizer(self.lr)
      with tf.control_dependencies(tf.get_collection(tf.GraphKeys.UPDATE_OPS)):
        self.train_op = [opt.apply_gradients(grad) for grad in grads]

      # 处理损失和汇总
      losses = [t.loss if type(t.loss) in (tuple, list) else [t.loss] for t in self.ts]
      self.loss = []
      for i in range(len(losses[0])):
        self.loss.append(tf.reduce_mean([loss[i] for loss in losses]))
        tf.summary.scalar('loss% d' % i, tf.reduce_mean(self.loss[i]))
      self.summary = tf.summary.merge_all()

    if hasattr(self.ts[0], 'y_predict'):
      self.y_predict = [t.y_predict for t in self.ts] # 整理每个 GPU 的输出

def merge_grads_list(grads_list):
  # 把各 GPU 生成的梯度合并成一个梯度, grads_list 形状: [gpus, vars, 2]
  grads_list = np.array(grads_list)
  variables = grads_list[0, :, 1]        # 获取变量列表, 结果形状: [vars]
  grads_list = grads_list[:, :, 0]       # 获取每个 GPU 上生成的每个变量的梯度, [gpus,
  vars]
  grads_list = np.transpose(grads_list, [1, 0])   # 转置成形状 [vars, gpus]
  result = []
  for grads, var in zip(grads_list, variables):
    print('merge grads for var', var.name, flush = True)
    result.append((merge_grads(grads), var))
  return result

def merge_grads(grads):
  # 合并同一个变量在各 GPU 中生成的梯度
  if isinstance(grads[0], tf.IndexedSlices):  # 如果梯度是 IndexedSlices(有索
  引的值)
    values = [slice.values for slice in grads]
    values = tf.concat(values, axis = 0)          # 把所有的值合并到一起
    indices = [slice.indices for slice in grads]
    indices = tf.concat(indices, axis = 0)        # 把所有的索引合并到一起
    result = tf.IndexedSlices(values, indices) # 构成新的索引
  else:
    result = tf.reduce_mean(tuple(grads), axis = 0)   # TF 不直接接受 np.array
    数据
```

```
    return result

class Model:
  # 模型对象。用户可调用其 train()、test() 等方法对其进行训练或者测试。子类可以重定义
  # Model 中有很多方法以便监控训练过程,如 after_epoch() 等
  def __init__(self, cfg:Config):
    self.config = cfg
    graph = tf.Graph()
    with graph.as_default():
      self.gpu_tensors = cfg.get_gpu_tensors()
      config = tf.ConfigProto(allow_soft_placement = True)
      self.session = tf.Session(graph = graph, config = config)
      self.saver = tf.train.Saver()
      try:
        self.saver.restore(self.session, cfg.save_path)
        print('Success to restore model from', cfg.save_path)
      except:
        print('Fail to restore model from', cfg.save_path)
        self.session.run(tf.global_variables_initializer())

  def train(self):
    # 训练这个模型
    self.before_train()   # 训练开始之前
    cfg = self.config
    gts = self.gpu_tensors
    ds = cfg.datasets
    make_dir(cfg.save_path)
    file_writer = tf.summary.FileWriter(cfg.logdir, graph = self.session.
    graph)

    batches = ds.train.get_number() // (cfg.batch_size * cfg.gpus)
    for epoch in range(cfg.epoches):
    self.before_epoch(epoch, cfg.epoches)   # 开始一轮训练
    for batch in range(batches):
      self.before_batch(epoch, batch, batches)   # 开始一个批次训练
      feed_dict = self.get_feed_dict(ds.train)   # 获取更多的数据
      feed_dict[gts.lr] = cfg.lr                 # 设置学习步长
      feed_dict[gts.momentum] = cfg.momentum     # 设置惯性系数
      self.train_batch(gts.train_op, feed_dict, cfg)
      summary = self.get_summary(gts, feed_dict, cfg)
      file_writer.add_summary(summary, epoch * batches + batch)
      self.after_batch(epoch, batch)   # 一个批次训练结束
      self.after_epoch(epoch)   # 一轮训练结束
      self.after_train()   # 训练结束之后
```

```
def get_summary(self, gts, feed_dict, cfg):
  # 获取汇总信息,子类可以重定义这个方法以用自己的方式获取汇总信息
  return self.session.run(gts.summary, feed_dict)


def train_batch(self, train_ops, feed_dict, cfg):
  # 训练一批样本,子类可重定义这个方法以便用自己的方法训练这批样本
  # 缺省地,这个方法用 Session 运行 train_ops 中的每个训练操作
  # train_ops: 所有要训练的操作集合
  for train_op in train_ops:
    self.session.run(train_op, feed_dict)

def before_train(self):  # 定义训练开始之前要做的事,缺省地,打印提示信息
  print('training is started!', flush = True)

def after_train(self):  # 定义训练开始之后要做的事,缺省地,打印结束提示
  print('training is stopped!', flush = True)

def before_epoch(self, epoch, epoches):  # 定义一轮训练开始之前要做的事,缺省地什
么也不做
  pass

def after_epoch(self, epoch):  # 定义训练开始之后要做的事,缺省地,这个方法仅保存模型
  self.saver.save(self.session, self.config.save_path)
  print('% 3d. Model is saved into % s' % (epoch, self.config.save_path),
  flush = True)

def before_batch(self, epoch, batch, batches):
  # 定义一个批次训练开始之前要做的事,缺省地什么也不做
  pass

def after_batch(self, epoch, batch):  # 定义一个批次训练结束之后要做的事,缺省地
什么也不做
  pass

def get_feed_dict(self, dataset: DataSet):  # 获得 Session.run 方法需要的数据
字典 feed_dict
  feed_dict = {}
  gts = self.gpu_tensors
  for i, ts in enumerate(gts.ts):     # 对每个 GPU 循环
    x = gts.ts[i].x  # 单个 GPU 上所有输入张量的集合,如果 Tensors 中没有定义 x,这里
    就会报错
    if x is None:
      continue
    # 获取一批样本,由各个字段组成,一个字段对应 x 中的一个张量
    xs = dataset.next_batch(self.config.batch_size)
```

```
        if type(x) in (tuple, list):
          if len(x) ! =len(xs):   #如果字段数与张量数不对应
            raise Exception('% d samples feeds to % d tensors' %  (len(xs), len(x)))
          for xi, xsi in zip(x, xs):
            if xsi is not None:
              feed_dict[xi] = xsi          #给每个输入张量赋值
        else:
          feed_dict[x] = xs
      return feed_dict

  def __enter__(self):
      return self

  def __exit__(self, exc_type, exc_val, exc_tb):
      self.close()

  def close(self):    #定义这个方法以方便必要时手工关闭这个模型
      self.session.close()

  def test(self):
      #测试模型。缺省地,这个方法打印用测试数据计算的 loss
      cfg = self.config
      gts = self.gpu_tensors
      feed_dict = self.get_feed_dict(cfg.get_datasets().test)
      loss = self.session.run(gts.loss, feed_dict)
      print("loss of test:", loss)

  def make_dir(path: str): #为路径 path 创建所有相关目录。如果目录已存在则什么也不做
    pos = path.rfind(os.sep)
    if pos > =0:
      os.makedirs(path[0: pos], exist_ok = True)

  def show_params(graph):    #显示所有的张量信息,如名称、形状、大小等
    total = 0
    for var in graph.get_collection(tf.GraphKeys.TRAINABLE_VARIABLES):
      ps = reduce(lambda s, e: s * e.value, var.shape, 1)
      total + = ps
      print(var.name, ':', var.shape, ps)
    print('-' * 50)
    print('Total:', total)

  def get_gpus():    #获取用户可以使用的 GPU 总数量
    value = os.getenv('CUDA_VISIBLE_DEVICES', '0')
    return len(value.split(','))
```

这个超级框架能够完成普通训练的大部分任务，只有特定于具体应用的部分才需要读者自己定义。下面我们看看如何通过定义 Config、DataSet 和 Tensors 子类的办法，结合 ResNet 实现表情识别这个应用。

4.8.3　模型

由于我们前面做了大量工作，所以表情识别的模型变得十分简单。就是在 ResNet 之后紧跟一个全连接即可得到 logits，然后经过 softmax 即可得到概率。损失函数就是概率和标签的交叉熵，即：

$$\text{logits} = \text{fc}\ (\text{resnet}\ (x),\ \text{expressions})$$
$$y_{\text{predict}} = \text{softmax}\ (\text{logits})$$
$$\text{loss} = -\sum_i y_i \log(y_{\text{predict}})$$

其中，expressions 是表情的数量，fc 是全连接。根据这些定义，我们给出用随机数作为样本的人脸表情识别的实现：

代码 4 - 28　人脸表情识别实现

```python
# p04_28_expressions.py
import tensorflow as tf
import numpy as np

import p04_27_super_framework as sf
from p04_24_resnet import resnet

class MyConfig(sf.Config):
  def __init__(self):
    super(MyConfig, self).__init__()   # 调用父构造函数
    self.expressions = 4               # 表情的种类
    self.batch_size = 10

  def get_name(self) - > str:
    return 'p04_28_expressions'   # 表情识别应用

  def get_sub_tensors(self, gpu_tensors):
    return MyTensors(gpu_tensors)

  def get_datasets(self):
    ds = MyDataSet(500, self.expressions, True)
    return sf.DataSets(ds, ds, ds)

class MyDataSet(sf.ArrayDataSet):
  def __init__(self, num, expressions, training):
    faces = np.random.uniform(size = [num, 224, 224, 3])
```

```
        labels = np.random.randint(0, expressions, [num])
        super(MyDataSet, self).__init__(faces, labels)
        self.training = training

    def next_batch(self, batch_size):
        result = super(MyDataSet, self).next_batch(batch_size)  # 调用父类中的方法
        result.append(self.training)   # 在 faces 和 labels 之后加上 training
        return result

class MyTensors(sf.Tensors):    # 作为子类, MyTensors 中需要定义 x, y_predict,
loss 等张量
    def __init__(self, gpu_tensors: sf.GPUTensors):
        super(MyTensors, self).__init__(gpu_tensors)
        face = tf.placeholder(tf.float32, [None, 224, 224, 3], 'face')
        label = tf.placeholder(tf.int32, [None], 'label')
        training = tf.placeholder(tf.bool, [], 'training')    # 是否训练模式
        self.x = [face, label, training]  # 所有输入张量

        logits = resnet(face, 'resnet18', training)
        logits = tf.layers.dense(logits, gpu_tensors.config.expressions, name = '
        logits')
        self.y_predict = tf.argmax(logits, axis = 1)
        label = tf.one_hot(label, gpu_tensors.config.expressions)
        self.loss = tf.nn.softmax_cross_entropy_with_logits_v2(labels = label,
        logits = logits)

if __name__ == '__main__':
    cfg = MyConfig()
    with sf.Model(cfg) as model:
        sf.show_params(model.session.graph)
        model.train()
        model.test()
```

　　由于这是一个用随机数作为样本的例子，所以 loss 几乎不会降低。请读者自行改写 MyDataSet，以与真实的样本挂钩。

　　请注意，一般地，如果有可能，最好把所有样本都装载进内存；否则，当用 watch 观察 GPU 使用情况时，会发现 GPU 大部分时间的利用率为 0。这是因为硬盘 IO 非常耗时。可以使用 tf. data. DataSet，也可以使用 Python 多线程技术利用缓冲（Buffer）提高 IO 效率。

4.9　人脸识别和人脸对比

人工智能与人脸有关的应用主要有人脸识别和人脸对比两种。前者用来判断一张人脸是已知的 N 个人中的哪一个，这种模型又称为 **1:N 模型**；后者用来判断两张人脸是不是同一个人，这种模型称为 **1:1 模型**。本节我们研究 1:N 模型，然后在此基础上再研究 1:1 模型。

4.9.1　人脸识别

人脸识别是一种 1:N 模型，要求事先准备好 N 个人的人脸样本。预测时只能给出输入样本是这 N 个人中的哪一个。所以，人脸识别是一个 N 分类问题，它的模型、损失函数等与前述表情识别的应用没有本质差别。我们以任意一个合适的 ResNet 为蓝本就能搭建出这个模型及其相应的应用，如图 4-24 所示，这里不再赘述。

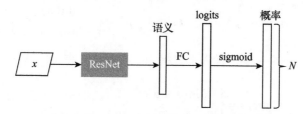

图 4-24　人脸识别模型（N 分类问题）

4.9.2　简单人脸对比

图 4-25 所示为一个简单人脸对比模型。它的核心仍然是 ResNet，输入的两个样本 x_1 和 x_2 经过 ResNet 之后变成两个语义向量 v_1 和 v_2。我们把这两个向量合并（tf. concat( )）成一个向量 v，然后全连接到一个神经元，经过函数 sigmoid( ) 后变成概率。最后用它和标签计算两分类的交叉熵，即：

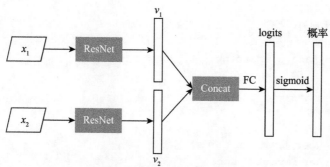

图 4-25　简单人脸对比模型

$$v_1 = \text{resnet}(x_1)$$
$$v_2 = \text{resnet}(x_2)$$
$$\text{logit} = \text{fc}(v_1 \parallel v_2,\ 1)$$
$$p = \text{sigmoid}(\text{logit})$$

N 分类问题的交叉熵是根据样本在每一个分类上的概率来计算的。当 $N > 2$ 时，为了计算一个样本的交叉熵，就需要 N 个概率和对应的 N 个标签。这 N 个标签构成了一个独热（one - hot）向量，也就是说，除了一个元素是 1 以外，其他都是 0。计算一个样本的交叉熵公式是：

$$\text{Entropy} = -\sum_{i=1}^{N} l_i \ln(p_i)$$

其中，$l_i = \begin{cases} 1, & \text{样本属于第 } i \text{ 个分类} \\ 0, & \text{样本不是第 } i \text{ 个分类} \end{cases}$，$p_i$ 表示预测的样本属于第 i 个分类的概率。而当 $N = 2$ 时，可以只用一个概率来计算交叉熵：

$$\text{Entropy} = -l_1 \ln(p_i) - (1 - l_1)\ln(1 - p_i)$$

或者简写为：

$$\text{Entropy} = -l\ln(p) - (1 - l)\ln(1 - p) = \begin{cases} -\ln(p), & l = 1 \\ -\ln(1 - p), & l = 0 \end{cases}$$

把 $p = \text{sigmoid}(\text{logit}) = \dfrac{1}{1 + e^{-\text{logit}}}$ 代入上式得用一个神经元表示的两分类交叉熵公式：

$$\text{Entropy} = \begin{cases} \ln(1 + e^{-\text{logit}}), & l = 1 \\ \text{logit} + \ln(1 + e^{-\text{logit}}), & l = 0 \end{cases} \qquad (4-12)$$

4.9.3　简单人脸对比的实现

实现简单人脸对比最关键的地方是：处理输入样本 x_1 的 ResNet 必须和处理 x_2 的是"同一个" ResNet。当更新其中之一时，另一个也必须同时更新。所谓更新，就是对模型中可训练参数的优化，两个 ResNet 必须共享其中的所有可训练参数。

我们已经学习过了 tf. variable_scope（）和 reuse_variables（）函数，灵活应用这些函数就能达到参数共享的目的。

代码 4 - 29　简单人脸对比

```
# p04_29_simple_face_compare.py
# 简单人脸对比
import tensorflow as tf
import numpy as np

import p04_27_super_framework as sf
from p04_24_resnet import resnet
```

```python
class MyConfig(sf.Config):
  def __init__(self):
    super(MyConfig, self).__init__()   # 调用父构造函数
    self.batch_size = 10
    self.epoches = 10

  def get_name(self) -> str:
    return 'p04_29_simple_face_compare'   # 简单人脸对比

  def get_sub_tensors(self, gpu_tensors):
    return MyTensors(gpu_tensors)

  def get_datasets(self):
    ds = MyDataSet(500, True)
    return sf.DataSets(ds, ds, ds)

class MyDataSet(sf.ArrayDataSet):
  def __init__(self, num, training):
    faces1 = np.random.uniform(size = [num, 224, 224, 3])
    faces2 = np.random.uniform(size = [num, 224, 224, 3])
    labels = np.random.randint(0, 2, [num])
    super(MyDataSet, self).__init__(faces1, faces2, labels)
    self.training = training

  def next_batch(self, batch_size):
    result = super(MyDataSet, self).next_batch(batch_size)   # 调用父类中的方法
    result.append(self.training)   # 加上 training
    return result

class MyTensors(sf.Tensors):   # 作为子类, MyTensors 中需要定义 x, y_predict,
loss 等张量
  def __init__(self, gpu_tensors: sf.GPUTensors):
    super(MyTensors, self).__init__(gpu_tensors)
    face1 = tf.placeholder(tf.float32, [None, 224, 224, 3], 'face1')
    face2 = tf.placeholder(tf.float32, [None, 224, 224, 3], 'face2')
    label = tf.placeholder(tf.float32, [None], 'label')  # 两张人脸是否是同一人。
1:是, 0:不是
    training = tf.placeholder(tf.bool, [], 'training')   # 是否训练模式
    self.x = [face1, face2, label, training]  # 所有输入张量

    with tf.variable_scope('compare'):
      logit1 = resnet(face1, 'resnet18', training, name = 'my_resnet')
      tf.get_variable_scope().reuse_variables()   # 重用该范围内所有变量
      logit2 = resnet(face1, 'resnet18', training, name = 'my_resnet')
```

```
logit = tf.concat((logit1, logit2), axis = 1)    # 合并同一个样本的两个 logit
logit = tf.layers.dense(logit, 1, name = 'logit') # 全连接到一个神经元
logit = tf.reshape(logit, [ -1])
self.y_predict = tf.sigmoid(logit)               # 是同一个人的概率
# 使用一个神经元表示的两分类交叉熵损失函数
self.loss = tf.nn.sigmoid_cross_entropy_with_logits(labels = label,
logits = logit)

if __name__ = ='__main__':
 cfg = MyConfig()
 with sf.Model(cfg) as model:
  sf.show_params(model.session.graph)
  model.train()
  model.test()
```

其中损失函数 tf. nn. sigmoid_cross_entropy_with_logits( ) 就是对式 (4-12) 的实现。使用这个函数前不要对输入张量执行 sigmoid。

之所以称这个模型为简单人脸对比模型，是因为这个模型只有理论上的意义，没有工程实践上的意义。因为训练一个实用的人脸对比模型所需的样本少说也要有 100 万张人脸，太少样本训练出来的模型精度不佳，而这么多样本至少可以组成 5000 亿个组合。现有一般 AI 服务器的算力几乎没有可能在可以接受的时间范围内把这么多的样本组合给轮训一遍，所以我们必须另想一个办法。

4.9.4 法向量和夹角余弦

如图 4-24 所示，让我们分析一下人脸识别（N 分类）模型中的最后那个全连接：

$$\text{Logits} = VX + Y \tag{4-13}$$

其中 V 是 Resnet 的输出，即人脸的语义，X 和 Y 都是可训练变量。Logits 是一个 N 维向量（称为**逻辑向量**，是用以计算概率向量的向量），其中的每一个元素 Logit_i 代表了语义在第 i 个人身上的投影，这个值最终通过下式被转化为样本是第 i 个人的概率 P_i：

$$P = \text{softmax}(\text{Logits})$$

我们前面学习三层神经网络的时候已经知道：输出层之前的全连接可以不使用偏置。我们把这个结论用在式 (4-13) 上就有：

$$\text{Logits}_{1 \times n} = V_{1 \times m} X_{m \times n}$$

其中的下标是对应张量的形状，m 是人脸语义的长度。这个公式告诉我们，Logit_i 等于 X 的第 i 列（一个 m 维向量）与 V 的点积：

$$\text{Logits}_i = VX_i$$

而点积的数学含义就是：两个向量的长度之积与两个向量夹角 a 的余弦的乘积：

$$\text{Logits}_i = |V| |X_i| \cdot \cos(a) \tag{4-14}$$

如果令 $|X_i| = 1$，$|V| = 1$，即两个向量都变成单位向量。则：

$$\text{Logits}_i = \cos(a) \qquad\qquad (4-15)$$

当 $\cos(a) = 1$ 时，$a = 0$，表示这两个向量完全重合；$\cos(a) = 1$ 时，$a = \pi$，表示两个向量方向相反。这提示了我们：可以用两个向量的夹角作为两个向量的相似度，而不必关心它们的长度。夹角越小，就认为两个向量所对应的人脸越有可能是同一个人；反之，则认为越发不是同一个人。

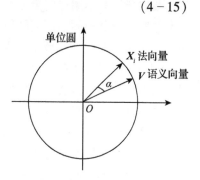

图 4-26　法向量 X_i 和
语义向量 V

我们可以把 X_i 看作是第 i 个人的**法向量**，同一个人的语义向量总是聚集在他/她的法向量周围，如图 4-26 所示。

这样一个思路带来的好处是大大减轻了模型的负担。因为模型只用考虑两件事：第一，如何让不同人的法向量尽量分开；第二，如何让同一个人的语义向量尽量集中在他/她的法向量周围。也就是说，向量之间的夹角是模型唯一要关注的重点。

而之前采用的是点积的方法，点积的含义见式（4-14），即点积是两个向量的长度之积与两个向量夹角余弦的乘积。这就使得同一个人的不同语义向量的长度和相互之间的夹角可以差别很大。而夹角余弦法则标准单一，不但有利于模型的训练，还有利于对模型以及法向量本质的解释。

由此，我们确定了使用语义向量与法向量的夹角余弦来表示逻辑值。注意，这只是逻辑值，还需要经过 softmax 操作后得到概率。但是这里又产生了一个问题：这些根据余弦计算出的概率相互之间差别不大。假设 Logits 由一个 1 和 $N-1$ 个 -1 组成，则有：

$$\frac{\text{softmax}(1)}{\text{softmax}(-1)} = \frac{e}{e^{-1}} = e^2 < 9$$

也就是说，最大概率与最小概率之比小于 9。而标签是一个独热向量（one-hot），最大值与最小值之比为无穷大。所以，如果读者只是想知道输入样本是谁，那么使用夹角余弦就够了；但是如果读者还想精确地知道相似度是多少，就应该在调用 softmax 之前，把 Logits 的值再乘以一个扩张因子 scale（例如 30）：

$$\text{Logits} = \text{Logits} \times \text{scale}$$

这样，算出的最大概率与最小概率之比可达 $e^{2\text{scale}}$，可以达到对标签的高精度拟合。

4.9.5　基于夹角余弦的人脸对比

上节的讨论是针对 1:N 模型的。上一节我们学习了一种重要概念：人脸语义向量（见图 4-26）。既然在一个高度优化了的人脸识别模型中，一张人脸图片的语义向量与对应的那个人的法向量之间的夹角很小，而且不同人的法向量相互之间的夹角尽可能达到了最大，那么同一个人的不同语义向量之间的夹角应该很小。也就是说，如果 X、Y 两个向量与 V 之间的夹角都很小，那么 X 与 Y 之间的夹角必然也很小。

这个推论提示了我们：可以把两个样本分别输入上述 1:N 模型，计算出对应的两个语义向量，然后通过计算两个向量的夹角就可以判断两张照片是不是同一个人。在这个思想指导下，我们甚至都不用专门为 1:1 应用设计一个模型，直接使用 1:N 模型即可。当然，前提是样本总数以及其中的不同人的数量都要尽可能大。因为样本要尽可能覆盖所有可能的人脸特征，这样在预测时，模型才能避免遇到一个不熟悉的人脸特征。

例如，如果样本都是男人，那么训练出的模型只能用来判断两个男人是不是同一个人。因为模型在训练阶段所保存的所有法向量必然遍布整个语义空间，并且相互之间尽可能离得远，语义空间中已经没有女人的语义向量的位置。所以如果在预测时贸然输入一个女人的照片，模型很可能胡乱布置这位女士的语义向量，从而得出错误的结果。

计算出两个样本对应的语义向量的夹角余弦之后，再与一个阀值进行比较，大于阀值的就认为两个样本是同一人，否则就不是。计算交叉熵时还要考虑上节提到的扩张因子。

基于以上考虑，我们只需复制代码 4 - 28，然后在 Tensors 中稍作修改即可：

代码 4 - 30　基于夹角余弦的 1:N 人脸识别模型

```python
# p04_30_face_compare.py
import tensorflow as tf
import numpy as np

import p04_27_super_framework as sf
from p04_24_resnet import resnet

class MyConfig(sf.Config):
  def __init__(self):
  super(MyConfig, self).__init__()   # 调用父构造函数
    self.persons = 400      # 1:N 模型的 N，实际项目中的 N 很大，例如 90000
    self.batch_size = 10
    self.scale = 30          # 夹角余弦的扩张因子

  def get_name(self) - > str:
    return 'p04_30_face_compare'   # 表情识别应用

  def get_sub_tensors(self, gpu_tensors):
    return MyTensors(gpu_tensors)

  def get_datasets(self):
    ds = MyDataSet(500, self.persons, True)
    return sf.DataSets(ds, ds, ds)

class MyDataSet(sf.ArrayDataSet):
  def __init__(self, num, persons, training):
    faces = np.random.uniform(size = [num, 224, 224, 3])
    labels = np.random.randint(0, persons, [num])
    super(MyDataSet, self).__init__(faces, labels)
    self.training = training
```

```
    def next_batch(self, batch_size):
        result = super(MyDataSet, self).next_batch(batch_size)   # 调用父类中的方法
        result.append(self.training)    # 在 faces 和 labels 之后加上 training
        return result       # 样本中各部分的次序要与下面定义的输入张量集合 x 中的次序相同


class MyTensors(sf.Tensors):   # 作为子类, MyTensors 中需要定义 x, y_predict,
loss 等张量
    def __init__(self, gpu_tensors: sf.GPUTensors):
        super(MyTensors, self).__init__(gpu_tensors)
        face = tf.placeholder(tf.float32, [None, 224, 224, 3], 'face')
        label = tf.placeholder(tf.int32, [None], 'label')
        training = tf.placeholder(tf.bool, [], 'training')   # 是否训练模式
        self.x = [face, label, training] # 所有输入张量

        semantics = resnet(face, 'resnet18', training)      # 语义向量
        # 对语义向量进行 L2 正则化, 以便把它转成单位向量, 注意 axis 的使用
        semantics = tf.nn.l2_normalize(semantics, axis = 1)   #

        shape = [semantics.shape[1].value, gpu_tensors.config.persons]
        standard = tf.get_variable('standard', shape)   # 定义法向量
        # 对法向量进行 L2 正则化, 以便把它转成单位向量, 注意 axis 的使用
        standard = tf.nn.l2_normalize(standard, axis = 0)
        logits = tf.matmul(semantics, standard)   # 计算夹角余弦
        self.y_predict = tf.argmax(logits, axis = 1)
        label = tf.one_hot(label, gpu_tensors.config.persons)
        logits *= gpu_tensors.config.scale
        self.loss = tf.nn.softmax_cross_entropy_with_logits_v2(labels = label,
        logits = logits)


if __name__ == '__main__':
    cfg = MyConfig()
    with sf.Model(cfg) as model:
        sf.show_params(model.session.graph)
        model.train()
        model.test()
```

以上代码中不包含对人脸对比的测试。读者可以用 semantics 张量来计算样本的语义。得到两个不同样本的语义之后, 再计算它们的点积。这个值就是夹角余弦 a, 其应该位于区间 [-1, 1]。再设置一个阈值, 当 a 大于等于这个阈值时就判定两个样本是同一个人, 否则就不是。注意这个阈值不是相似度, 不能用样本的所谓 "相似度" 来确定。例如, 阈值 0.5 并不代表相似度达 50%, 而是指与法向量的夹角达到 60° 以下。阈值取决于样本中的不同人的数量。人数少, 法向量之间的距离大, 阈值就可以取大一点; 否则, 就应该取小一

点。读者可以在训练时利用动量计算语义向量与法向量之间的最大夹角余弦，用以作为确定阀值的参考。

这些练习并不难，留待读者完成。本书不再赘述。

4.10 语义分割和实例分割

与 ResNet 等网络作用相同的网络模块还有 Inception、DesNet 等。本节介绍一种结构和作用与上述网络完全不同的网络结构——U 型网络。

4.10.1 什么是语义分割和实例分割

语义分割（Semantic Segmentation）和实例分割（Instance Segmentation）是指把图像中感兴趣的物体的轮廓标注出来。例如，把人物和背景区分开来，或者从照片上抠取人脸以便以后进行人脸识别。语义分割和实例分割的区别在于前者把相互有接触的同类物体视为一个整体，目的是找出这个整体的边界；后者则是试图找出每个物体的边界，哪怕它和同类的其他物体有接触，如图 4-27 所示。

a) 原图   b) 语义分割   c) 实例分割

图 4-27 语义分割和实例分割

4.10.2 多分类问题

实现一个应用的第一件事就是确定模型的输入和输出。语义分割和实例分割模型的输入都是固定大小的样本照片或者图像。输出则是与输入大小相同的矩阵，其中的每个元素只能取 3 个值中的一个：0 表示背景，1 表示边界，2 表示前景。这实际上是一个多元互斥多分类问题。

多分类问题就是网络的结果是有限离散值的问题。这类问题根据是否多元以及是否互斥分为 4 种：

1）**一元互斥多分类**。本节之前所提到的多分类都属于这一种。"一元"是指模型输出的结果只有一个值，"互斥"是指这个值是有限离散值集合中的一个值。例如判断性别是男还是女，输出的就是男或者女的判断，不能输出即是男又是女或者两者都不是的答案。

2）**多元互斥多分类**。输出的结果是一个集合，其中的每个元素都是一个有限离散值集合中的一个值。

3）**一元不互斥多分类**。输出的结果是一个有限离散值集合的子集。

4）**多元不互斥多分类**。输出的结果是一个向量或者多维矩阵，其中的每个元素都是一个有限离散值集合的子集。

对第一种问题，其损失函数就是交叉熵。一元互斥多分类问题交叉熵损失函数公式为：

$$\text{Entrop}(y, y') = - \sum_{j=1}^{d} y_j \ln(y_j') \qquad (4-16)$$

其中标签 $y = \{y_j \mid j = 1, 2, \cdots, d\}$ 表示每个离散值的概率，d 是离散值总数。通常，y 是一个独热向量。$y' = \{y_j' \mid j = 1, 2, \cdots, d\}$ 表示预测每个离散值的概率。如果有多个样本同时进行计算，则它们的交叉熵就是每个样本交叉熵的平均值，见式（3-7）。

第二种（多元互斥多分类）问题等价于多个一元互斥多分类子问题的集合，其损失函数就是每个子问题所对应的交叉熵的和。多元互斥多分类问题交叉熵损失函数公式为：

$$\text{Loss}(y, y') = \sum_{j=1}^{n} \text{Entrop}(y_i, y_i') \qquad (4-17)$$

其中 y_i，y_i' 分别是第 i（$i = 1, 2, 3, \cdots, n$）个子问题的期望输出和实际输出。

对于第三种（一元不互斥多分类）问题，每一个值就是一个集合 A，是定义域集合的子集。假设定义域集合是 $\{0, 1, 2, 3, 4\}$，则 A 的一个可能值是 $\{4, 1, 3\}$。我们可以把 A 转化为一个等价的 5 维向量，向量的值是 0 或者 1，分别表示对应离散值不在或者在 A 中。例如上例中，A 等价于向量 $[0, 1, 0, 1, 1]$。这样，一元不互斥多分类问题就等价于 d 元互斥两分类问题。两分类问题的交叉熵的化简公式见式（4-12）。

第四种（多元不互斥多分类）问题等价于多个一元不互斥多分类问题，其损失函数就是每个子问题所对应的交叉熵的和。

语义分割和实例分割属于第二种——多元互斥三分类问题，输出的矩阵与输入图片的长度和高度都相同，其中的每个元素是 3 个离散值 0、1、2 中的一个，分别表示背景、轮廓线和前景。

4.10.3　U 型网络

为了实现语义分割和实例分割，我们需要使用一种 U 型网络，其结构如图 4-28 所示。这个结构很像一个编码器–解码器模型（见 4.4.4 节），然后在编码器和解码器的对应操作间建立了捷径（Shortcut）。捷径的作用类似于 ResNet 中的捷径，在 BP 算法中可以很好地传导梯度，有利于我们创建更深层次的模型（这也是深度学习名字的由来）。

下面我们以代码 4-11 中的 encode() 和 decode() 为蓝本，构造一个通用的 U 型网络：

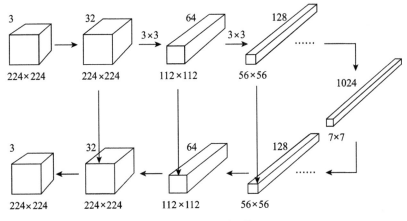

图 4-28　U 型网络

代码 4-31　**U 型网络**

```python
# p04_31_unet.py
import p04_24_resnet as resnet
import tensorflow as tf

def unet(x, name='my_unet'):
  with tf.variable_scope(name):  # 定义一个范围以避免变量重名
    layers = encode(x)
    return decode(list(reversed(layers)))


def encode(x):
  # x: [-1, -1, -1, 3], 三通道的任意一个图片, 要求其高度、宽度必须能被 32 整除

  x = tf.layers.conv2d(x, filters=32, kernel_size=3, padding='same',
        activation=tf.nn.relu, name='conv1')  # [224, 224, 32]
  layers = []       # 保存中间结果
  layers.append(x)
  filters = 32
  for i in range(5):
    filters *= 2
    x = tf.layers.conv2d(x, filters, kernel_size=3, strides=(2, 2), padding
      ='same', activation=tf.nn.relu, name='conv2_%d' % i)  # 注意 name
    layers.append(x)
  return layers


def decode(layers):
  y = layers[0]
  filters = y.shape[3].value
```

```
    for i in range(5):
      filters //=2
      y = tf.layers.conv2d_transpose(y, filters = filters, kernel_size = 3,
      strides =(2,2),
          padding ='same', activation =tf.nn.relu, name ='deconv1_% d' % i)
      y + = layers[i +1]
    y =tf.layers.conv2d(y, filters =3, kernel_size =3, padding ='same', name
    ='deconv2')
    return y


  if __name__ = ='__main__':
    x = tf.random_normal([30, 224, 224, 3])
    y = unet(x)
    print(y.shape)  #[30, 224, 224, 3]
```

4.10.4　语义分割和实例分割的实现

有了这个通用的 U 型网络，我们就可以实现语义分割和实例分割：

代码 4 - 32　语义分割和实例分割的实现

```
# p04_32_segment.py
import tensorflow as tf
import numpy as np

import p04_27_super_framework as sf
from p04_31_unet import unet

class MyConfig(sf.Config):
  def __init__(self):
    super(MyConfig, self).__init__()
    self.persons =400
    self.batch_size =10

  def get_name(self) - >str:
    return 'p04_32 /segment'  #语义分割和实例分割

  def get_sub_tensors(self, gpu_tensors):
    return MyTensors(gpu_tensors)

  def get_datasets(self):
    ds = MyDataSet(500)
    return sf.DataSets(ds, ds, ds)
```

```python
class MyDataSet(sf.ArrayDataSet):
  def __init__(self, num):
    faces = np.random.uniform(size = [num, 224, 224, 3])
    labels = np.random.randint(0, 3, [num, 224, 224])
    super(MyDataSet, self).__init__(faces, labels)

class MyTensors(sf.Tensors):    # 作为子类, MyTensors 中需要定义 x, y_predict,
loss 等张量
  def __init__(self, gpu_tensors: sf.GPUTensors):
    super(MyTensors, self).__init__(gpu_tensors)
    img = tf.placeholder(tf.float32, [None, 224, 224, 3], 'img')
    label = tf.placeholder(tf.int32, [None, 224, 224], 'label')
    self.x = [img, label] # 所有输入张量

    y = unet(img)    # y:[ -1, 224, 224, 3]
    y = tf.nn.relu(y)
    logits = tf.layers.conv2d_transpose(y, 3, 3, padding = 'same', name = 'deconv')

    self.y_predict = tf.argmax(y, axis = 3)    #[ -1, 224, 224]
    label = tf.one_hot(label, 3)
    self.loss = tf.nn.softmax_cross_entropy_with_logits_v2(labels = label,
    logits = logits)

if __name__ == '__main__':
  cfg = MyConfig()
  with sf.Model(cfg) as model:
    sf.show_params(model.session.graph)
    model.train()
    model.test()
```

整个模型从头到尾都只使用了卷积和反卷积操作，并没有使用全连接。这是一种全卷积网络（Full Convolutional Neural Network，FCNN）。最后一次反卷积操作产生 3 个通道，即 3 个特征，分别对应 3 个分类的 Logit 值。经过 softmax 操作后就可以得到概率，然后就可以被用来计算交叉熵。

4.10.5　点到点的语义分割和实例分割

前面章节中谈到的语义分割和实例分割的目的是获取图形的轮廓，为后续处理打好基础。由于这种定位，语义分割和实例分割的区别仅仅在于样本中对轮廓线的定义。语义分割的轮廓线沿着有接触的所有同类物体的边缘前进，同类物体相互之间并不分割；而实例分割不仅分割不同类的物体（如人物和汽车），还分割同类的不同物体（如人物张三和李四是分割开的，即使他们有接触）。所以，上面的代码和模型本身并不区分实例分割和语义分割，样本是怎么标记的，它就试图怎么分割。

　　但是，有一种做法是把分割和后续处理合并在一个模型中处理，这样的模型称为**点到点**的模型。此时语义分割和实例分割仍然是多元互斥多分类，但是要注意，类别数从 3 变成 $N+2$。其中两个类别仍然表示背景和边界不变，N 表示所有可能的物体的种类。例如 $N=20$ 时，表示图片中最多有 20 种物体。这样，只需把代码 4-32 中的类别数量从 3 改为 $N+2$ 就能实现点对点的语义分割。对样本打标签时，按照物体的类别给每条轮廓线内的每个像素标记类别编号即可。

4.11　其他 CNN 模型

　　除了 ResNet 和 U 型网络之外，其他 CNN 模型还有很多。这里简单介绍 Inception 和 DesNet。

　　Inception 模型是 Google 提出的，已经从 V1 发展到 V2、V3、V4 以及 Inception-Resnet。Inception 的最大特点就是在一次特征抽取过程中同时提供不同大小的卷积核，以便对大小不同的物体的特征进行抽取。

　　图 4-29 给出了 Inception-ResNet 的基本构件结构。在一个应用中将这个基本构件重复 4~5 次即可，就像代码 4-24 对 ResNet 重复了 4 次一样。

　　图 4-29 中使用了 $1×1$ 卷积，它的作用是对输入图片中每一个像素点的不同特征进行一次线性变换，从而更好地满足后续处理的需要。两个连续的 $3×3$ 卷积的视野范围是 $5×5$，如图 4-30 所示。所以，在一次特征抽取过程中，Inception-ResNet 可以把 3 个不同视野（分别是 $1×1$、$3×3$、$5×5$）下的特征同时抽取出来，从而使得整个模型对图片中物体的大小不那么敏感。

　　DesNet（密度网络），顾名思义，就是连接稠密的网络。图 4-31 所示为密度网络的基本构件的结构。其思想就是在任意两个操作或者子模块间建立捷径，从而达到以最快速度传递梯度的目的。

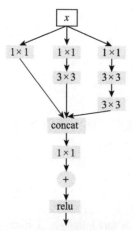

图 4-29　Inception-ResNet
基本构件结构

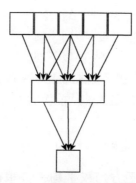

图 4-30　两个连续 $3×3$ 卷积的
视野是 $5×5$

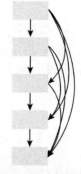

图 4-31　DesNet 基本
构件的结构

上述两种结构的实现可以参考 ResNet。这里不再赘述。

4.12 优化器

到目前为止,我们接触了两种优化器:tf. train 包下的 GradientDescentOptimizer 和 AdamOptimizer。事实上这样的优化器还有很多,读者甚至可以通过继承 Optimizer 创建一个自己的优化器。下面我们一一说明 tf. train 包下常用的几种优化器。

4.12.1　GradientDescentOptimizer

GradientDescentOptimizer 是最基本的优化器,所有其他优化器都是在其基础上发展出来的。其梯度计算公式就是式(2-2)。这种优化器最大的问题是当损失函数针对当前变量的偏导数等于 0 时,优化工作立即停止;但实际情况可能当前变量并没有到达最优点。例如,图4-32所示的曲线在 x_1 处的导数等于0,所以 x 的优化到此为止;但实际情况是这一点的 y 值并不是最小值。

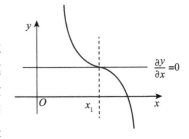

图 4-32　非最优点偏导数等于0

4.12.2　MomentumOptimizer

只要理解动量(见4.4.5节),就很容易理解动量优化器 MomentumOptimizer。它的做法就是用动量来保存当前变量的梯度,然后用当前动量的值来优化变量。下面是动量优化器计算公式:

$$\nabla_x = -lr\frac{\partial y}{\partial x}$$
$$\Delta_x^0 = 0 \qquad\qquad (4-18)$$
$$\Delta_x^{(t)} = a\,\Delta_x^{(t-1)} + (1-a)\nabla_x$$

式中　$lr > 0$ 是学习率,∇_x 是当前梯度,以下同;

　　　$0 \leqslant a \leqslant 1$ 是惯性系数,$t = 1,2\cdots\cdots$以下同。

动量优化器在一定程度上克服了 GradientDescentOptimizer 的缺点。即使当前变量 x 的梯度等于0,由于惯性的作用,x 还是能够从前面的更新中获取新的更新。

4.12.3　RMSPropOptimizer

Geoffrey E. Hinton 提出的平方加权平均平方根优化器 RMSPropOptimizer(Root Mean Square Prop Optimizer)的计算公式如下:

$$\nabla_x = -lr\frac{\partial y}{\partial x} \qquad (4-19)$$

$$m_x^{(t)} = a\,m_x^{(t)} + (1-a)\ \nabla_x^2 \qquad (4-20)$$

$$\Delta_x^{(t)} = \frac{\nabla_x}{\sqrt{m_x^{(t)}}+\varepsilon} \qquad (4-21)$$

式（4-20）说明，我们用一个动量计算和保存了梯度平方的平均数，式（4-21）则用该平均数的平方根除梯度的结果作为当前变量的更新。这个方法的目的是对近期的更新进行归一（即近期更新的平方和等于1）。这有助于稳定变量的更新，避免大起大落。

相对于 GradientDescentOptimizer，式（4-21）相当于给梯度配备了一个可变的学习步长。

4.12.4　AdamOptimizer

AdamOptimizer 结合了上述两种优化器的特点。换句话说，在式（4-21）中，把分子换成梯度的动量即可。所以有 AdamOptimizer 计算公式：

$$\nabla_x^{(t)} = a\,\nabla_x^{(t-1)} - (1-a)lr\frac{\partial y}{\partial x}$$
$$m_x^{(t)} = a\,m_x^{(t)} + (1-a)\nabla_x^2 \qquad (4-22)$$
$$\Delta_x^{(t)} = \frac{\nabla_x^{(t)}}{\sqrt{m_x^{(t)}}+\varepsilon}$$

4.12.5　AdagradOptimizer

AdagradOptimizer 有点类似于 RMSPropOptimizer，都是拿梯度的平方做文章。不过它不是用梯度平方的动量的平方根除梯度（见式（4-21）），而是用所有梯度平方的平方根除梯度。

AdagradOptimizer 计算公式如下：

$$\nabla_x = -lr\frac{\partial y}{\partial x}$$
$$\Delta_x^{(t)} = \frac{\nabla_x}{\sqrt{\sum_{n=1}^{(t)}\nabla_x^{(n)}}+\varepsilon} \qquad (4-23)$$

AdagradOptimizer 的特点是更新会越来越小。

4.12.6　AdadeltaOptimizer

AdagradOptimizer 的更新会越来越小，为了克服这个缺点，AdadeltaOptimizer 的做法是：用动量保存更新的平方，然后把该动量的平方根与式（4-23）的分子相乘，分母则用梯度平方的动量的平方根代替。

AdadeltaOptimizer 计算公式如下：

$$\nabla_x = -lr\frac{\partial y}{\partial x}$$

$$m_x^{(t)} = a\,m_x^{(t)} + (1-a)\,\nabla_x^2$$

$$\Delta_x^{(t)} = \frac{\sqrt{n_x^{(t-1)}}}{\sqrt{m_x^{(t)}} + \varepsilon}\nabla_x \qquad\qquad (4-24)$$

$$n_x^{(0)} = 1$$

$$n_x^{(t)} = an_x^{(t)} + (1-a)(\Delta_x^{(t)})^2$$

4.13 结束语

本章介绍了卷积、池化、反卷积、Dropout、BN、控制依赖等操作的实质、原理和 TF 的实现；介绍了动量的概念和应用；用 Tensorboard 实现了浏览计算图和对训练过程的跟踪；通过单 GPU 和多 GPU 使用实例介绍了索引梯度的概念和平均梯度的方法。

本章还介绍了卷积神经网络、编码器和解码器、VAE 模型、ResNet、U 型网络、Inception 和 DesNet 等网络结构，并在手写数字识别和生成、表情识别、人脸识别、人脸对比、语义分割、实例分割等应用中实践了这些网络的应用。本章还给出了一个超级框架，大大减轻了我们开发基于多 GPU 的复杂应用的难度；最后对各种优化器进行了说明。

第 5 章 循环神经网络

Chapter Five

5.1 什么是循环神经网络

不管是三层神经网络还是 CNN，都是基于有向无环图的。在计算图中不可能存在一个结点直接或间接地依赖于自己。我们这章介绍的**循环神经网络**（Recursive Neural Network，RNN），就打破了这个限制。RNN 的结构如图 5-1 所示。用户的输入进入 RNN 之后，经过处理会产生两个输出：一个**反馈**给用户，另一个（称为**状态**）再次进入 RNN，并产生新的反馈和状态，以此类推。

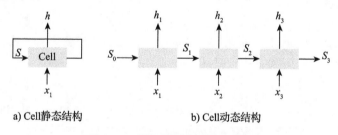

a) Cell静态结构   b) Cell动态结构

图 5-1   循环神经网络基本结构

所以，RNN 的结构可以总结为：

$$S_0 = 0$$
$$S_i, \ h_i = \mathrm{cell}(S_{i-1}, \ x_i) \quad i = 1, \ 2, \ 3, \ \cdots, \ \mathrm{num\_steps} \tag{5-1}$$

式（5-1）即循环神经网络公式。其中，S_i、h_i 分别表示第 i 个状态和反馈，初值 S_0 是个 0 向量。x_i 是用户的第 i 个输入，num_steps 是循环步数。

RNN 特别适合同一段神经网络被重复使用的场景。例如，在自然语言处理（Natural Language Process，NLP）中，我们可能希望从一个人说的话中预测他下一个字会说什么。当这个人所说的话一个字一个字地输入进 RNN 之后，就会输出反馈和状态。反馈就是对他要说的下一个字的预测，状态就是他说过的那些话的语义。当反馈不正确时，损失函数就不等于0，没有到达极小值点，因此就会产生梯度。梯度在反向传播中就会被用来更新 RNN 的每一个相关参数。

5.2 RNN 的结构

5.2.1 简单 RNN 模型

在 RNN 中，被重复使用的那段神经网络被称为**细胞**（Cell）。细胞的结构多种多样，图 5 - 2 所示为一个基于三层神经网络的最简单的细胞结构。其中的激活函数是 sigmoid，也可以是 relu 等。

下面我们实现这个简单 RNN 结构：

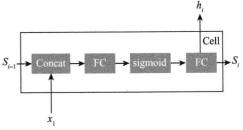

图 5 - 2 简单 RNN 的细胞结构

代码 5 - 1 简单 RNN 的实现

```python
# p05_01_simple_RNN.py
import tensorflow as tf

class MySimpleRNNCell:
    def __init__(self, num_units, hidden_units, activation = tf.sigmoid, name
    = 'my_cell'):
        self.num_units = num_units          # 循环步数
        self.hidden_units = hidden_units    # 隐藏层(中间层)神经元数量
        self.activation = activation
        self.name = name

    def zero_state(self, batch_size, dtype = tf.float32):   # 状态的初始值
        return tf.zeros([batch_size, self.num_units], dtype)

    def __call__(self, x, c):   # 对象的直调函数
        # x: 用户当前输入, [ -1, num_units]
        # c: 当前状态, [ -1, num_units]
        with tf.variable_scope(self.name):
            y = tf.concat((x, c), axis = 1)   # [ -1, 2 * num_units]
            y = tf.layers.dense(y, self.hidden_units, self.activation, name = '
            dense1')
            y = tf.layers.dense(y, 2 * self.num_units, name = 'dense2')
            c = y[:, :self.num_units]
            h = y[:, self.num_units:]
        return h, c
```

代码重定义了内部成员函数__call__( )。Python 的这个特殊用法使得读者可以把对象看成是一个函数进行调用，例如 cell( )就会导致__call__( )被调用。

简单 RNN 的结构虽然简单，但是由于三层神经网络可以拟合任意连续函数，所以，它的功能也是最强大的。但是，由于中间层神经元数目 hidden_units 与样本数目相关，而样本的数量通常是很庞大的，所以两次全连接所形成的可训练参数数量也是惊人的，这就限制了简单 RNN 的功能。

5.2.2　多层 RNN

在上述简单 RNN 中，num_units 参数是用户输入、反馈和状态向量的长度。但是我们知道，状态代表了用户所有输入的语义。通常，语义应该比用户输入长。那么怎么解决这个问题呢？办法是构建多层 RNN。图 5 - 3 所示为两层 RNN 的静态结构和动态结构。

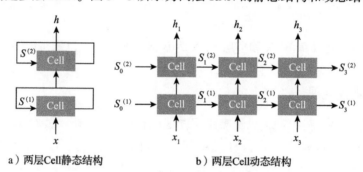

a）两层 Cell 静态结构　　　　b）两层 Cell 动态结构

图 5 - 3　两层 RNN 基本结构

多层 RNN 由多个 RNN 叠加而成。用户的输入从最下层进入，每一层的输出是上一层的输入，最高一层的输出就是整个模型的输出。n 层 RNN 的状态由每层 Cell 的状态组成，状态的总长度就是 $n \times$ num_units；而输入和反馈的长度仍然是 num_units 不变。

代码 5 - 2　多层 RNN 的实现

```python
# p05_02_my_multi_RNN.py
import tensorflow as tf

class MyMultiRNNCell:
    def __init__(self, cells, name = 'my_multi_rnn'):  # cells: 一组 cell
        self.cells = cells
        self.name = name

    def zero_state(self, batch_size, dtype = tf.float32):  # 状态的初始值
        return [cell.zero_state(batch_size, dtype) for cell in self.cells]

    def __call__(self, x, state):
        with tf.variable_scope(self.name):
            new_states = []
```

```
        i = 0
        for st, cell in zip(state, self.cells):
        with tf.variable_scope('cell_% d' % i):
            x, new_state = cell(x, st)   #调用 cell.__call__()
        i + =1
        new_states.append(new_state)
    return x, new_states
```

5.3 诗歌生成器

这一节我们以上述简单 RNN 和多层 RNN 为基础，创建一个诗歌生成器。

5.3.1 样本预处理

样本来自于《全唐诗》，我们已经整理了 7880 首四句七言诗，放在本书的随书代码文件 qts_7X4. txt 中。一首诗占一行，每行 4 句，一句 7 个字，后跟一个句点，如图 5 - 4 所示。

7872	堤草衾空垂露眼．渚蒲穿浪凑烟芽．晴楼谈罢山横黛．夜局棋酣烛坠花．
7873	芙蓉零落秋池雨．杨柳萧疏晓岸风．神思只劳书卷上．年光任过酒杯中．
7874	满庭花落迷行路．绕院泉声写半山．向暮此中回首去．洞门深处鸟关关．
7875	莺归树顶繁声转．雁去天边细影斜．雨拂青青行处草．烟含灼灼望中花．
7876	莫怪出门先骤马．暮年常怨看花迟．可怜尽日春山下．似雪如云一万枝．

图 5 - 4   诗歌生成器样本

这些汉字当然不能直接输入 RNN 模型。我们构建了一个诗歌样本预处理类 poems，把样本中的每个汉字都转成了索引（id），一首诗就变成了一个索引的列表。另外，我们还提供了索引转汉字的函数，以便将来生成诗歌时使用。

代码 5 - 3 诗歌样本预处理

```
# p05_03_poems_samples
class Samples:
    def __init__(self, data_path):  # data_path: 诗歌文件路径
        self.chars = {}   # 保存汉字
        self.ids = []     # 保存 id
        self.poems = []   # 保存诗歌
        with open(data_path) as file:  # 使用 with 来保证文件不用时正常关闭
            poems = file.read().split('\n')
            for p in poems:
```

```
            ids = self.get_ids(p)   # 把一首诗转成 id 列表
            self.poems.append(ids)
    def get_ids(self, chars):   # 把汉字转成 id,把一首诗转成 id 列表
        result = []
        for ch in chars:
            if ch not in self.chars:
                self.chars[ch] = len(self.ids)
                self.ids.append(ch)
            result.append(self.chars[ch])
        return result

    def get_chars(self, ids):   # 把 id 转成汉字,生成诗歌时用到
        result = [self.ids[id] for id in ids]
        return ''.join(result)

    def get_num_chars(self):    # 获取汉字总数
        return len(self.chars)

    def get_poems(self):
        return self.poems

if __name__ == '__main__':
    samples = Samples('qts_7X4.txt')
    print(samples.get_num_chars())
    for p in samples.get_poems()[:10]:
        print(samples.get_chars(p))
```

5.3.2　字向量

诗歌被转成索引列表之后，在进入 RNN 模型前还应该转成向量，这个向量称为**字向量**。注意，字向量不是 one - hot 向量，因为后者与索引没有实质差别，并且后者主要用来计算交叉熵；而前者是高维空间中的一个点，其中的每一个维度都可以表示字的一个特征。例如，是否表示动作，是否经常作为诗歌的第一个出现等。这些特征具体是什么我们不用关心，因为字向量是可以通过 BP 算法训练出来的，就像卷积核也是可以由 BP 算法训练出来，而不用用户指定。

如果我们输入的基本单位不是字而是词，对应的向量就称为**词向量**。把字/词转化为字/词向量的技术称为 Word2Vec。我们已经在代码 4 - 14 中学会使用字典和 tf. nn. embedding_ lookup( ) 函数，所以可以在 RNN 模型的输入端建立一个字/词向量字典。输入的汉字 id 可以在这个字典中找到自己的向量，后者再被输入到 RNN 模型中。

由于输入的是字向量，那么 RNN 模型输出的必然也是字向量，我们利用上一章讲人脸

识别时提到的法向量技术（见 4.9.4），把字向量转成夹角最小的法向量所对应的 id。这是一个与 Word2Vec 相反的过程，称为 **Vec2Word**。最后把 id 在 Samples 类中转换成对应的汉字即可。整个诗歌生成器的结构如图 5-5 所示。

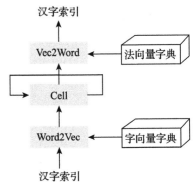

图 5-5 诗歌生成器结构

5.3.3 可洗牌的 DataSet

在构建诗歌生成器之前，我们先介绍洗牌数据集：ShuffledDataSet。这是我们为超级框架（代码 4-27）构建的一个装饰类（Decoration，设计模式的一种），作用是让一个 DataSet 具有洗牌功能。构造 ShuffledDataSet 对象时需要传递一个 DataSet 对象，并把用户对 get_ number() 和 next_ batch() 等函数的调用都转到后者身上。后者因此被称为**被装饰对象**或**被代理对象**。

ShuffledDataSet 的意义体现在 next_ batch() 函数上。该函数先对被装饰对象调用同名函数以获得样本数据，然后再把这些样本送入一个缓冲区，最后再从缓冲区中随机抽取样本输出。这样，next_ batch() 函数输出样本的次序就是随机的，而不是固定次序的。这有利于模型的训练和泛化，避免过拟合。请在代码 4-27 中直接加上以下代码：

代码 5-4 具有洗牌功能的数据集 **ShuffledDataSet**

```
# p04_27_super_framework.py
.....
class ShuffledDataSet(DataSet):
    def __init__(self, dataset, buffer_size):
        self.dataset = dataset
        self.buffer_size = buffer_size
        data = dataset.next_batch(self.buffer_size)
        self.buffers = [[d for d in ds] for ds in data]   # 为避免发生关联把数据浅复
制一遍

    def get_number(self):
        return self.dataset.get_number()

    def next_batch(self, batch_size):
        if batch_size > self.buffer_size:
            batch_size = self.buffer_size
        size = len(self.buffers[0])
        data = self.dataset.next_batch(self.buffer_size - size)
        for buffer, ds in zip(self.buffers, data):
            buffer.extend(ds)
        indices = np.random.permutation(size + len(data[0]))[0: batch_size]
```

```
        indices = reversed(sorted(indices))
        result = []
        for buffer in self.buffers:
            r = []
            for i in indices:
                r.append(buffer[i])
                del buffer[i]
            result.append(r)
        return result
.....
```

5.3.4 生成诗歌

根据上面的讨论，下面我们给出诗歌生成器代码。代码中使用了上节介绍的 ShuffledDataSet：

代码 5–5 诗歌生成器

```python
# p05_05_poem.py
import tensorflow as tf
import numpy as np

import p04_27_super_framework as sf
from p05_01_simple_RNN import MySimpleRNNCell
from p05_02_my_multi_RNN import MyMultiRNNCell
from p05_03_poems_samples import Samples

class MyConfig(sf.Config):
    def __init__(self):
        super(MyConfig, self).__init__()
        self.samples = Samples('qts_7X4.txt')
        self.shuffle_buffer_size = 5000

        self.num_steps = 32            # 一首诗含有 28 个字和 4 个标点符号
        self.num_units = 200           # 输入、反馈和状态的长度
        self.num_chars = self.samples.get_num_chars()   # 汉字数量
        self.layers = 2                # RNN 层数
        self.hidden_units = 200        # 中间层神经元数量
        self.scale = 30                # 余弦扩大因子

        self.batch_size = 700          # 注意根据显存调整大小
        self.epoches = 2000
        self.lr = 0.0001
```

```python
    def get_name(self) - >str:
        return 'p05_05 /poem'  # 语义分割和实例分割

    def get_sub_tensors(self, gpu_tensors):
        return MyTensors(gpu_tensors)

    def get_datasets(self):
        poems = self.samples.get_poems()
        ds = sf.ShuffledDataSet(sf.ArrayDataSet(poems), self.shuffle_buffer_size)
        return sf.DataSets(ds, ds, ds)

class MyTensors(sf.Tensors):    # 作为子类, MyTensors 中需要定义 x, y_predict,
loss 等张量
    def __init__(self, gpu_tensors: sf.GPUTensors):
        super(MyTensors, self).__init__(gpu_tensors)
        cfg = gpu_tensors.config
        poems = tf.placeholder(tf.int32, [None, None])  # [batch_size, num_steps]
        self.x = [poems] # 所有输入张量

        # word2vector
        char_dict = tf.get_variable('char_dict', [cfg.num_chars, cfg.num_
        units], tf.float32)
        x = tf.nn.embedding_lookup(char_dict, poems)   # [ -1, num_step, num_units]

        cells = [MySimpleRNNCell(cfg.num_units, cfg.hidden_units) for _ in
        range(cfg.layers)]
        cell = MyMultiRNNCell(cells)    # 多层 RNN
        batch_size = tf.shape(poems)[0]          # 诗歌的第一个维度是 batch_size
        state = cell.zero_state(batch_size, tf.float32) # 初始状态: [batch_size,
        num_units]
        self.state = [state]

        # 每首诗第 i 个字的期望输出是第 i +1 个字, 最后一个字的期望输出用 0 表示
        y = tf.concat((poems[:, 1:], tf.zeros([batch_size, 1], tf.int32)), axis =1)
        y = tf.one_hot(y, cfg.num_chars)  # [ -1, num_step, num_chars]
        losses = []          # 每个字的损失
        self.y_predict = []    # 每个字对下一个字的预测
        with tf.variable_scope('rnn'):  # 使用 reuse_variables()之前定一个范围
            for i in range(cfg.num_steps):
                xi = x[:, i, :]  # 第 i 个字: [ -1, num_units]
                vector, state = cell(xi, state)   # 获得反馈([ -1, num_units])和状态
                predict, loss = self.vector2word(vector, y[:, i, :], cfg)   # 计算
                预测和损失
                losses.append(loss)
                self.y_predict.append(predict)
```

```
                self.state.append(state)    #保存每一步的状态
                tf.get_variable_scope().reuse_variables()
        self.loss = tf.reduce_mean(losses) #对所有损失取平均
    #向量转字/词,是 word2vector 的逆过程
    def vector2word(self, vector, label, cfg):  # vector: [-1, num_units]
        vector = tf.nn.l2_normalize(vector, axis =1)   #对语义向量进行 L2 正则化
        standard = tf.get_variable('standard', [cfg.num_units, cfg.num_chars])
            #法向量
        standard = tf.nn.l2_normalize(standard, axis =0) #对法向量进行 L2 正则化
        logits = tf.matmul(vector, standard)    #计算夹角余弦: [-1, num_chars]

        predict = tf.argmax(logits, axis =1)             #预测: [-1]
        loss = tf.nn.softmax_cross_entropy_with_logits_v2(labels = label,
        logits = logits * cfg.scale)
        return predict, loss


class MyModel(sf.Model):
    def test(self, num =20):  #创作出 num 首唐诗
        cfg = self.config
        ts = self.gpu_tensors.ts[0]  #使用 0 号 GPU
        result = np.random.randint(0, cfg.samples.get_num_chars(), [num, 1])
        #随机指定第一个字
        for i in range(0, cfg.num_steps -1):
            #预测下一个字
            predict = self.session.run([ts.y_predict[i]], {ts.x[0]: result})
            predict = np.reshape(predict, [-1, 1])
            result = np.concatenate((result, predict), axis =1)   #拼接预测出的字
    for ids in result:  # id 转汉字
        print(cfg.samples.get_chars(ids))
    print(flush = True)


    def after_epoch(self, epoch):
        super(MyModel, self).after_epoch(epoch)
        self.test()  #每一轮训练后进行一次测试
        print('-' * 50)


if __name__ == '__main__':
    cfg = MyConfig()
    with MyModel(cfg) as model:
        sf.show_params(model.session.graph)
        model.train()
        model.test()
```

代码中 MyConfig 的 hidden_ units 表示三层神经元中间层神经元的数量。我们已经知道,
这个数量对网络的拟合效果有决定意义,建议这个数量不能太大(我们用的是 200)。因为总

共也就不到 8000 个样本,当 hidden_units 过大(特别是接近 8000 时),网络会精确地拟合每一个样本,从而造成过拟合现象。最后测试时,输入某首诗歌的第一个字,模型就会生成整首一模一样的诗歌。这显然不是我们所希望的。当然,使用 dropout 操作也能避免过拟合。

after_epoch( ) 函数保证了每一轮训练结束后会调用 MyModel. test( ) 函数。后者先用样本中前 num 首诗的第一个字起头创作诗歌,然后又用 num 个随机产生的汉字起头创作诗歌。两组诗歌之间会用空行隔开。用前一组诗歌来检查模型的过拟合性,用后一组诗歌检查它的创作质量。

等模型训练优化之后,可以调整 test( ) 程序,从而可以指定打头文字并进行诗歌创作,例如:

代码 5 – 6　指定打头文字创作诗歌

```
# p05_06_poem_test.py
import numpy as np
from p05_05_poem import MyModel, MyConfig


class MyModel2(MyModel):
    def test2(self, heads):     # 给出头几个汉字,创作诗歌
        cfg = self.config
        ts = self.gpu_tensors.ts[0]    # 使用 0 号 GPU
        result = [cfg.samples.get_ids(heads)] # 转成 id。一批中仅一个样本
        for i in range(len(result) - 1, cfg.num_steps - 1, 1):
            # 预测下一个字
            predict = self.session.run([ts.y_predict[i]], {ts.x[0]: result})
            predict = np.reshape(predict, [-1, 1])
            result = np.concatenate((result, predict), axis=1)   # 拼接预测出的字
        return cfg.samples.get_chars(result[0])   # 一批中仅一个样本


if __name__ == '__main__':
    cfg = MyConfig()
    with MyModel2(cfg) as model:
        for heads in ('风花雪月'):
            print(model.test2(heads))
```

5.4　LSTM 模型

5.4.1　基本 LSTM 模型

上节我们用三层神经网络实现了一个诗歌生成器。这节我们介绍 Jürgen Schmidhuber 发明的 LSTM(Long Short Term Memory,长短期记忆)模型。这个模型的结构如图 5 – 6 所示。

与简单 RNN 模型相比，LSTM 模型的特点有：

1）简单 RNN 只把状态传给下一步循环，而 LSTM 把状态和反馈都传给下一步循环。LSTM 把状态 C 称为**长期记忆**（Long Term Memory），把反馈 h 称为**短期记忆**（Short Term Memory）。LSTM 的每一步循环都要同时参考上一步生成的反馈 h_{t-1}、状态 C_{t-1} 和当前的用户输入 x_t，而 RNN 仅参考上一步生成的状态和当前用户输入。所以我们有：

$$h_t, \; C_t = \text{lstm\_cell}(h_{t-1}, \; C_{t-1}, \; x_t), \; t = 1, \; 2, \; 3, \; \cdots, \; \text{num\_steps}$$
$$h_0 = 0, \; C_0 = 0$$

其中，num_steps 是循环步数。

2）LSTM 细胞内部存在 3 个门：输入门、忘记门和输出门。每个门都是一个取值区间为 $[0, 1]$ 的向量，长度与输入到门的向量数据相同。门的作用是用门的加权向量与向量数据相乘，目的是对向量数据的每一个元素进行独立加权。

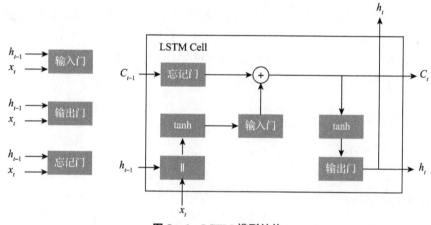

图 5-6　LSTM 模型结构

3）3 个门都是依据上一步循环的短期记忆 h_{t-1} 和当前用户输入 x_t 进行计算的。方法是先拼接 h_{t-1} 和 x_t，然后用全连接操作（dense）改变向量的长度为目标长度，最后再执行 sigmoid 操作以便获得 0~1 之间的值。3 个门各自独立优化，不共享参数。所以我们有：

$$f_t = \text{sigmoid}(\text{dense} \; (h_{t-1} \parallel x_t))$$
$$i_t = \text{sigmoid}(\text{dense} \; (h_{t-1} \parallel x_t))$$
$$o_t = \text{sigmoid}(\text{dense} \; (h_{t-1} \parallel x_t))$$

其中，$t = 1, \; 2, \; 3, \; \cdots$，num_steps，以下同。$\parallel$ 表示拼接操作（tf. concat）。全连接操作 dense 的目标长度都是 num_units，后者表示统一的各层神经元数量。

4）忘记门 f_t 用来对长期记忆进行过滤，那些不需要的长期记忆被完全或者部分遗忘。

5）输入门 i_t 的作用是在用户输入数据与长期记忆 C_{t-1} 结合前对用户输入进行过滤，不重要的输入被完全或者部分遗忘。

6）当前用户输入 x_t 和短期记忆 h_{t-1} 合并后的结果经过全连接和 tanh 激活后，通过输入门 i_t 后与过滤后的长期记忆相加，获得当前长期记忆：

$$\widetilde{C}_t = \tanh(\text{dense} \; (h_{t-1} \parallel x_t))$$
$$C_t = f_t \cdot C_{t-1} + i_t \cdot \widetilde{C}_t$$

其中，$\tilde{C}_t$ 是一个临时变量。

7）当前长期记忆 C_t 经过 tanh 激活后，经过输出门 o_t 产生反馈 h_t。输出门的作用是在反馈输出之前对其进行过滤，不重要的输出被完全或者部分遗忘，所以我们有：

$$h_t = o_t \cdot \tanh(C_t)$$

TF 中有现成的对 LSTM 的实现：tf. nn. rnn_cell. BasicLSTMCell，我们只需把代码 5 - 5 中的调用

MySimpleRNNCell(num_ units，hidden_units) 和 MyMultiRNNCell(…)

分别改为

tf. nn. rnn_cell. BasicLSTMCell （num_units) 和 tf. nn. rnn_cell. MultiRNNCell(…)

代码的其他部分几乎不用改动。由于 LSTM 中采用了 3 个门，而没有使用三层神经网络，所以 hidden_units 参数是不需要的。

实践证明，LSTM 模型利用 3 个门分别对长期记忆、短期记忆和输出进行过滤的方法特别适合 NLP，模型收敛的速度也比较快。作为练习，我们可以试试简单 RNN；但是工程上，我们还是应该使用 LSTM。它几乎已经成为 NLP 的准工业标准了。

下面给出一个我们自己对 LSTM 的实现：

代码 5 - 7　**我们的 LSTM 实现**

```python
# p05_07_my_LSTM.py
import tensorflow as tf


class MyLSTMCell:
    def __init__(self, num_units, activation = tf.sigmoid, name = 'my_cell'):
        self.num_units = num_units          # 循环步数
        self.activation = activation
        self.name = name

    def zero_state(self, batch_size, dtype = tf.float32):
        # LSTM 状态的初始值有两个值,分别是长期记忆 C 和短期记忆 h 的初值
        # 我们使用元组封装这两个初值
        init = tf.zeros([batch_size, self.num_units], dtype)
        return (init, init)

    def __call__(self, x, state):   # 对象的直调函数
        # x: 用户当前输入,[ -1, num_units]
        # state: 含有两个形如[ -1, num_units]数据的元组(h, C)
        with tf.variable_scope(self.name):
            inputs = tf.concat((x, state[0]), axis =1) # [ -1, 2 * num_units]
            nu = self.num_units
            # 用一个全连接代替四个全连接
            dense = tf.layers.dense(inputs, 4 * nu, name = 'dense')
            c_temp = tf.tanh(dense[:, 3 * nu:])
```

```
            gate = tf.sigmoid(dense[:, 0 : 3 * nu])
            c = state[1] * gate[:, 0 :nu] + c_temp * gate[:, nu:2 * nu]
            h = tf.tanh(c) * gate[:, 2 * nu:]
        return h, (h, c)   # 返回反馈和状态,而状态由短期记忆和长期记忆组成
```

__call__( )函数中，先把当前用户输入 x 与上一步循环的短期记忆合并得到 inputs。接着需要计算 3 个门和 1 个全连接，它们都是对 inputs 的全连接操作。这种情况的全连接可以合并成一个全连接，从而加快程序运行速度。

LSTM 会产生 $8 \times$ num_units^2 $+ 4 \times$ num_units 个可训练参数。

如果把上述 MyLSTMCell 代入代码 5 - 5 中，替换掉 MySimpleRNNCell，同时删除 hidden_units 参数，则程序也能正常运行。

5.4.2　LSTM 变体之一 —— Peephole

LSTM 模型有两个变体，我们先说 Peephole。Peephole 与 LSTM 的区别仅有两点：

1）忘记门 f_t 和输入门 i_t 都依赖于上一轮循环的长期记忆 C_{t-1}、短期记忆 h_{t-1} 和当前用户输入 x_t，即：

$$f_t = \text{sigmoid}(\text{dense}(C_{t-1} \parallel h_{t-1} \parallel x_t))$$
$$i_t = \text{sigmoid}(\text{dense}(C_{t-1} \parallel h_{t-1} \parallel x_t))$$

2）输出门 o_t 依赖于本轮的长期记忆 C_t、上一轮的短期记忆 h_{t-1} 和当前用户输入 x_t，即：

$$o_t = \text{sigmoid}\ (\text{dense}\ (C_t \parallel h_{t-1} \parallel x_t))$$

而 LSTM 中所有的门都依赖于 h_{t-1} 和 x_t。除了上述 3 个门，其他公式与 LSTM 完全相同。请读者自行复制代码 5 - 7，然后根据上面的公式实现自己的 Peephole。TF 中的 tf. nn. rnn_cell. LSTMCell 是对 LSTM 模型的标准实现，只要设置参数 use_peepholes = True 就能使用 Peephole 模型。

5.4.3　LSTM 变体之二——GRU

GRU（Gated Recurrent Unit）模型可以说是简单 RNN 和 LSTM 的综合，并且比后两者及 Peephole 要简单。它的特点有：

1）与简单 RNN 一样，GRU 只输出反馈 h_t；而 LSTM 和 Peephole 即输出反馈又输出状态。

2）与 LSTM 不同，GRU 有两个门：**更新门** z_t 和**重置门** r_t。r_t 用来过滤上一步的输出 h_{t-1}，然后再与当前用户输入 x_t 拼接后经过 tanh 激活产生当前输入 $\tilde{h}_t$。GRU 认为，上一步输出中所应该忘记的，恰恰是当前输入中需要补充的。所以 GRU 用 z_t 过滤 $\tilde{h}_t$，同时又用 $1 - z_t$ 过滤 h_{t-1}，再把两者相加作为当前输出。

3）更新门和重置门都依赖于上一轮的输出和当前的用户输入。

综上所述，GRU 的计算公式是：

$$z_t = \text{sigmoid}(\text{dense}(h_{t-1} \parallel x_t))$$

$$r_t = \text{sigmoid}(\text{dense}(h_{t-1} \parallel x_t))$$

$$\tilde{h}_t = \tanh(\text{dense}((r_t \cdot h_{t-1}) \parallel x_t))$$

$$h_t = (1 - z_t) \cdot h_{t-1} + z_t \cdot \tilde{h}_t$$

类 tf. nn. rnn_cell. GRUCell 被用来实现上述 GRU 模型。由于比较简单，请读者自行练习：

1）用自己的代码实现 GRU。

2）在代码 5-5 中替换 MySimpleRNNCell 进行测试。

5.5　1:1 模型

上节我们实现的诗歌生成器其实是一个 1:1 模型，其含义就是一个输入一定会产生一个输出，而一个输出也必有一个输入与之对应。1:1 模型是最简单的 RNN 模型之一。使用 LSTM 和 GRU 等可以很容易实现一个 1:1 模型。下面我们来看看 1:1 模型有哪些应用。

5.5.1　分词和词性标注

中文语言处理有一个很特别的任务：分词以及相应的词性标注。这一点与拼音文字很不相同。以英文为例，单词与单词之间是用空格自然分开的，所以不存在这个问题[⊖]。

假设我们只需要把词性分为以下几种：

1）命名实体（E）。

2）代称（P）。

3）时间（T）。

4）行为或动作（V）。

5）地点（L）。

6）数词（N）。

7）量词（M）。

8）助动（A）。

⊖　但英文的这个便利只是表面上的。英文每个单词的词性和含义还是要结合上下文才能判断，就像中文中的汉字一样。另外中文的词并不等价于英文的单词。例如汽车的意思其实是烧汽油的车，它与火车的概念既有相同点也有不同点；而 car 和 train 并没有上述丰富含义。所以中文及其汉语特别适合分析知识图谱和进行人工智能处理。

9）物体（O）。

10）单词结束（$）。

那么对中文句子进行标注时，将每个字标注为上述 10 种类别中的一种（如果觉得 10 种太少还可以增加新的词性，这不是重点）。第 1 ~ 9 种类别标记单词的开始，第 10 种类别($)标记单词的结束。另外，由于有些单词是由一个字组成的，例如"我"，所以还要增加 9 种类别。每个类别标记为 X $，其中 X 是前 9 种类别标记符号之一。例如 V $ 表示一个只有一个字的动作或者行为。表 5 - 1 是一个示例。

表 5 - 1　样本和标注示例

样本	昨	天	上	午	王	小	明	去	超	市	买	了	一	瓶	矿	泉	水
标注	T	$	T	$	E	E	$	V$	L	$	V$	A$	N$	M$	O	O	$

我们的标注是否符合语言习惯和语法不重要，19 种词性是否够用以及是否合理也不重要，重要的是分词和词性标注问题是一个多元互斥多分类问题（见 4.10.2 节）。因此，它的模型可以以诗歌生成器为蓝本构建，损失函数则按照多元互斥多分类问题的损失函数求解。这里不再赘述。

一旦分词和词性标注问题得到解决，那么进行语言文字处理时就可以以单词为基础进行模型的搭建、训练和预测了。这会大大提高模型训练的质量，降低过拟合程度，提高预测准确率。

5.5.2　双向 RNN

以诗歌生成为例，一般地，我们在处理语言文字时总是习惯从左到右按顺序把文字或者单词输入细胞。双向 RNN（Bidirectional RNN）则不同，它存在两个细胞，一个负责处理正常顺序输入的文字或者单词；另一个则负责处理从右到左顺序输入的文字或者单词。

双向 RNN 的实质是模型在作预测时，不仅考察到目前为止用户输入的单词或者文字，也考察其后输入的单词或者文字。也就是说，考虑上下文。例如仅仅考虑一个"我"字，那只能预测其后是一个动词。如果还知道下文是"蛋汤"，则这个动词很有可能是"喝""烧"或者"做"，而不大可能是其他动词。这样，模型要做的不过是三中选一，这比从几千几万个动作中选择一个要靠谱多了，于是大大提高了模型预测的准确性。图 5 - 7 所示为双向 RNN 的结构。

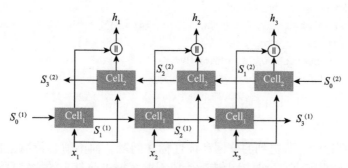

图 5 - 7　双向 RNN 的结构

TF 中的函数 tf. nn. static_bidirectional_rnn( ) 就是对双向 RNN 结构的实现。为了说明结构的细节，我们也写了一个类似的函数：

代码 5 – 8 双向 RNN 的实现

```python
# p05_08_my_bi_rnn.py
import tensorflow as tf

def my_bi_rnn(cell_fw, cell_bw, inputs,
              state_fw = None, state_bw = None, name = 'my_bidirectional_rnn'):
    # inputs: [num_steps, batch_size, num_units]
    batch_size = tf.shape(inputs)[1]    #获取一批样本中样本的数量
    if state_fw is None:
        state_fw = cell_fw.zero_state(batch_size, tf.float32)  #[ -1, num_units]
    if state_bw is None:
        state_bw = cell_bw.zero_state(batch_size, tf.float32)  #[ -1, num_units]

    with tf.variable_scope(name):
        pred_fw = []
        pred_bw = []
        num_steps = inputs.shape[0].value    # inputs 的 0 号维度是循环步数
        for i in range(num_steps):
            x_fw = inputs[i, :, :]    #[batch_size, num_units]
            with tf.variable_scope('forward'):
                pred_fw_i, state_fw = cell_fw(x_fw, state_fw)  #[ -1, num_units]
                pred_fw.append(pred_fw_i)

            x_bw = inputs[num_steps - i - 1, :, :]
            with tf.variable_scope('backword'):
                pred_bw_i, state_bw = cell_bw(x_bw, state_bw)  #[ -1, num_units]
                pred_bw.insert(0, pred_bw_i)
            tf.get_variable_scope().reuse_variables()   # * * * * * *

        predicts = []    #保存预测输出
        for i in range(num_steps):
            pred_i = tf.concat((pred_fw[i], pred_bw[i]), axis = 1)  #[ -1, 2 * num_units]
            predicts.append(pred_i)
    return predicts, state_fw, state_bw
```

双向 RNN 特别适合上节提到的分词和词性标注问题，而不适合诗歌生成问题，虽然它们都需要用 1:1 模型来解决。这是因为诗歌生成需要根据当前打头的文字预测下一个字，无法利用到下文。下面是用双向 RNN 和随机样本实现分词和词性标注的程序。

代码 5 – 9　双向 **RNN** 实现分词和词性标注

```python
# p05_09_word_type.py,   分词和词性标注
import tensorflow as tf
import numpy as np
import p04_27_super_framework as sf
from p05_08_my_bi_rnn import my_bi_rnn

class MyConfig(sf.Config):
    def __init__(self):
        super(MyConfig, self).__init__()
        self.shuffle_buffer_size = 5000
        self.types = 19          # 共有 19 种标注

        self.num_steps = 48      # 一个句子最多 48 个字,不足的以一个特定的字符补足
        self.num_units = 200     # 输入、反馈和状态的长度
        self.num_chars = 1000    # 假设仅有 1000 个汉字
        self.layers = 2          # RNN 层数

        self.batch_size = 10
        self.epoches = 100

    def get_name(self) - > str:
        return 'p05_09 /word_type'

    def get_sub_tensors(self, gpu_tensors):
        return MyTensors(gpu_tensors)

    def get_datasets(self):
        ds = MyDataSet(500, self)
        return sf.DataSets(ds, ds, ds)

class MyDataSet(sf.ArrayDataSet):
    def __init__(self, num, cfg):   # 构建随机样本,注意形状和取值范围
        xs = np.random.randint(0, cfg.num_chars, [num, cfg.num_steps])
        ys = np.random.randint(0, cfg.types, [num, cfg.num_steps])
        super(MyDataSet, self).__init__(xs, ys)

class MyTensors(sf.Tensors):   # 作为子类,MyTensors 中需要定义 x, y_predict,
loss 等张量
    def __init__(self, gpu_tensors: sf.GPUTensors):
        super(MyTensors, self).__init__(gpu_tensors)
        cfg = gpu_tensors.config
        x = tf.placeholder(tf.int32, [None, cfg.num_steps])  # [batch_size, num_steps]
        y = tf.placeholder(tf.int32, [None, cfg.num_steps])  # [batch_size,
        num_steps]
```

```python
        self.x = [x, y]  # 所有输入张量

        # Word2Vec
        char_dict = tf.get_variable('char_dict', [cfg.num_chars, cfg.num_
        units], tf.float32)
        x = tf.nn.embedding_lookup(char_dict, x)      # [batch_size, num_step,
        num_units]

        cells = [tf.nn.rnn_cell.BasicLSTMCell(cfg.num_units) for _ in range
        (cfg.layers * 2)]
        cell_fw = tf.nn.rnn_cell.MultiRNNCell(cells[0: cfg.layers])   # 多层 RNN
        cell_bw = tf.nn.rnn_cell.MultiRNNCell(cells[cfg.layers:])
        x = tf.transpose(x, [1, 0, 2])   # [num_step, batch_size, num_units]
        predicts, _, _ = my_bi_rnn(cell_fw, cell_bw, x)   # [num_steps, batch_
        size, 2 * num_units]
        losses = []
        self.y_predict = []
        y = tf.one_hot(y, cfg.types)
        for i, vector in enumerate(predicts):
            logits = tf.layers.dense(vector, cfg.types, name = 'logits') # 读者也
            可以用夹角余弦来计算
            loss = tf.nn.softmax_cross_entropy_with_logits_v2(labels = y[:, i,
            :], logits = logits)
            losses.append(loss)
            predict = tf.argmax(logits, axis = 1)
            self.y_predict.append(predict)
            tf.get_variable_scope().reuse_variables()
        self.loss = tf.reduce_mean(losses)  # 对所有损失取平均


if __name__ == '__main__':
    cfg = MyConfig()
    with sf.Model(cfg) as model:
        sf.show_params(model.session.graph)
        model.train()
        model.test()
```

到目前为止，读者可能发现了一个奇特现象：我们是用随机数制作样本的，可是训练时会发现损失函数也能下降。不过下降到一定值以后就几乎不再发生变化了，这是因为计算机所产生的随机数大多不是真正的随机数，而是伪随机数（Pseudo random number）。伪随机数中仍然含有规律，因此神经网络能够对这个规律进行拟合。这就是损失函数能下降的原因。下降到一定程度后，由于神经网络的数值和运算精度都不高等原因，网络就不能再进一步拟合伪随机数中的微弱规律了。

5.6　N:1 模型与 1 : N 模型

5.6.1　N:1 模型

上一节我们讲了 1:1 模型，这节我们讲 N:1 模型与 1:N 模型。

N:1 模型的含义是：用户的输入 x_t 有多个，但是期待的输出却只有一个。N:1 模型中，细胞的反馈 h_t 往往被忽略，只看最后输出的状态 S_{num_steps}。下面我们通过例子来说明这种模型的应用。

1. 文本分类

文本分类就是输入一段文字，给出它的类别。例如，按功能可把文章分为说明、记述、议论、其他 4 种；按类别可分为小说、散文、诗歌等；按性别可分为男频、女频等。怎么分以及分多少类别不重要，重要的是类别是事先知道的，且数量有限。如果事先并不知道有多少类别，或者数量不受限制，那么就不是文本分类问题了，而是文本打标签（Tag）的问题。

文本分类问题的模型结构如图 5-8 所示。其实质就是把细胞最后输出的状态当作文本的语义，然后把它转成 logits。

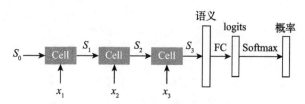

图 5-8　文本分类模型结构

请读者复制代码 5-9，然后略作修改就能给出文本分类的示例代码：

代码 5-10　文本分类的实现

```
# p05_10_text_classify.py,  文本分类
import tensorflow as tf
import numpy as np
import p04_27_super_framework as sf
from p05_08_my_bi_rnn import my_bi_rnn

class MyConfig(sf.Config):
    def __init__(self):
        super(MyConfig, self).__init__()
        self.types = 5        # 共有 5 种文本类型
        self.num_steps = 48   # 一个句子最多 48 个字,不足的以一个特定的字符补足
        self.num_units = 200  # 输入、反馈和状态的长度
```

```
            self.num_chars = 1000  # 假设仅有 1000 个汉字
            self.layers = 2          # RNN 层数
            self.batch_size = 10
            self.epoches = 100

    def get_name(self) -> str:
        return 'p05_10 /text_classify'

    def get_sub_tensors(self, gpu_tensors):
        return MyTensors(gpu_tensors)

    def get_datasets(self):
        ds = MyDataSet(500, self)
        return sf.DataSets(ds, ds, ds)

class MyDataSet(sf.ArrayDataSet):
    def __init__(self, num, cfg):  # 构建随机样本,注意形状和取值范围
        xs = np.random.randint(0, cfg.num_chars, [num, cfg.num_steps])
        ys = np.random.randint(0, cfg.types, [num])
        super(MyDataSet, self).__init__(xs, ys)

class MyTensors(sf.Tensors):      # 作为子类,MyTensors 中需要定义 x, y_predict,
                                                loss 等张量
    def __init__(self, gpu_tensors: sf.GPUTensors):
        super(MyTensors, self).__init__(gpu_tensors)
        cfg = gpu_tensors.config
        x = tf.placeholder(tf.int32, [None, cfg.num_steps])  # [batch_size, num_steps]
        y = tf.placeholder(tf.int32, [None])    # [batch_size]
        self.x = [x, y]  # 所有输入张量

        # Word2Vec
        char_dict = tf.get_variable('char_dict', [cfg.num_chars, cfg.num_
        units], tf.float32)
        x = tf.nn.embedding_lookup(char_dict, x)    # [batch_size, num_step, num_units]

        cells = [tf.nn.rnn_cell.BasicLSTMCell(cfg.num_units) for _ in range
        (cfg.layers * 2)]
        cell_fw = tf.nn.rnn_cell.MultiRNNCell(cells[0: cfg.layers])   # 多层 RNN
        cell_bw = tf.nn.rnn_cell.MultiRNNCell(cells[cfg.layers:])
        x = tf.transpose(x, [1, 0, 2])    # [num_step, batch_size, num_units]
        _, state_fw, state_bw = my_bi_rnn(cell_fw, cell_bw, x)
        # state_fw, state_bw 的形状:[2, 2, batch_size, num_units]
        state_fw = tf.transpose(state_fw, [2, 0, 1, 3])   # [batch_size, 2, 2, num_units]
        state_bw = tf.transpose(state_bw, [2, 0, 1, 3])   # [batch_size, 2, 2, num_units]
        state_fw = tf.reshape(state_fw, [-1, 4 * cfg.num_units])
        state_bw = tf.reshape(state_bw, [-1, 4 * cfg.num_units])
```

```
        state = tf.concat((state_fw, state_bw), axis = 1) # [batch_size, 8 * num_units]
        logits = tf.layers.dense(state, cfg.types)
        y = tf.one_hot(y, cfg.types)
        self.loss = tf.nn.softmax_cross_entropy_with_logits_v2(labels = y,
        logits = logits)

if __name__ = = '__main__':
    cfg = MyConfig()
    with sf.Model(cfg) as model:
        sf.show_params(model.session.graph)
        model.train()
        model.test()
```

训练损失变化如图 5-9 所示。

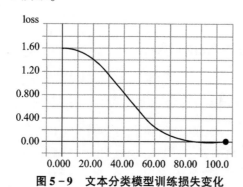

图 5-9　文本分类模型训练损失变化

2．文本倾向性分析

文本倾向性分析，就是判断一段文字的倾向，例如赞成、中立、反对等。这也是一个文本分类。实现方法和损失函数等与文本分类相同，这里不再赘述。

5.6.2　1：N 模型

1．1：N 模型简介

1：N 模型的含义是用户输入只有一个数据，模型的输出却是多个数据。1：N 模型通常把用户输入的唯一数据依次输入细胞的每一步循环中，也就是说，每步循环的输入都是相同的，不同的仅仅是细胞的输出。1：N 模型的典型应用就是给图片加标题或者用文字概括图片的内容。

2．图像加标题

这个应用的含义是给图片加上标题（包括用文字概括图片的内容）。例如，图 5-10 的标题可能是：湖边垂柳掩映着一座白色的拱桥。

图 5-10　需加标题的图片

图 5 - 11 所示为图像加标题模型的结构。根据这个结构，我们采用多层 RNN 实现图像加标题的代码：

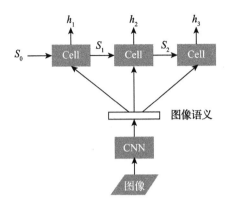

图 5 - 11   图像加标题模型结构

代码 5 - 11　图像加标题应用的实现

```python
# p05_11_graph_title.py,  图像加标题
import tensorflow as tf
import numpy as np
import p04_27_super_framework as sf
from p04_24_resnet import resnet

class MyConfig(sf.Config):
    def __init__(self):
        super(MyConfig, self).__init__()
        self.num_steps = 48    # 最多 48 个字
        self.img_size = 224    # 图片大小
        self.num_units = 200    # 输入、反馈和状态的长度
        self.num_chars = 1000  # 假设仅有 1000 个汉字
        self.layers = 2        # RNN 层数
        self.batch_size = 10
        self.epochs = 100

    def get_name(self) - >str:
        return 'p05_11 /graph_title'

    def get_sub_tensors(self, gpu_tensors):
        return MyTensors(gpu_tensors)

    def get_datasets(self):
        ds_train = MyDataSet(500, self, True)
        ds_valid_test = MyDataSet(500, self, False)
        return sf.DataSets(ds_train, ds_valid_test, ds_valid_test)
```

```
class MyDataSet(sf.ArrayDataSet):
    def __init__(self, num, cfg, training):  # 构建随机样本,注意形状和取值范围
        xs = np.random.uniform(0, 1, [num, cfg.img_size, cfg.img_size, 3])
        ys = np.random.randint(0, cfg.num_chars, [num, cfg.num_steps])
        super(MyDataSet, self).__init__(xs, ys)
        self.training = training

    def next_batch(self, batch_size):
        result = super(MyDataSet, self).next_batch(batch_size) # 返回[xs,ys]
        result.append(self.training)   # 加上 training
        return result

class MyTensors(sf.Tensors):   # 作为子类,MyTensors 中需要定义 x, y_predict,
                                         loss 等张量
    def __init__(self, gpu_tensors: sf.GPUTensors):
        super(MyTensors, self).__init__(gpu_tensors)
        cfg = gpu_tensors.config
        x = tf.placeholder(tf.float32, [None, cfg.img_size, cfg.img_size, 3])   # 图片
        y = tf.placeholder(tf.int32, [None, cfg.num_steps]) #[batch_size, num_steps]
        training = tf.placeholder(tf.bool, [])
        self.x = [x, y, training] # 所有输入张量

        x = resnet(x, 'resnet50', training, name ='resnet')   #[batch_size, -1]
        x = tf.layers.dense(x, cfg.num_units, name ='dense1')
        cells = [tf.nn.rnn_cell.BasicLSTMCell(cfg.num_units) for _ in range
        (cfg.layers)]
        cell = tf.nn.rnn_cell.MultiRNNCell(cells)   # 多层 RNN
        state = cell.zero_state(tf.shape(y)[0], tf.float32)
        hs = []
        for i in range(cfg.num_steps):
            h, state = cell(x, state)
            hs.append(h)
        # hs: [num_steps, batch_size, num_units]
        hs = tf.transpose(hs, [1, 0, 2])   #[batch_size, num_steps, num_units]
        logits = tf.layers.dense(hs, cfg.num_chars, name ='dense2')
        y = tf.one_hot(y, cfg.num_chars)
        self.loss = tf.nn.softmax_cross_entropy_with_logits_v2(labels =y,
        logits =logits)
        self.y_predict = tf.argmax(y, axis =2)   #[batch_size, num_steps]

if __name__ == '__main__':
    cfg = MyConfig()
    with sf.Model(cfg) as model:
        sf.show_params(model.session.graph)
        model.train()
        model.test()
```

训练损失变化如图 5 - 12 所示。

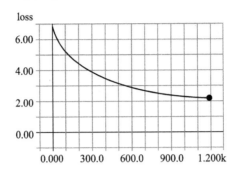

图 5 - 12   图像加标题模型训练损失变化

5.7 *N : N* 模型

N:N 模型（即多对多模型）的含义是指用户的输入有多个，模型的输出也有多个，但两者不是一一对应关系。

N:N 模型的一个最简单实现是把它看成一个 *N:*1 模型和一个 1:*N* 模型的叠加。前者的作用是获得用户输入的语义；后者的作用是根据这个语义产生多个输出，就像图像加标题应用那样。用这种办法实现的 *N:N* 模型又称为 Seq2Seq 模型，即序列转序列之意。其典型应用就是翻译。

5.7.1 翻译

图 5 - 13 所示为一个比较简单的 Seq2Seq 模型结构，用于将中文翻译成英文。上边是编码器，用来接受用户输入的中文单词；下边是解码器，用来产生对应的英文翻译。

每个中文单词依次输入编码器，产生一个语义。该语义作为初始状态被输入解码器，然后输出英文单词。

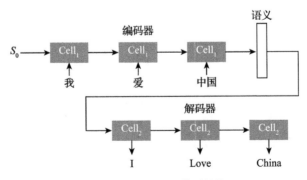

图 5 - 13   Seq2Seq 模型结构

　　由于编码器的输出将作为初始状态输入解码器，所以一般地，编码器和解码器细胞的层数以及 num_units 应该相同。

　　如果编码器是一个双向 RNN，则解码器也必须是。下面我们根据图 5－13，用双向多层 RNN 实现一个翻译模型：

代码 5－12　用双向多层 RNN 实现的简单翻译模型

```python
# p05_12_translate.py,　翻译
import tensorflow as tf
import numpy as np
import p04_27_super_framework as sf
from p05_08_my_bi_rnn import my_bi_rnn

class MyConfig(sf.Config):
    def __init__(self):
        super(MyConfig, self).__init__()
        self.num_steps = (30, 48)      # 最多 30 个中文单词和 48 个英文单词
        self.num_units = 200           # 输入、反馈和状态的长度
        self.num_chars = (1000, 1000)  # 中英文分别有 1000 个单词
        self.layers = 2                # RNN 层数
        self.batch_size = 10
        self.epoches = 100

    def get_name(self) -> str:
        return 'p05_12/translate'

    def get_sub_tensors(self, gpu_tensors):
        return MyTensors(gpu_tensors)

    def get_datasets(self):
        ds = MyDataSet(500, self)
        return sf.DataSets(ds, ds, ds)

class MyDataSet(sf.ArrayDataSet):
    def __init__(self, num, cfg):  # 构建随机样本,注意形状和取值范围
        xs = np.random.randint(0, cfg.num_chars[0], [num, cfg.num_steps[0]])
        ys = np.random.randint(0, cfg.num_chars[1], [num, cfg.num_steps[1]])
        super(MyDataSet, self).__init__(xs, ys)

class MyTensors(sf.Tensors):  # 作为子类,MyTensors 中需要定义 x, y_predict,
loss 等张量
    def __init__(self, gpu_tensors: sf.GPUTensors):
        super(MyTensors, self).__init__(gpu_tensors)
        cfg = gpu_tensors.config
        x = tf.placeholder(tf.int32, [None, cfg.num_steps[0]])  # [batch_size,
num_steps0]
```

```python
        y = tf.placeholder(tf.int32, [None, cfg.num_steps[1]])  # [batch_size,
        num_steps1]
        self.x = [x, y] # 所有输入张量

        # Word2Vec
        char_dict = tf.get_variable('char_dict', [cfg.num_chars[0], cfg.num_
        units], tf.float32)
        x = tf.nn.embedding_lookup(char_dict, x)      # [batch_size, num_
        steps0, num_units]
        x = tf.transpose(x, [1, 0, 2])       # [num_steps0, batch_size, num_units]

        predicts, state_fw, state_bw = self.bidirectional_cell(x, None, None,
        'encode', cfg)
        # predicts: [num_steps0, batch_size, num_units]
        decoder_x = self.get_decoder_inputs(predicts, cfg)
        predicts, _, _ = self.bidirectional_cell(decoder_x, state_fw, state_bw,
        'decode', cfg)  # predicts: [num_steps1, batch_size, 2 * num_units]

        predicts = tf.transpose(predicts, [1, 0, 2])  # [batch_size, num_steps1,
        num_units]
        logits = tf.layers.dense(predicts, cfg.num_chars[1], name = 'dense2')
        y = tf.one_hot(y, cfg.num_chars[1])  # [batch_size, num_step1, num_chars1]
        self.loss = tf.nn.softmax_cross_entropy_with_logits_v2(labels = y,
        logits = logits)
        self.y_predict = tf.argmax(y, axis = 2)  # [batch_size, num_steps1]

    def get_decoder_inputs(self, predicts, cfg):  # 子类可以重定义这个函数
        # predicts: 编码器的输出:[num_steps0, batch_size, num_units]
        batch_size = tf.shape(predicts)[1]
        return tf.zeros([cfg.num_steps[1], batch_size, cfg.num_units])# 解码
        器的输入都是 0

    def bidirectional_cell(self, x, state_fw, state_bw, name, cfg):
        # x: [num_step1, batch_size, num_units]
        cells = [tf.nn.rnn_cell.BasicLSTMCell(cfg.num_units) for _ in range
        (cfg.layers * 2)]
        cell_fw = tf.nn.rnn_cell.MultiRNNCell(cells[0: cfg.layers])   # 多层 RNN
        cell_bw = tf.nn.rnn_cell.MultiRNNCell(cells[cfg.layers:])
        return my_bi_rnn(cell_fw, cell_bw, x, state_fw, state_bw, name)

if __name__ == '__main__':
    cfg = MyConfig()
    with sf.Model(cfg) as model:
        sf.show_params(model.session.graph)
        model.train()
        model.test()
```

模型训练损失变化如图 5-14 所示。

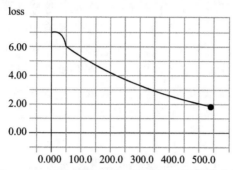

图 5-14　双向多层 RNN 翻译模型训练损失变化

5.7.2　自注意力

自注意力（Self-Attention）是一种用数据本身对数据的不同部分分配不同注意力的技术。在上节的简单翻译模型中存在两个问题：

1）编码器只关注细胞输出的状态，忽略了细胞输出的反馈。

2）解码器细胞的输入始终都是 0 向量。

这两个问题导致了编码器和解码器功能上的浪费，结果就是翻译的质量不佳。为了解决这个问题，我们引入自注意力机制。具体做法如下：

1）针对编码器细胞每一步循环所产生的反馈 $h_t^{(0)}$，计算一个概率权重 a_t。计算加权平均和 $\tilde{a}$。

$$\tilde{a} = \sum\nolimits_{t=1}^{\text{num\_steps}[0]} a_t \cdot h_t^{(0)}$$

2）针对解码器的每一步循环都按照 1）计算一个加权平均和 $\tilde{a}_t$，$t = 1$，2，…，num_steps[1]。

3）解码器的第 t 步循环的用户输入就是 $\tilde{a}_t$。

例如，假设要翻译"我爱中国"，输出每个英文单词时对每个中文单词的注意力分布是不一样的，见表 5-2。

表 5-2　注意力分布情况

注意力分布	我	爱	中国
I	0.8	0.15	0.05
love	0.2	0.7	0.1
China	0.2	0.2	0.6

知道了注意力的作用，接下来就要考虑怎么计算注意力。最简单的注意力计算方法就是用一个形状为[num_steps[1]，num_steps[0]]的矩阵变量表示注意力，然后让模型用 BP 算法去优化这个变量。条件是该矩阵的每一行注意力之和必须等于 1。这显然只要对该矩阵做

一次 softmax(axis = 1)操作就能达到目的。

这个做法十分简洁，很容易实现。但是有一个问题，这样计算的注意力是固定的，与编码器的输出没有关系。这显然是不合理的。中文句子有长有短，翻译出来的英文句子也有长有短，怎么可能每个英文输出对每个中文输入的注意力分布在任何情况下都是相同的呢？所以，注意力应该依赖于需要计算注意力的数据。这种根据数据计算注意力，然后把结果反过来又施加到数据本身上的机制就是自注意力。假设 $X_{m \times n}$ 是需要计算注意力的数据的集合（下标 $m \times n$ 表示其形状，以下同），A 是注意力分布，W 和 B 是全连接参数，则有自注意力公式：

$$A_{m \times p} = \text{softmax}\ (X_{m \times n}W_{n \times p} + B_{1 \times p})$$
$$Y_{p \times n} = A^T X \qquad\qquad (5-2)$$

对于翻译来说，$m = \text{num\_steps}[0]$，表示参与计算注意力的向量的数量；$n = \text{num\_units}$，表示每个向量的长度；$p = \text{num\_steps}[1]$，表示要生成的注意力的数量，每个注意力就是对 m 个长度为 n 的向量的加权平均。综上所述，我们给出适用于 Seq2Seq 模型的自注意力计算函数如下：

代码 5 – 13 自注意力机制的实现

```python
# p05_13_self_attention.py, 自注意力
import tensorflow as tf


def self_attention(outputs, target_num_steps, name = 'self_attention'):
    # 计算自注意力,并返回输入张量中每个向量的加权平均
    # outputs: 编码器的所有输出,形状[num_steps0, batch_size, num_units]
    outputs = tf.transpose(outputs, [1, 0, 2])   #[batch_size, num_steps0, num_units]

    attention = tf.layers.dense(outputs, target_num_steps, name = name)
    attention = tf.transpose(attention, [0, 2, 1]) #[ -1, target_num_steps, num_steps0]
    attention = tf.nn.softmax(attention, axis = 2)

    result = tf.matmul(attention, outputs)#[batch_size, target_num_steps, num_units]
    return tf.transpose(result, [1, 0, 2])#[target_num_steps, batch_size, num_units]
```

以此类推，请读者给出针对矩阵或者标量（而不是向量）的注意力计算公式及其代码实现。这样，我们在 CNN 网络或者其他网络中也可以使用注意力机制。

有了自注意力机制之后，引用代码 5 – 12，重定义 MyTensors. get_ decoder_ inputs( ) 就能实现一个使用自注意力的翻译模型：

代码 5 – 14 用自注意力实现翻译

```python
# p05_14_attention_translate.py,  自注意力翻译
import p04_27_super_framework as sf
import p05_12_translate as trans
import p05_13_self_attention as att
```

```
class MyConfig(trans.MyConfig):
    def get_sub_tensors(self, gpu_tensors):
        return MyTensors(gpu_tensors)

    def get_name(self) - >str:
        return 'p05_14 /attention_translate'

class MyTensors(trans.MyTensors):
    #重定义这个函数,以返回一个经过
    def get_decoder_inputs(self, predicts, cfg):
        # predicts: 编码器的输出:[num_steps0, batch_size, num_units]
        return att.self_attention(predicts, cfg.num_steps[1])

if __name__ = ='__main__':
    cfg = MyConfig()
    with sf.Model(cfg) as model:
        sf.show_params(model.session.graph)
        model.train()
        model.test()
```

上面我们使用的自注意力是**软注意力**,即注意力是一个概率分布。编码器输出的所有向量按照这个概率分布计算加权平均,结果送入到解码器相应的循环中即可。而**硬注意力**是指用权重最大的那个向量代替加权平均向量送入解码器计算,这有点类似于最大值池化操作。两者的梯度的计算过程也类似。读者请另行试验一下硬注意力。一般来说,软注意力比较受欢迎。

5.7.3 独立计算的自注意力

对于翻译应用来说,式(5-2)给出的自注意力仅依赖于编码器的输出,且一次性计算解码器所有循环所需的所有注意力。这个方法有利于并行计算,且适合解码器是双向RNN 的应用。

但是,如果解码器是单向的——这意味着解码器的输出只依赖于上文而不依赖于下文,则我们不必一次性计算出所有注意力,只需要每一步解码都单独计算一个注意力分布即可。更重要的是,注意力的计算不仅依赖于编码器的输出,还可以同时依赖于解码器上一步的输出,包括反馈和/或状态。下面我们可以复制并略微调整代码 5-13,让注意力不仅依赖于编码器输出的所有反馈,同时还依赖于解码器上一步输出的单个反馈:

代码 5 – 15 同时依赖于编码器和解码器输出的自注意力

```
# p05_15_self_attention2 .py, 同时依赖于编码器和解码器输出的自注意力
import tensorflow as tf
```

```
def self_attention(outputs, output, name = 'self_attention'):
    # 计算自注意力，并返回输入张量中每个向量的加权平均
    # outputs：编码器的输出，形状[num_steps0, batch_size, num_units]
    # output：解码器上一轮的反馈，形状[batch_size, num_units]
    outputs = tf.transpose(outputs, [1, 0, 2])  # [batch_size, num_steps0, num_units]
    num_steps0 = outputs.shape[1].value
    num_units = outputs.shape[2].value
    attention = tf.reshape(outputs + output, [-1, num_steps0 * num_units])

    attention = tf.layers.dense(attention, num_steps0, name = name)
    attention = tf.reshape(attention, [-1, num_steps0, 1])
    attention = tf.nn.softmax(attention, axis = 1)

    result = attention * outputs          # [batch_size, num_steps0, num_units]
    return tf.reduce_sum(result, axis = 1)       # [batch_size, num_units]
```

上述代码只需略微调整就可以适应注意力依赖于解码器上一步输出的状态或者同时依赖于状态和反馈的情况。与代码 5 - 13 相比，后者一次性计算出了 num_steps [1] 个注意力分布，优点是提高了运算并行性以及适合双向 RNN；代价是注意力不能依赖于解码器上一步的输出。

请读者复制并稍微调整代码 5 - 12，以测试上述独立计算注意力分布方法的效果。因为不太难，这里不再赘述。

5.7.4　Transform（变形）操作

式（5 - 2）给出的自注意力计算公式有两个问题：

1）矩阵 X 既被用来计算注意力分布 A，又被用来与 A 相乘以给出最终结果。

2）针对任何输入 X，全连接参数矩阵 W 都是相同的。

Google 团队提出的 Transformer 模型（参见 https：//arxiv. org/abs/1706. 03762）克服了这两个问题。Transformer 的思想是这样的：

1）计算注意力分布 A 时，不使用原始输入 X，而是使用一个依赖于 X 的查询矩阵 Q。

2）计算注意力分布 A 时，不使用全连接参数矩阵 W，而是使用一个依赖于 X 的键矩阵 K。这使得计算注意力时的参数矩阵不再是一成不变的，而是依赖于输入 X。

3）计算最终结果时，不使用原始输入 X，而是使用一个依赖于 X 的值矩阵 V。

4）最重要的是，Transformer 取消了式（5 - 2）中的参数 p。这是因为两者的目的不同。前者的目的是把一个 $m \times n$ 的矩阵 X 转成 $m \times q$，即向量数目不变，改变的是向量的长度（和内容）。当 $p = 1$ 时，后者的目的仅仅是对输入的 m 个向量加权平均。

下面我们给出 Transform（变形）操作计算公式：

$$
\left.
\begin{array}{ll}
\boldsymbol{Q}_{m \times q} = \boldsymbol{X}_{m \times n} \boldsymbol{W}^Q_{n \times q} + \boldsymbol{B}^Q_{1 \times q} & (1) \\[2mm]
\boldsymbol{K}_{m \times q} = \boldsymbol{X}_{m \times n} \boldsymbol{W}^K_{n \times q} + \boldsymbol{B}^K_{1 \times q} & (2) \\[2mm]
\boldsymbol{V}_{m \times q} = \boldsymbol{X}_{m \times n} \boldsymbol{W}^V_{n \times q} + \boldsymbol{B}^V_{1 \times q} & (3) \\[2mm]
\boldsymbol{A}_{m \times m} = \mathrm{softmax}\left(\dfrac{\boldsymbol{Q}_{m \times q} \boldsymbol{K}^T_{q \times m}}{\sqrt{q}}, \ axis = 1 \right) & (4) \\[3mm]
\boldsymbol{Y}_{m \times q} = \boldsymbol{A}\boldsymbol{V} & (5)
\end{array}
\right\} \qquad (5-3)
$$

其中，m 用来计算注意力的向量的数量，n 是向量的长度；q 是查询向量、键向量和值向量的长度。式（5-3）的式（4）中之所以要除以 $\sqrt{q}$，是为了部分消除维度的长度对计算注意力分布的影响，也就是说，尽量使计算出来的注意力分布与所选择的 q 的大小无关。

设所有偏置都是 0，并且

$$
\boldsymbol{X} = \begin{bmatrix} 1 & 2 & 3 \\ 4 & 5 & 6 \end{bmatrix}, \quad
\boldsymbol{W}^Q = \begin{bmatrix} 1 & 0 \\ 0 & 1 \\ 1 & 0 \end{bmatrix}, \quad
\boldsymbol{W}^K = \begin{bmatrix} 1 & 0 \\ -1 & 1 \\ 1 & 1 \end{bmatrix}, \quad
\boldsymbol{W}^V = \begin{bmatrix} -1 & 1 \\ -1 & 1 \\ 2 & 0 \end{bmatrix}
$$

则计算得：

查询矩阵 $\boldsymbol{Q} = \begin{bmatrix} 4 & 2 \\ 10 & 5 \end{bmatrix}$，键矩阵 $\boldsymbol{K} = \begin{bmatrix} 2 & 5 \\ 5 & 11 \end{bmatrix}$，值矩阵 $\boldsymbol{V} = \begin{bmatrix} 3 & 3 \\ 3 & 9 \end{bmatrix}$

注意力分布 $\boldsymbol{A} = \begin{bmatrix} 0 & 1 \\ 0 & 1 \end{bmatrix}$

$$
\boldsymbol{Y} = \begin{bmatrix} 3 & 9 \\ 3 & 9 \end{bmatrix}
$$

根据上面的公式，我们给出了 Transform（变形）操作的实现：

代码 5-16　**Transform（变形）操作**

```python
# p05_16_transformer.py, Transformer 的实现
import tensorflow as tf
import math


def transform(x, q, heads, key = None, value = None, name = 'my_transformer'):
    # x: 输入张量,形状:[ -1, m, n]
    # q: 整数,表示目标向量的长度
    # heads: 头的数量
    # key: 键矩阵,None 表示根据 x 计算, [ -1, heads, m, q]
    # value: 值矩阵,None 表示根据 x 计算, [ -1, heads, m, q]
    # 输出:x 变换后的结果,形状:[ -1, m q]

    with tf.variable_scope(name):
        query = _get_transform_matrix(x, q, heads, 'query')
        if key is None:
            key = _get_transform_matrix(x, q, heads, 'key')
        if value is None:
```

```
        value = _get_transform_matrix(x, q, heads, 'value')
    key_t = tf.transpose(key, [0, 1, 3, 2])  # [-1, heads, q, m]
    a = tf.nn.softmax(_matmul(query, key_t) / math.sqrt(q), axis = 1) # [-
    1, heads, m, m]
    x = _matmul(a, value)  # [-1, heads, m, q]
    x = tf.transpose(x, [0, 2, 3, 1])  # [-1, m, q, heads]
    m = x.shape[1].value
    x = tf.reshape(x, [-1, m, q * heads])
    x = tf.layers.dense(x, q, name = 'dense') # [-1, m, q]
    return x, key, value  # x: [-1, m q]; key, value: [-1, heads, m, q]

def _get_transform_matrix(x, q, heads, name):  # x: [-1, m, n]
    m = x.shape[1].value  # 用户输入的向量的数量
    n = x.shape[2].value  # 用户输入的向量的长度
    with tf.variable_scope(name):
        w = tf.get_variable('w', [heads, n, q], tf.float32)
        b = tf.get_variable('b', [heads, 1, q], tf.float32)
    x = [x] * heads  # [heads, -1, m, n]
    x = tf.transpose(x, [1, 0, 2, 3])  # [-1, heads, m, n]
    x = _matmul(x, w) + b  # [-1, heads, m, q]
    return x

def _matmul(a, b):  # 对 a、b 的最后两个维度进行矩阵乘法
    assert a.shape[-1].value == b.shape[-2].value
    a = tf.expand_dims(a, axis = -2)
    b = tf.expand_dims(b, axis = -3)
    dims = len(b.shape)
    b = tf.transpose(b, [e for e in range(dims - 2)] + [dims - 1, dims - 2])
    return tf.reduce_sum(a * b, axis = -1)
```

代码中之所以要手写一个矩阵相乘算法_ matmul( )，是因为 TF 中的矩阵相乘要求除最后两个维度外，两个矩阵的所有对应维度必须严格相等。也就是说，不满足广播要求。所以我们自己手写了一个。

5.7.5　Transformer 多头注意力模型

式（5-3）给出了变形操作的定义。一次变形就需要一组 W^Q、B^Q、W^K、B^K、W^V、B^V 参数。如果我们提供 N 组这样的参数，就能同时计算 N 个变形。每个变形对应一个注意力，这样生成的注意力就是**多头注意力**（Multi-headed Attention）。

如果允许运算可广播，则式（5-3）中的上述 6 个参数只需在第一个维度增加一个维

度，以表示头（head）的数量，那么这套公式就可以用来计算多头注意力。例如，把任意一个 W 的形状从 $[n, q]$ 改为 $[h, n, q]$，其中 h 表示头的数量。

为了获得单一的注意力，可以把多头注意力的所有结果拼接成形状 $[m, hq]$，然后再通过一个全连接把第二个维度改为 q，这样就得到了一个形状为 $[m, q]$ 的混合注意力。再经过一系列一维卷积操作（tf. layers. conv1d( )）抽取邻近单词之间的特征，最后输出形状为 $[m, q]$ 的语义。

自注意力是根据一个 RNN 编码器的输出反馈计算出来的，而多头注意力则直接对经过 Word2Vec 操作的用户输入进行多头注意力计算，没有使用 RNN。这大大提高了编码器的并行计算效率。因为 RNN 的每一步循环都依赖于上一步的结果，所以无法做到并行。

但是，这带来了一个问题，模型会对单词之间的顺序不敏感。如果调换两个单词的位置，则最后计算出的多头注意力可能不变。

解决这个问题的最简单办法就是准备一个位置向量字典 pos_dict。就像 Word2Vec 技术中词向量字典 char_dict 一样，每个单词根据自己的位置从 pos_dict 中获取自己的位置向量。第一个单词就取第一个向量，第二个单词就取第二个向量，以此类推。这个技术称为 **Pos2Vec** 技术。同 char_dict 一样，pos_dict 也是被 BP 算法自动优化的，所以读者不要奇怪它的内容从哪里来。

多头注意力编码器结构如图 5 - 15 所示。其中 Pos2Vec 中每个位置向量的长度为 q，每个单词相应的位置向量被取出并合并在一起之后，形状变成了 $[m, q]$，因而能与上述多头注意力的输出相加。结果经过**层归一化**⊖（Layer Normalize）和一个一维卷积网络，再与位置向量相加，最后再进行一次层归一化操作就构成了编码器的完整输出。这个输出代表了用户输入的所有单词的注意力分布，形状是 $[m, q]$。

由于这样的一层编码器只关心输入单词的数量 m 以及单个语义向量的长度 q，所以，这样的编码器可以一层一层累积多个，就像多层 RNN 那样。每层结构相同，但参数不共享。如图 5 - 16 所示，输入的是"我爱中国"的词向量集合，形状是 $[m, n]$。输出的是这句话的语义，形状是 $[m, q]$。

一层多头注意力解码器的结构如图 5 - 17 所示。与编码器一样，解码器也没有使用 RNN 的循环结构，并且其结构与编码器非常相似。解码器也是由 Transformer、（英文的）Pos2Vec、加法和归一化、一维卷积网络、（英文的）位置向量字典等组件组成。不同点有：

1）解码器的 Transformer 的所有键矩阵和值矩阵都来源于编码器的输出；而编码器的所有键矩阵和值矩阵都是可训练变量，训练时 BP 算法会优化这些矩阵。

2）解码器中没有与英文对应的 Word2Vec 组件，但是有与英文对应的 Vec2Word 组件。编码器中的情况正好相反。

⊖ 即同一层所有神经元进行归一化操作。归一化的目的就是把所有数据转换成满足标准正态分布的数据，消除同一层各神经元之间数据粒度上的差异。

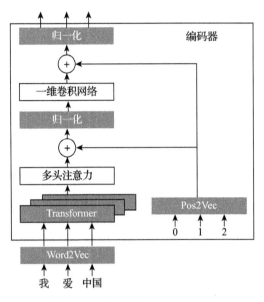

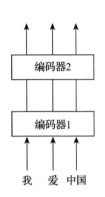

图 5 – 15　多头注意力编码器结构　　　　　　　图 5 – 16　多层编码器叠加

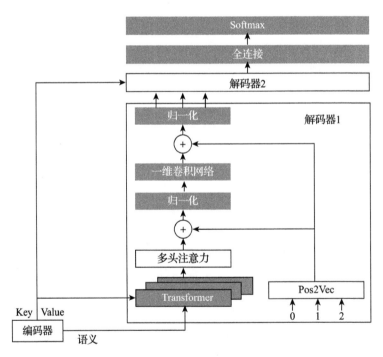

图 5 – 17　一层多头注意力解码器结构

同编码器一样,多个解码器也可以堆积起来。每一层 Transformer 的键向量和值向量都来自于编码器;输入向量则来自于下面一层的输出,最下面一层的输入来自于编码器生成的语义。最高层编码器的输出经过全连接之后变成 logits,再经过 softmax 操作后变成英文单词的概率。这些概率又被用来计算交叉熵损失。

综上所述，我们给出了 Transformer 模型中编码器和解码器的实现：

代码 5 – 17　Transformer 模型的实现

```
# p05_17_transformer.py, 基于 Transformer 的多头注意力模型
import tensorflow as tf
from p05_16_transform import transform

def multi_headed_layer(x, q, heads, convs = 5, kernal_size = 3,
                key = None, value = None, name = 'multi_head_layer'):
    """
    计算多头注意力
    :param x: 输入张量,[ -1, m, n]
    :param q: 向量变形的目标长度
    :param heads: 多头注意力的头部数量
    :param convs: 一维卷积数量
    :param kernal_size: 一维卷积核大小
    :param key: 键矩阵,None 表示根据 x 计算, [ -1, heads, m, q]
    :param value: 值矩阵,None 表示根据计算, [ -1, heads, m, q]
    :param name:
    :return: 三元组(x, key, value)。其中 x 是变形的结果,key/value 是变形的键/值矩阵
    """
    m = x.shape[1].value
    with tf.variable_scope(name):
        x, key, value = transform(x, q, heads, key, value, 'transform') # x: [ -1, m, q]
        pos_dict = tf.get_variable('pos_dict', [m, q], tf.float32)
        x = normalize(x + pos_dict, axis = [1, 2])

        for i in range(convs):
            x = tf.layers.conv1d(x, q, kernal_size, padding = 'same', name = 'conv% d' % i)
            x = tf.nn.relu(x)
        x = normalize(x + pos_dict, axis = [1, 2])
    return x, key, value   # x 是变形和一维卷积的结果,key 和 value 是变形的键/值矩阵

def normalize(inputs, axis, eps = 1e - 6):
    mean = tf.reduce_mean(inputs, axis = axis, keepdims = True)   # 求平均数
    ms   = tf.reduce_mean(tf.square(inputs), axis = axis, keepdims = True) # 求
平方平均数
    std = tf.sqrt(ms - tf.square(mean)) # 求标准差,平方的平均减平均的平方再开根号
    std = tf.maximum(std, eps)              # 避免标准差等于 0
    return (inputs - mean)/std

def encode(x, q, heads, convs = 5, kernal_size = 3, layers = 2,
         name = 'transformer_encoder'):
    # x: 输入张量,[ -1, num_steps, num_units]
    # q: 向量变形的目标长度
```

```
# heads：多头注意力的头部数量
# convs：一维卷积数量
# kernal_size：一维卷积核大小
# layers：编码器堆积层数
with tf.variable_scope(name):
    for i in range(layers):
        x, key, value = multi_headed_layer(x, q, heads, convs, kernal_size,
                             name = 'layer% d' % i) # [ -1, num_steps, q]
return x, key, value


def decode(x, key, value, convs = 3, kernal_size = 3, layers = 2,
           name = 'transformer_decoder'):
    # x：语义,[ -1, num_steps, q]
    # key：编码器计算得到的多头注意力的键矩阵：[ -1, heads, num_steps, q]
    # value：编码器计算得到的多头注意力的值矩阵：[ -1, heads, num_steps, q]
    # 其他参数的含义和形状同 encode()
    heads = key.shape[1].value
    q = key.shape[3].value
    with tf.variable_scope(name):
        for i in range(layers):
            x, _, _ = multi_headed_layer(x, q, heads, convs, kernal_size,
                key = key, value = value, name = 'layer% d' % i) # [ -1, num_steps, q]
    return x  # [ -1, num_steps, q]
```

Transformer 模型的使用请参见下一节。

5.8 *N*：*N*：*N* 模型

理解 *N:N:N*（多对多对多）模型的最好办法是剖析阅读理解应用。

5.8.1 阅读理解

阅读理解应用是指给定一段文字，然后针对这段文字提问，最后给出一个合理的回答。例如：

阅读：男生说：“今晚如果不下雨的话我就不去接你了。”女生说：“那你就等着吧!”
提问：请问女生的态度是很高兴，不太高兴，还是很不高兴。
回答：很不高兴。

解决这种问题的模型就是 *N:N:N* 模型，其结构如图 5 – 18 所示。

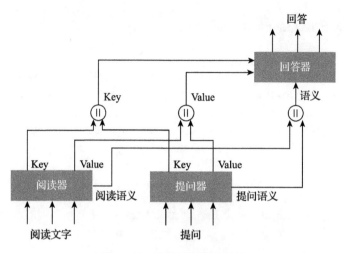

图 5-18　阅读理解模型结构

根据这个结构，结合前面我们实现的 Transformer 模型，阅读理解的代码实现如下：

代码 5-18　阅读理解的实现

```python
# p05_18_reading_comprehension.py, 阅读理解
import tensorflow as tf
import numpy as np
import p04_27_super_framework as sf
import p05_17_transformer as trans

class MyConfig(sf.Config):
    def __init__(self):
        super(MyConfig, self).__init__()
        self.num_steps = 100      # 一句话最多 100 个单词
        self.num_units = 200      # 输入、反馈和状态的长度
        self.num_chars = 1000     # 总共有 1000 个单词
        self.q = 16
        self.heads = 32           # 32 头注意力
        self.layers = 2           # 编码器、解码器层数
        self.batch_size = 10
        self.epoches = 100

    def get_name(self) -> str:
        return 'p05_18/reading_comprehension'

    def get_sub_tensors(self, gpu_tensors):
        return MyTensors(gpu_tensors)

    def get_datasets(self):
        ds = MyDataSet(500, self)
```

```python
        return sf.DataSets(ds, ds, ds)

class MyDataSet(sf.ArrayDataSet):
    def __init__(self, num, cfg):    # 构建随机样本，注意形状和取值范围
        reading = np.random.randint(0, cfg.num_chars, [num, cfg.num_steps])
        question = np.random.randint(0, cfg.num_chars, [num, cfg.num_steps])
        answer = np.random.randint(0, cfg.num_chars, [num, cfg.num_steps])
        super(MyDataSet, self).__init__(reading, question, answer)


class MyTensors(sf.Tensors):    # 作为子类，MyTensors 中需要定义 x, y_predict,
                                         loss 等张量
    def __init__(self, gpu_tensors: sf.GPUTensors):
        super(MyTensors, self).__init__(gpu_tensors)
        cfg = gpu_tensors.config
        re = tf.placeholder(tf.int32, [None, cfg.num_steps], 'reading')  # [ -1,
        num_steps]
        qu = tf.placeholder(tf.int32, [None, cfg.num_steps], 'question') # [ -1,
        num_steps]
        an = tf.placeholder(tf.int32, [None, cfg.num_steps], 'answer') # [ -1,
        num_steps]
        self.x = [re, qu, an] # 所有输入张量

        # word2vector
        char_dict = tf.get_variable('char_dict', [cfg.num_chars, cfg.num_
        units], tf.float32)
        re = tf.nn.embedding_lookup(char_dict, re) # [ -1, num_steps, num_units]
        qu = tf.nn.embedding_lookup(char_dict, qu) # [ -1, num_steps, num_units]

        re, re_key, re_value = trans.encode(re, cfg.q, cfg.heads, name ='
        reading_encoder')
        qu, qu_key, qu_value = trans.encode(qu, cfg.q, cfg.heads, name ='
        question_encoder')

        semantics = self.merge((re, qu), 'merge_semantics') # [ -1, num_steps, q]
        key = self.merge((re_key, qu_key), 'merge_key') # [ -1, heads, num_steps, q]
        value = self.merge((re_value, qu_value), 'merge_value')  # [ -1, heads,
        num_steps, q]

        semantics = tf.nn.relu(semantics)
        semantics = trans.decode(semantics, key, value, name ='decoder') # [ -
        1, num_steps, q]
        semantics = tf.nn.relu(semantics)
        logits = tf.layers.dense(semantics, cfg.num_chars, name ='dense') # [ -
        1, num_step, num_chars]
        an = tf.one_hot(an, cfg.num_chars)  # [ -1, num_step, num_chars]
```

```
        self.loss = tf.nn.softmax_cross_entropy_with_logits_v2(labels = an,
        logits = logits)
        self.y_predict = tf.argmax(logits, axis = 2)  # [batch_size, num_
            steps1]

    def merge(self, tensors, name):  # 合并 tensors 中每个张量的倒数第二个维度
        dims = len(tensors[0].shape)
        y = tf.concat(tensors, axis = dims - 2)  # […, 2 * num_steps, q]
        shape = [e for e in range(dims - 2)] + [dims - 1, dims - 2]
        y = tf.transpose(y, shape)  # […, 2 * num_steps]
        y = tf.layers.dense(y, tensors[0].shape[1].value, name = name)
        return tf.transpose(y, shape)  # [ -1, num_steps, q]


if __name__ == '__main__':
    cfg = MyConfig()
    with sf.Model(cfg) as model:
        sf.show_params(model.session.graph)
        model.train()
        model.test()
```

5.8.2 多轮对话

$N{:}N{:}N$ 模型的第二个应用就是两人多轮对话（简称多轮对话）。与阅读理解一样，多轮对话也是在一定的背景下进行的，也是一问一答的形式。不同点在于：

1）在阅读理解场景下，机器负责回答人的提问，机器不会向人提问，人也不会回答机器的问题；而在多轮对话场景下，机器和人都有可能提问或回答。

2）在阅读理解中，阅读的文字包含了所有可能的问题的答案；但是在多轮对话中，机器有可能向人提问，而人的回答对随后机器的提问和回答都可能会有影响。例如，在一个商场的大厅里，如果一个人告诉智能服务机器人说她老公等会儿会来接她，那么机器人就会判断出她是个女人，接着可能就会向她优先推荐化妆品或者美食；但如果对方说我老婆等会儿会来找他，那么机器人就会向他推荐休息区的一张小板凳。

3）在阅读理解中，机器人总是扮演回答问题的人，是一个服务提供者的形象；但是在多轮对话中，机器人可能扮演任何一种角色。例如在一个酒店大厅里，机器人可能负责接待任务，是服务提供者；但是在同一个场景下，机器人也可能是个客人，希望了解这个酒店的情况。

基于以上考虑，我们设计的多轮对话模型（见图 5 - 19）包括 3 个编码器和 1 个解码器：

1）编码器 1 用来对会话背景进行编码，就如同阅读理解中对阅读文字进行编码一样。如果对话没有任何背景（这种情况不多见），则这个编码器可以省略。

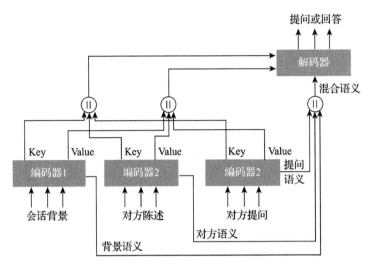

图 5 - 19　多轮对话模型结构

2）编码器2用来对对方到目前为止的所有陈述进行编码，包括对问题的回答以及不问自答、自言自语或者一问多答等各种回答和陈述；不包括对方的提问或者感叹。这些陈述有助于模型问出更有价值的问题，或者对对方的提问做出更精准的回答。

3）编码器3用来对对方当前的提问进行编码。

4）唯一的解码器用来对对方的提问做出回答，或者在对方长久不吱声的情况下向对方提问。当然，问的是有意义的问题，而不是问对方为啥不吱声。

多轮对话的这些特征使得其模型结构比阅读理解复杂，其训练难度也比后者大。但有一个优点：一个多轮对话的样本往往可以当作多个训练样本使用。假设有一个无背景的对话样本：

A：<1, A? >
B：<2, B >
A：<3, A >
B：<4, B? >
A：<5, A >

其中的数字表示这是第几句话，字母 A、B 表示是谁说的这句话，问号（?）表示这是一句提问。那么这份对话样本的作用很多。

首先，机器可以模拟 A 也可以模拟 B。模拟 A 时，A 所说的任何话，包括提问和回答都是模型试图要去拟合的。模拟 B 时，同样如此。这样，一份样本就可以派两个作用了。

其次，上述 5 句话代表了 5 个可能的训练样本，每个可能的训练样本分别包含了原样本中的头 1、2、3、4、5 句话。一个可能的训练样本如果是以被模拟的人的提问或者回答结尾的，那它就是训练样本，而不仅仅是可能。例如，上例中如果机器想模拟 A，那么训练样本就有 3 个，分别是：

训练样本 1：　　　　　　　训练样本 2：　　　　　　训练样本 3：

　　　　　　　　　　　　　　　　　　　　　　　　A：<1, A？>

　　　　　　　　　　A：<1, A？>　　　　　　B：<2, B>

　　　　　　　　　　B：<2, B>　　　　　　A：<3, A>

A：<1, A？>　　　　A：<3, A>　　　　　　B：<4, B？>

　　　　　　　　　　　　　　　　　　　　　　　　A：<5, A>

上例中因为模拟的是 A，所以 B 就是对方。B 的提问就应该进入编码器 3，B 的回答应该按次序进入编码器 2；而 A 本人的提问和回答作为标签，将与解码器的输出进行对比。A 的回答将与最接近的对方的提问配对；A 的提问则认为是 B 的提问等于 0 向量时的回答。表 5 - 3 列出了不同样本对不同编码器和解码器的输入。

表 5 - 3　不同样本对不同编码器和解码器的输入

输入	训练样本 1	训练样本 2	训练样本 3
编码器 2（对方陈述）		<2, B>	<2, B>
编码器 3（对方提问）	0	0	<4, B>
解码器	<1, A？>	<3, A>	<5, A>

基于同样的方法，我们也可以给出模拟 B 时的 2 个训练样本。因为这个例子是无背景的，所以编码器 1 没有发挥作用。如果对话是有背景的，则应该在上述所有训练样本中对编码器 1 输入背景文字。

图 5 - 19 告诉我们，若不考虑样本处理，多轮对话模型与阅读理解模型非常相似。区别仅在于前者有 3 个编码器，分别负责对背景、对方陈述和对方问题的编码；而后者只有 2 个编码器。

下面我们以随机数作为样本给出多轮对话的实现。为了共用代码，我们分别继承了代码 5 - 18 的 MyConfig 和 MyTensors 来构建多轮对话的 MyConfig 和 MyTensors。

代码 5 - 19　多轮对话

```python
# p05_19_dialog.py，多轮对话
import tensorflow as tf
import numpy as np
import p04_27_super_framework as sf
import p05_17_transformer as trans
import p05_18_reading_comprehension as reading


class MyConfig(reading.MyConfig):
    def get_name(self) - >str:
        return 'p05_19/dialog'

    def get_sub_tensors(self, gpu_tensors):
        return MyTensors(gpu_tensors)
```

```python
    def get_datasets(self):
        ds = MyDataSet(500, self)
        return sf.DataSets(ds, ds, ds)


class MyDataSet(sf.ArrayDataSet):
    def __init__(self, num, cfg):      # 构建随机样本,注意形状和取值范围
        background = np.random.randint(0, cfg.num_chars, [num, cfg.num_steps]) # 背景
        context = np.random.randint(0, cfg.num_chars, [num, cfg.num_steps]) # 对方陈述
        question = np.random.randint(0, cfg.num_chars, [num, cfg.num_steps]) # 对方提问
        answer = np.random.randint(0, cfg.num_chars, [num, cfg.num_steps]) # 回答
        super(MyDataSet, self).__init__(background, context, question, answer)


class MyTensors(reading.MyTensors):    # 作为子类,MyTensors 中需要定义 x, y_
                                       #    predict, loss 等张量
    def __init__(self, gpu_tensors: sf.GPUTensors):
        self.parent = gpu_tensors
        cfg = gpu_tensors.config
        bg = tf.placeholder(tf.int32, [None, cfg.num_steps], 'background')
                                                   # [ -1, num_steps]
        ct = tf.placeholder(tf.int32, [None, cfg.num_steps], 'context')
                                                   # [ -1, num_steps]
        qu = tf.placeholder(tf.int32, [None, cfg.num_steps], 'question')
                                                   # [ -1, num_steps]
        an = tf.placeholder(tf.int32, [None, cfg.num_steps], 'answer')
                                                   # [ -1, num_steps]
        self.x = [bg, ct, qu, an]                        # 所有输入张量

        # word2vector
        char_dict = tf.get_variable('char_dict', [cfg.num_chars, cfg.num_units], tf.float32)
        bg = tf.nn.embedding_lookup(char_dict, bg)  # [ -1, num_steps, num_units]
        ct = tf.nn.embedding_lookup(char_dict, ct)  # [ -1, num_steps, num_units]
        qu = tf.nn.embedding_lookup(char_dict, qu)  # [ -1, num_steps, num_units]

        bg, bg_key, bg_val = trans.encode(bg, cfg.q, cfg.heads, name = 'background_encoder')
        ct, ct_key, ct_val = trans.encode(ct, cfg.q, cfg.heads, name = 'context_encoder')
        qu, qu_key, qu_val = trans.encode(qu, cfg.q, cfg.heads, name = 'question_encoder')

        semantics = self.merge((bg, ct, qu), 'merge_semantics')  # [ -1, num_steps, q]
        key = self.merge((bg_key, ct_key, qu_key), 'merge_key')  # [ -1, heads, num_steps, q]
        val = self.merge((bg_val, ct_val, qu_val), 'merge_value')  # [ -1, heads, num_steps, q]
```

```
        semantics = tf.nn.relu(semantics)
        semantics = trans.decode(semantics, key, val, name = 'decoder') # [ -1,
num_steps, q]
        semantics = tf.nn.relu(semantics)
        logits = tf.layers.dense(semantics, cfg.num_chars, name = 'dense') # [ -1,
num_step, num_chars]
        an = tf.one_hot(an, cfg.num_chars)  # [ -1, num_step, num_chars]
        self.loss = tf.nn.softmax_cross_entropy_with_logits_v2(labels = an,
logits = logits)
        self.y_predict = tf.argmax(logits, axis =2)  # [batch_size, num_steps1]

if __name__ = ='__main__':
    cfg = MyConfig()
    with sf.Model(cfg) as model:
        sf.show_params(model.session.graph)
        model.train()
        model.test()
```

5.9　结束语

　　本章介绍了循环神经网络 RNN 的原理和最常用的 LSTM 模型，定义了 1:1 模型、N:1 模型、1:N 模型和 N:N 模型。用自己的代码实现了多层 RNN、双向 RNN。1:1 模型的典型应用有诗歌生成、分词和词性标注等；N:1 模型的典型应用有文本分类和倾向性分析等；1:N 模型的典型应用有图像加标题、用文字概括图像内容等；N:N 模型的典型应用就是翻译。在翻译应用中我们介绍和使用了自注意力模型，解释了什么是软注意力、硬注意力。

　　本章还着重介绍了 Transformer 和多头注意力，讲解了多头注意力编码器和解码器模型。这是一种没有使用 RNN 的多对多模型，其并行计算效率和拟合能力都比前者有了很大提高。

　　本章最后我们又引出了 N:N:N 模型，并用该模型实现了阅读理解和多轮对话。从这些应用中我们可以看到，模型和思考问题的方法很重要，只要这一关过了，用 TF 实现则相对容易。

第6章

Chapter Six

生成式对抗网络

Ian J. Goodfellow 在 2014 年提出的生成式对抗网络（Generative Adversarial Network，GAN）是一种适合于无监督学习○的生成模型（即目的是生成与样本类似的数据，而不是判断数据的分类或者计算其回归）。GAN 的研究和使用范围都比较广，有很多应用十分有趣，例如：自动生成油画或者照片；把照片的男性改成女性，女性改成男性；预测年轻人将来老年的样子；更换发型或者服装；判断夫妻相；帮助生成海报；字画修复或者文物辅助修复；把不喜欢的人从照片中移除；表情转换（愤怒改成微笑）等。

这一章我们先从简单 GAN 讲起，循序渐进，最后讲解 Star GAN。你会发现，只要掌握数学原理，GAN 也没有想象中那么复杂。

6.1 简单 GAN

6.1.1 简单 GAN 模型

GAN 的目的和 VAE 相同，都是学习样本的分布规律，然后能够生成很像样本的样本。例如，假如我们用莫奈的油画训练一个 GAN 或者 VAE 模型，目的都是将来使用这个模型时，输入一个随机数或者随机向量，就能够生成莫奈风格的油画，如图 6-1 所示。

图 6-1　GAN 和 VAE 的目的相同

GAN 和 VAE 的不同之处仅仅在于它们的做法。我们知道 VAE 可以帮助我们获得图片的语义，所谓学习不仅是为了优化模型中的参数，而且也是为了获得语义向量中每个元素的平

均数和标准差（见 4.4.2 节）。所以 VAE 模型又称为**显式分布模型**，即样本数据的分布是显式地计算出来的。而 GAN 模型则不同，它仅仅优化模型内部的参数，并不显式地计算样本数据的分布，所以又称为**隐式分布模型**。图 6-2 所示为 GAN 的结构。

　　一个最简单的 GAN 模型由一个生成器（Generator，G）和一个辨别器（Discriminator，D）组成。G 用来生成样本，它的输入是一个随机向量，输出是一个与真实样本很"像"的假样本。D 则用来判断输入的图片是真实样本还是假样本，所以 D 是一个二分类器。一个简单的 GAN 模型的训练步骤是这样的：

　　第一步，把真实样本输入辨别器，期望 D 的输出是 1（即"真"）。这一步的目的是训练 D，使它能够识别真实样本，如图 6-3 所示。

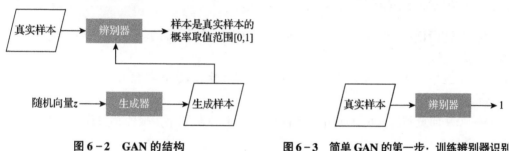

图 6-2　GAN 的结构　　　　图 6-3　简单 GAN 的第一步：训练辨别器识别真实样本

　　第二步，把一个随机向量 z（通常是满足标准正态分布的随机向量）输入 G，把 G 生成的假样本（也称为**生成样本**，以下同）输入辨别器，期望 D 的输出是 0（即"假"）。这一步的目的是训练 D，让它能够识别假样本，其中最关键的地方在于应该把生成器固定，也就是说不优化生成器的参数，只优化辨别器，如图 6-4 所示。为什么要这么做？当你了解了第三步训练之后就明白了。

　　第三步，这一步的做法与第二步几乎一模一样，也是把一个随机向量 z 输入 G，把 G 生成的假样本输入 D。不一样的地方有两点：

　　1）期望 D 的输出是 1（即"真"）。

　　2）这一步训练要固定住 D，只优化 G 的参数，如图 6-5 所示。

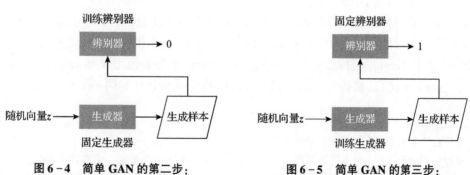

图 6-4　简单 GAN 的第二步：　　　　图 6-5　简单 GAN 的第三步：

训练辨别器识别假样本　　　　训练生成器生成接近真实的假样本

开始训练时，以上三步轮流执行[一]。

第一步训练 D 识别真样本很好理解，第二步和第三步要固定住一个模块，仅优化另一个模块。这正是 GAN 最奇特的地方——GAN 是通过"对抗"训练来达到优化 G 和 D 的目的。D 总是试图把 G 生成的任何样本都当成假样本，G 则总是试图生成让 D 以为是真样本的假样本。这样不断对抗下去，最终达到纳什均衡：D 几乎无法区别真样本和生成样本，G 则生成了能以假乱真的样本。

D 的作用是在训练时与 G 对抗，一旦训练完成，它就几乎没有用了。使用 GAN 进行预测时，可以仅仅加载 G 和 G 的参数。

6.1.2　简单 GAN 生成手写数字

下面，我们再次回到"老朋友"MNIST 数据集旁边，试图用简单 GAN 模型生成手写数字。编程之前请注意：

1）D 是一个二分类器，对输入的 28×28 的图片做 3 次 3×3 卷积和 1 次 7×7 卷积即可得到一个概率。

2）G 是一个从向量到图片的生成器，把前面讲 VAE 手写数字生成的相关代码复制过来即可。

3）前述的每一步训练对应一个损失，一共有 3 个损失。其中前两个损失用来优化 D，最后一个损失用来优化 G。这是我们自从使用超级框架以来第一次同时处理多个损失。由于超级框架考虑到了这种情况，所以，把 3 个损失组成一个元组即可。

4）当我们试图"固定"一个模块时，其含义就是让这个模块里的可训练参数不被 BP 算法优化。在 TF 里，可以在调用优化器的 compute_gradient( ) 方法时设置其第二个参数 var_list 为需要优化的参数列表，这样就能避免那些不在列表中的变量得到优化。为了获取指定的变量，我们先调用 tf. variable_scope( ) 给 G 和 D 以不同的范围。这些范围的名称会加到在这个范围内定义的每个变量名称前面作为前缀存在。例如，在范围"generator"内定义的变量"abc"的完整名称是"generator/abc"。接着调用 tf. trainable_variables( ) 方法以获取所有变量，然后看变量的名称中是否含有指定的前缀（例如"generator"或"discriminator"），通过这个方法就能获取指定的变量。

综上所述，我们实现了一个简单 GAN 模型以随机生成手写数字。其中 generate( ) 用来生成样本，其代码复制自代码 4-9 的 decode( )；discriminate( ) 用来判别真假样本，其代码复制自代码 4-3 的 Tensors 类构造函数。注意，MyTensors 中巧妙使用了 tf. variable_scope( ) 和 scope. reuse_variables( )，使得计算各个损失时使用的是同一个 D 和同一个 G。

[一] 能不能把其中某一步反复执行直到最优后再执行另外的步骤？不行，以第一步训练 D 辨别真实样本为例，由于你输入的是真实样本，期望 D 输出的就只有 1 这个类别，没有其他类别。换句话说，你不是在做二分类训练，实际训练的是"一分类"。而所谓的"一分类"不仅仅在逻辑上说不通，而且 D 会很快被训练成这个样子：它把任何输入都当成真样本，而不关心它是不是真的真样本。这显然不是你所希望的。

| 代码 6 – 1 | 简单 GAN 实现手写数字生成 |

```
# p06_01_simple_GAN_mnist.py,简单 GAN 实现手写数字生成
import tensorflow as tf
from tensorflow.examples.tutorials.mnist.input_data import read_data_sets
import numpy as np
import p04_27_super_framework as sf
import cv2           # 使用 OpenCV

class MyConfig(sf.Config):
    def __init__(self):
        super(MyConfig, self).__init__()
        self.batch_size = 211
        self.lr = 2e - 6
        self.epoches = 3000
        self.samples_path = 'MNIST_data/'
        self.z_size = 2        # 随机向量的长度

    def get_name(self) - >str:
        return 'p06_01/simple_GAN_mnist'

    def get_sub_tensors(self, gpu_tensors):
        return MyTensors(gpu_tensors)

    def get_datasets(self):
        dss = read_data_sets(self.samples_path)
        self.dss = sf.DataSets(MyDataSet(dss.train, self),
                    MyDataSet(dss.validation, self),
                    MyDataSet(dss.test, self))
        return self.dss

class MyDataSet(sf.DataSet):
    def __init__(self, ds, cfg):
        self.ds = ds
        self.cfg = cfg

    def get_number(self):
        return self.ds.num_examples

    def next_batch(self, batch_size):
        xs, _ = self.ds.next_batch(batch_size)
        zs = np.random.normal(size =[batch_size, self.cfg.z_size])
        return xs, zs

class MyTensors(sf.Tensors):  # 作为子类,MyTensors 中需要定义 x, y_predict, loss
                              等张量
    def __init__(self, gpu_tensors: sf.GPUTensors):
        super(MyTensors, self).__init__(gpu_tensors)
        cfg = gpu_tensors.config
```

```
x = tf.placeholder(tf.float32, [None, 784], 'x')        #真实样本
z = tf.placeholder(tf.float32, [None, cfg.z_size], 'z')   #随机向量
self.x = [x, z] #所有输入张量

with tf.variable_scope('generator'):
    fake = self.generate(z)        #通过生成器生成假样本: [-1, 28, 28, 1]
fake_label = tf.zeros([tf.shape(fake)[0]], tf.int32) #假样本的标签都是0
x_label = tf.ones([tf.shape(x)[0]], tf.int32)        #真样本的标签都是1
x = tf.reshape(x, [-1, 28, 28, 1])
with tf.variable_scope('discriminator') as scope:
    loss0 = self.get_loss(x, x_label)               #获取第一步训练的损失
    scope.reuse_variables()
    loss1 = self.get_loss(fake, fake_label)     #获取第二步训练的损失
    loss2 = self.get_loss(fake, 1 - fake_label)   #获取第三步训练的损失
self.loss = (loss0, loss1, loss2)               #定义D和G的损失张量
self.y_predict = tf.reshape(fake, [-1, 28, 28]) * 255

def generate(self, z):  #生成一个假样本,z:[-1, 8]
    y = tf.reshape(z, [-1, 1, 1, self.parent.config.z_size])
    y = tf.layers.conv2d_transpose(y, filters = 128, kernel_size = 7, padding = 'valid')
                                                    #[7, 7, 128]
    y = tf.layers.batch_normalization(y, training = False)
    y = tf.nn.relu(y)
    y = tf.layers.conv2d_transpose(y, filters = 64, kernel_size = 3, strides = (2, 2),
            padding = 'same')                            #[14, 14, 64]
    y = tf.layers.batch_normalization(y, training = False)
    y = tf.nn.relu(y)
    y = tf.layers.conv2d_transpose(y, filters = 32, kernel_size = 3, strides = (2, 2),
            padding = 'same')                        #[28, 28, 32]
    y = tf.layers.batch_normalization(y, training = False)
    y = tf.nn.relu(y)
    y = tf.layers.conv2d_transpose(y, filters = 1, kernel_size = 3,
            padding = 'same')       #最后一步不要激活函数,[28, 28, 1]
    return y

def get_loss(self, x, label):
    label = tf.cast(label, tf.float32)
    logit = self.discriminate(x)   #通过辨别器生成一个logit
    return tf.nn.sigmoid_cross_entropy_with_logits(labels = label, logits = logit)

def discriminate(self, x): #辨别器,x: [-1, 28, 28, 1]
    x = tf.layers.conv2d(x, filters = 32, kernel_size = 3, padding = 'same',
            activation = tf.nn.relu, name = 'conv1')   #结果的形状:[-1, 28, 28, 32]
    x = tf.layers.conv2d(x, filters = 64, kernel_size = 3, strides = (2, 2),
    padding = 'same',
            activation = tf.nn.relu, name = 'conv2')   #结果的形状:[-1, 14, 14, 64]
    x = tf.layers.conv2d(x, filters = 128, kernel_size = 3, strides = (2, 2),
    padding = 'same',
            activation = tf.nn.relu, name = 'conv3')   #结果的形状:[-1, 7, 7, 128]
```

```
        x = tf.layers.conv2d(x, filters = 1, kernel_size = 7, padding = 'valid',
        name = 'conv4')                        # 结果的形状: [ -1, 1, 1, 1]
        return tf.reshape(x, [ -1])            # [ -1]
    def grads(self): # 由于训练时需要固定一个模块, 训练另一个模块, 所以需要重定义这个函数
        opt = self.parent.config.get_optimizer(self.parent.lr)
        vars_disc = [var for var in tf.trainable_variables() if 'discriminator'
        in var.name]
        vars_genr = [var for var in tf.trainable_variables() if 'generator' in
        var.name]
        return [opt.compute_gradients(self.loss[0], vars_disc),
                opt.compute_gradients(self.loss[1], vars_disc),
                opt.compute_gradients(self.loss[2], vars_genr)]


class MyModel(sf.Model):
    def before_epoch(self, epoch, epoches):
        np.random.seed(12345)   # 要保证每一轮训练所用的随机向量都是一样的

    def after_epoch(self, epoch):  # 保证每一轮训练结束后都进行一次测试
        super(MyModel, self).after_epoch(epoch)
        if epoch % 10 == 0:
            self.test(epoch = epoch)

    def test(self, num = 100, cols = 20, epoch = 0):  # 生成 100 个图片, 每 20 个一行
        assert num % cols == 0   # num 必须是 cols 的倍数
        imgs = self.get_imgs(num)
        imgs = np.transpose(imgs, [1, 0, 2])  # [28, -1, 28]
        imgs = np.reshape(imgs, [28, -1, 28 * cols])
        imgs = np.transpose(imgs, [1, 0, 2])  # [ -1, 28, 28 * cols]
        img = np.reshape(imgs, [ -1, 28 * cols])

        path = 'predicts /% s_% 03d.png' % (self.config.get_name(), epoch)
        sf.make_dir(path)
        cv2.imwrite(path, img)
        print('Write image into', path, flush = True)

    def get_imgs(self, num):
        zs = np.random.normal(size = [num, self.config.z_size])
        ts = self.gpu_tensors.ts[0]
        imgs = self.session.run(ts.y_predict, {ts.x[1]: zs})  # [ -1, 28, 28]
        return imgs


if __name__ == '__main__':
    cfg = MyConfig()
    with MyModel(cfg) as model:
    sf.show_params(model.session.graph)
    model.train()
    model.test()
```

这个程序在 Ubuntu 和 Mac OS 环境下都运行通过。请注意，Windows 下的路径分隔符是反斜杠"\"（考虑到 Python 的字符转义，应该是"\\"），读者要注意更改路径分隔符；否则 sf. make_dir( ) 会调用失败。图 6 - 6 所示为 3 个损失变化的情况。其中，一开始 D 识别真假样本的能力很强，loss0 和 loss1 迅速下降；一开始 G 生成样本的质量不高，损失迅速上升；最终 3 个损失都向 0. 6931 附近靠拢。为了提高拟合效果，生成器中使用了 BN 操作。

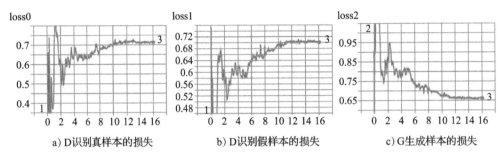

a) D识别真样本的损失　　b) D识别假样本的损失　　c) G生成样本的损失

图 6 - 6　简单 GAN 的损失变化

注意：

1）loss0 和 loss1 分别表示 D 识别真假样本的能力。这两个损失一开始就会迅速下降。这是因为 G 生成图片与真实图片之间的差别还很明显，D 可以很轻松地识别两者。

2）3 个损失并不会都趋近于 0。事实上，它们最优的结果是全部趋近于 0. 6931。GAN 的最终目的是让 G 生成 D 以为是真样本的样本。此时，不论输入的是真样本还是假样本，D 认为它们为真样本的概率都是 0. 5，对应的交叉熵就是 ln2，即 0. 6931。所以当某个损失趋近于 0 时别忙着高兴，那不是好现象。

3）GAN 训练比较困难，经常会出现一个损失趋近于 0 或者无穷大。一旦出现这种情况请读者立刻停止运行，因为此时模型已经崩溃了（Model Collapse），没有可能恢复（后面会说明原因）。请检查代码和各个超参（如 lr）是否有问题。

4）MyTensors 的构造函数中的张量 z 虽然是随机数，但是每个 Epoch 应该使用同一组随机数。这就是为什么要重定义 MyModel 类的 before_epoch( ) 以设置随机数种子的原因。由于样本不确定就会导致拟合时参数的不确定，网络不知道该以什么为目标进行拟合，因此，确定目标，然后朝着它小步前进才是正道。

图 6 - 7 所示为我们生成的手写数字效果。由于机器算力和显存大小不同，读者的训练效果不一定相同。请用不同的 lr、batch_ size 和 z_size反复试验。

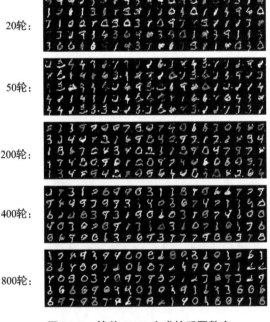

20轮：

50轮：

200轮：

400轮：

800轮：

图 6 - 7　简单 GAN 生成的手写数字

（batch_size = 300, lr = 2e - 6, z_size = 4）

6.1.3　GAN 的训练为什么困难

上节我们提到，如果以概率的交叉熵为损失函数，那么 3 个损失都是以 ln2 （即 0.6931）为最优。事实上，如果其中某个损失趋近于 0，则模型会立刻崩溃，且无法恢复。这是为什么呢？

这是因为当 D 趋近于 0 时，损失函数通过 D 传给 G 的梯度 ∇_G 也趋近于 0。为什么？

如图 6-8 所示，我们有：

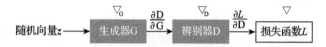

图 6-8　梯度经过 D 传给 G

$$\nabla_D = \frac{\partial L}{\partial D} \cdot \nabla \qquad (6-1)$$

$$\nabla_G = \frac{\partial D}{\partial G} \cdot \nabla_D \qquad (6-2)$$

当 L 趋近于 0 时，意味着 D 已经接近最优解了，所以有 $\frac{\partial L}{\partial D} \to 0$。代入式（6-1），结果再代入式（6-2）得 $\nabla_G \to 0$。

这意味着 G 的参数将停止更新。而 G 一旦停止优化，它制作的假样本将更难以混过 D 的检查（即 D 更加倾向于把 G 的结果判定为 0）。这就是为什么一旦图 6-6 中 loss0 和 loss1 趋近于 0，loss2 就会趋近于无穷大。反过来，当 $\nabla_G \to 0$ 时，我们也能得出 $\nabla_D \to 0$ 的结论。所以，无论哪个损失，趋近于 0 都意味着模型的瘫痪。

G 和 D 都在尽力促使自己的损失降为 0，阻止对方的损失降为 0，反复对抗的最后结果就是双方达到纳什均衡。此时 D 对真假样本的识别概率都是 0.5，对应的交叉熵就是 ln2。所以 ln2 是各个交叉熵损失的生死线[⊖]，一旦任意一个损失偏离它太远，不管是变大还是变小，都会导致 GAN 的崩溃。所以 GAN 的训练是比较困难的，必须小心地协调 D 和 G 的优化速度，使得所有损失都在 ln2 附近徘徊，并最终趋近于 ln2。

解决的办法有：

1）减小 lr。小的步长有助于减缓损失趋近于 0 的趋势。

2）减小 batch_size。小的 batch_size 同样有助于减缓损失趋近于 0 的趋势。

3）如果某个损失过大（这意味着其他某个损失过小），则增加对这个损失的训练。

4）避免一次训练（即 Session.run( ) 的一次调用）同时优化两个或两个以上的损失。由于 GAN 的第一步和第二步训练都是针对 D 的，有的教材、博客或者论文建议把这两步合并成一步。事实证明，这个做法是有问题的。首先，分开训练和合并训练的结果并不一样。前者是指在前一步优化结果的基础上进行下一步优化，模型的可训练参数发生了两次变化；后者是指在同一个基础上同时优化多个损失，模型的可训练参数只发生一次变化，结果当然

⊖　后面我们学习的 MGAN 中就不是用交叉熵表示损失的，其生死线就不是 ln2。

不一样。其次，由于对抗的关系，两个损失可能会相互抵消，合并训练可能会导致某些参数得不到优化或者优化速度很慢；而分开训练是分两次优化可训练参数的，出现这种情况的可能性很小。

5）采用后面提到的 WGAN 技术，可以大大减少梯度消失情况的出现。

6）使用 BN 和 Dropout 操作。

6.2 条件式 GAN

条件式 GAN（Conditional GAN，CGAN）模型的目的与条件式 VAE 相同，都是在条件标签（简称为**条件**）的帮助下生成指定的图片。图 6 - 9 所示为 CGAN 的网络结构。与 GAN 的结构（见图 6 - 2）相比，CGAN 多了一个条件输入。在手写数字生成应用中，条件就是手写数字图片的标签，即 0 ~ 9 十个数值，作用是让 G 按照用户指定的条件生成手写数字图片。这就赋予了用户控制 G 的一种手段，避免 G 完全不受控制地随机生成图片。除了类别标签以外，后面章节中我们还会学习到其他形式的条件。

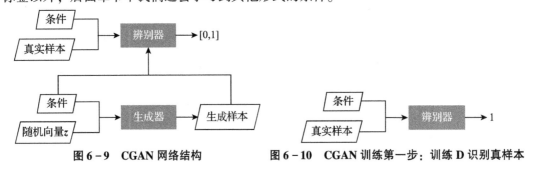

图 6 - 9   CGAN 网络结构   图 6 - 10   CGAN 训练第一步：训练 D 识别真样本

CGAN 的训练步骤如下：

第一步，用真实样本及其相应的条件训练 D 识别真样本。D 期望输出是 1，如图 6 - 10 所示。

第二步，用条件和 G 生成的假样本训练 D 识别假样本。D 的期望输出是 0。训练过程中条件有两个作用：首先是与随机向量 z 一起进入 G，以便生成假样本；其次，同一个条件再与生成的假样本一起进入 D，以便 D 根据条件判别样本的真假，如图 6 - 11 所示。

这一点与 CVAE 很不一样。如图 4 - 17 所示，标签只进入解码器（相当于 GAN 的 G），不会进入编码器。这恰恰是显式语义分布模型与隐式语义分布模型的本质区别：前者是用编码器计算样本语义的分布，然后才在解码器中根据分布恢复样本；而后者则是 G 先于 D 获得用户输入，语义的分布规律被隐藏在 G 中。

读者要注意的是，与简单 GAN 一样，这一步要求固定住 G，仅优化 D 的参数。原因前面已经说过了。

第三步，将条件和随机向量一起输入 G 以生成假样本，后者再输入 D。D 的期望输出是 1。D 被固定住，只优化 G 的参数。这一步的目的是训练 G 生成以假乱真的样本，如图 6 - 12 所示。

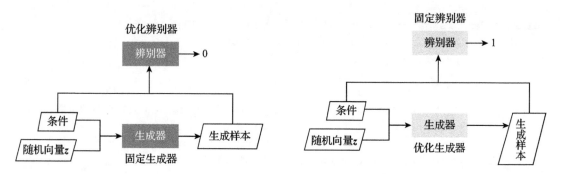

图 6-11　CGAN 训练第二步：训练 D 识别生成样本　　图 6-12　CGAN 训练第三步：训练 G 生成以假乱真的样本

下面是我们在代码 6-1 的基础上对 CGAN 的实现。注意：

1）代码中的每一个类都是对代码 6-1 中同名类的继承，用面向对象方法实现了对代码的重用。

2）读者要尤其注意代码对 generate( ) 和 discriminate( ) 两个函数的重定义，观察条件标签是如何从侧面影响模型结构的。

代码 6-2　CGAN 实现手写数字生成

```python
# p06_02_CGAN_mnist.py, CGAN 实现手写数字生成
import tensorflow as tf
import numpy as np
import p04_27_super_framework as sf
import p06_01_simple_GAN_mnist as gan
from tensorflow.examples.tutorials.mnist.input_data import read_data_sets

class MyConfig(gan.MyConfig): # 继承并重用 GAN 定义的 MyConfig
    def get_name(self) -> str:
        return 'p06_02/CGAN_mnist'

    def get_sub_tensors(self, gpu_tensors):
        return MyTensors(gpu_tensors)

    def get_datasets(self):
        dss = read_data_sets(self.samples_path)
        return sf.DataSets(MyDataSet(dss.train, self), MyDataSet(dss.validation,
        self), MyDataSet(dss.test, self))

class MyDataSet(gan.MyDataSet): # 继承并重用 GAN 定义的 MyDataSet
    def next_batch(self, batch_size):
        xs, x_conds = self.ds.next_batch(batch_size)
        zs = np.random.normal(size=[batch_size, self.cfg.z_size])
        z_conds = np.random.randint(0, 10, [batch_size])
        return xs, x_conds, zs, z_conds
```

```python
class MyTensors(gan.MyTensors):    # 继承和重用 GAN 定义的 MyTensors
    def __init__(self, gpu_tensors: sf.GPUTensors):
        self.parent = gpu_tensors
        cfg = gpu_tensors.config
        x = tf.placeholder(tf.float32, [None, 784], 'x')          # 真实样本
        x_cond = tf.placeholder(tf.int32, [None], 'x_cond')   # 真实样本的条件
        z = tf.placeholder(tf.float32, [None, cfg.z_size], 'z')   # 随机向量
        z_cond = tf.placeholder(tf.int32, [None], 'z_cond')    # 随机向量的条件
        self.x = [x, x_cond, z, z_cond]   # 所有输入张量

        x_cond = tf.one_hot(x_cond, 10)    # [-1, 10]
        z_cond = tf.one_hot(z_cond, 10)    # [-1, 10]

        with tf.variable_scope('generator'):
            fake = self.generate(z, z_cond) # 通过生成器生成假样本: [-1, 28, 28, 1]
        fake_label = tf.zeros([tf.shape(fake)[0]], tf.int32) # 假样本的期望都是 0
        x_label = tf.ones([tf.shape(x)[0]], tf.int32)       # 真样本的期望都是 1
        x = tf.reshape(x, [-1, 28, 28, 1])
        with tf.variable_scope('discriminator') as scope:
            loss0 = self.get_loss(x, x_cond, x_label)     # 获取第一步训练的损失
            scope.reuse_variables()
            loss1 = self.get_loss(fake, z_cond, fake_label) # 获取第二步训练的损失
            loss2 = self.get_loss(fake, z_cond, 1 - fake_label) # 获取第三步训练的损失
        self.loss = (loss0, loss1, loss2)
        self.y_predict = tf.reshape(fake, [-1, 28, 28]) * 255

    def generate(self, z, z_cond): # 生成一个假样本, z:[-1, 8], z_cond:[-1, 10]
        cfg = self.parent.config
        y = tf.reshape(z, [-1, 1, 1, cfg.z_size])

        filters, size, k_size, padding = 128, 7, 7, 'valid',
        for i in range(3):
            y = tf.layers.conv2d_transpose(y, filters, kernel_size=k_size, strides=2,
                padding=padding, name='deconv% d' % i)             # 反卷积
            y = tf.layers.batch_normalization(y, training=False)
            y = tf.nn.relu(y)
            cond = tf.layers.dense(z_cond, size * size * filters, name='dense% d' % i)
            y += tf.reshape(cond, [-1, size, size, filters])
            filters, size, k_size, padding = filters//2, size*2, 3, 'same'
        y = tf.layers.conv2d_transpose(y, 1, kernel_size=3, padding='same',
            name='deconv3')
        return y

    def get_loss(self, x, cond, label):
        label = tf.cast(label, tf.float32)
        logit = self.discriminate(x, cond)  # 通过辨别器生成一个 logit
```

```
            return tf.nn.sigmoid_cross_entropy_with_logits(labels=label, logits=logit)

        def discriminate(self, x, cond):  #辨别器,x: [-1, 28, 28, 1], cond: [-1, 10]
            filters, size, strides=32, 28, 1
            for i in range(3):
                x=tf.layers.conv2d(x, filters=filters, kernel_size=3, padding='same',
                    strides=strides, activation=tf.nn.relu, name='conv%d' % i)#卷积
                cond2=tf.layers.dense(cond, size * size * filters, name='dense%d' % i)
                x+=tf.reshape(cond2, [-1, size, size, filters])
                filters, size, strides=2 * filters, size//2, 2
            x=tf.layers.conv2d(x, filters=1, kernel_size=7, padding='valid',
            name='conv3')                                        #结果的形状: [-1, 1, 1, 1]
            return tf.reshape(x, [-1]) #[-1],用户可在 D 中执行 Dropout 操作以避免过拟合


class MyModel(gan.MyModel):   #继承和重用 GAN 定义的 MyModel
    def get_imgs(self, num):
        zs=np.random.normal(size=[num, self.config.z_size])
        z_conds=[e % 10 for e in range(num)]
        ts=self.gpu_tensors.ts[0]
        imgs=self.session.run(ts.y_predict, {ts.x[2]: zs, ts.x[3]: z_
        conds}) #[-1,28,28]
        return imgs


if __name__ == '__main__':
    cfg=MyConfig()
    with MyModel(cfg) as model:
        sf.show_params(model.session.graph)
        model.train()
        model.test()
```

6.3　Pix2Pix 模型

　　Pix2Pix 模型是一种特殊的 CGAN 模型，其中的条件不是一个离散的分类，而是一张图片。Pix2Pix 模型的最典型应用就是将简笔画生成照片，如图 6-13 所示。简笔画由用户制作，模型的目的就是把它转成真实的照片。

　　Pix2Pix 的结构与 CGAN 相似，把 CGAN 中的条件从标签改为简笔画，同时删除随机向量 z 即可，如图 6-14 所示。

图 6-13　Pix2Pix 简笔画转照片示例　　　图 6-14　Pix2Pix 模型结构

对应地，Pix2Pix 的训练也分为三步：

第一步，用简笔画与对应的真实照片训练 D 识别真样本，期待 D 输出 1。

第二步，把简笔画输入 G 生成假样本，前者和后者一起输入 D 让 D 能识别假样本。期待 D 输出 0。这一步要固定住 G，只优化 D。

第三步，同第二步做法一样，只不过期待 D 的输出是 1，并且固定住 D，只优化 G。

在实现 CGAN 时，需要用条件标签从侧面影响 G 和 D 的运算（见图 6-9）。由于条件标签是一种离散性质的分类标签，所以，我们用字典把它转成向量或者矩阵，然后再与 G 和 D 中相应的层相加（见代码 6-2 的 MyTensors 类中的 generate( ) 函数和 discriminate( ) 函数）。在 Pix2Pix 中就不能这样做了。因为简笔画是一个二维数据，当它从侧面影响 D 时，我们可以用 tf. image. resize_images( ) 函数改变简笔画的大小，然后让它与 D 的相应层相加即可。

为了简洁起见，我们约定简笔画和照片的大小相同，且都是彩色的。这样，我们就可以很容易地使用 U 型网络构建 G。

综上所述，我们给出 Pix2Pix 模型的实现如下（样本用随机数代替）：

代码 6-3　Pix2Pix 模型的实现

```
# p06_03_Pix2Pix.py, 简笔画转照片
import tensorflow as tf
import numpy as np
import p04_27_super_framework as sf
import p06_01_simple_GAN_mnist as gan
from p04_31_unet import unet, encode

class MyConfig(gan.MyConfig):
    def __init__(self):
        super(MyConfig, self).__init__()
        self.batch_size = 10
        self.img_size = 224

    def get_name(self) -> str:
        return 'p06_03/Pix2Pix'

    def get_sub_tensors(self, gpu_tensors):
```

```
            return MyTensors(gpu_tensors)

    def get_datasets(self):
        ds = MyDataSet(500, self)
        return sf.DataSets(ds, ds, ds)


class MyDataSet(sf.ArrayDataSet):
    def __init__(self, num, cfg):
        size = cfg.img_size
        xs = np.random.randint(0, 255, [num, size, size, 3])   # 简笔画
        ys = np.random.randint(0, 255, [num, size, size, 3])   # 照片
        super(MyDataSet, self).__init__(xs, ys)


class MyTensors(gan.MyTensors):   # 作为子类, MyTensors 中需要定义 x, y_predict,
                                    loss 等张量
    def __init__(self, gpu_tensors: sf.GPUTensors):
        self.parent = gpu_tensors
        cfg = gpu_tensors.config
        pic_img = tf.placeholder(tf.float32, [None, cfg.img_size, cfg.img_size, 3])
                                                                    # 简笔画
        pic = tf.placeholder(tf.float32, [None, cfg.img_size, cfg.img_size, 3]) # 照片
        self.x = [pic_img, pic] # 所有输入张量

        with tf.variable_scope('generator'):
            fake = self.generate(pic_img)    # 通过生成器生成假样本: [-1, 28, 28, 1]
        fake_label = tf.zeros([tf.shape(fake)[0]], tf.float32) # 假样本的标签都是 0
        pic_label = tf.ones([tf.shape(pic)[0]], tf.float32) # 真样本的标签都是 1

        with tf.variable_scope('discriminator') as scope:
            loss0 = self.get_loss(pic, pic_img, pic_label) # 获取第一步训练的损失
            scope.reuse_variables()
            loss1 = self.get_loss(fake, pic_img, fake_label) # 获取第二步训练的损失
            loss2 = self.get_loss(fake, pic_img, 1 - fake_label) # 获取第三步训练的损失
        self.loss = (loss0, loss1, loss2)
        self.y_predict = tf.reshape(fake, [-1, 28, 28]) * 255

    def generate(self, img):   # 生成一个假样本, img: [-1, img_size, img_size, 3]
        return unet(img)


    def get_loss(self, pic, img, label):
        # pic, img: [-1, img_size, img_size, 3]
        # label: [-1]
        logits = self.discriminate(pic, img)   # 通过辨别器生成 logits: [-1]
        return tf.nn.sigmoid_cross_entropy_with_logits(labels = label, logits =
        logits)
```

```
    def discriminate(self, pic, img):  # 辨别
        # pic, img: [ -1, img_size, img_size, 3]
        x = tf.concat((pic, img), axis = 3)       # 合并照片和简笔画的通道
        semnt = encode(x)[ -1]   # [ -1, 7, 7, 2048]
        logits = tf.layers.conv2d(semnt, 1, self.parent.config.img_size//32,
name = 'conv -1')
        return tf.reshape(logits, [ -1])

if __name__ == '__main__':
    cfg = MyConfig()
    with sf.Model(cfg) as model:
        sf.show_params(model.session.graph)
        model.train()
        model.test()
```

上述代码中使用了简单的 U 型网络以及它的编码器，这并不是必需的。在工程项目中，
读者可以根据实际情况调整模型的大小和参数，或者使用其他模型。例如，辨别器可以改用
Resnet50 或者 Inception 等模型。

除了简笔画转照片外，Pix2Pix 模型以及其变体还有很多神奇的应用。例如黑白照片着
色、修复图像、去噪、移除照片上的物体等。图 6 - 15 所示就是一个超分辨率的例子。

图 6 - 15　超分辨率（模糊照片变清晰）

6.4　CycleGAN 模型

Pix2Pix 模型有一个缺点——样本必须成对出现，这大大增加了样本处理的难度。本节
我们将要介绍的 CycleGAN（循环 GAN）模型解决了这个问题，它的结构如图 6 - 16 所示。
CycleGAN 的目的是用 A、B 两类图片训练模型，最终使得一个 A 类型的图片（不一定是训
练样本）经过模型可以转化为一个 B 类型的图片。

CycleGAN 模型特别适合两种相似但不同类别图片之间的相互转化,例如男女性别转换,如图 6-17 所示。男女人脸其实是很相似的,鼻子、眼睛、嘴巴、眉毛等的位置和数量都差不多或者相同,所以 CycleGAN 非常适合男女性别转换。

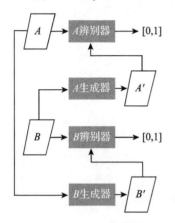

图 6-16　CycleGAN 模型结构　　　　　图 6-17　男女性别转换

从结构看,CycleGAN 有以下特点:

1)一个 CycleGAN 由两个 GAN 组成,分别完成从 A 到 B 的转换和从 B 到 A 的转换。

2)与 Pix2Pix 不同,CycleGAN 训练 A/B 的辨别器时,只需要 A/B 类的真实图片参与,不需要 B/A 的图片参与。而前者在训练辨别器时需要简笔画参与(见图 6-15)。这就是 CycleGAN 不需要样本配对的根本原因。

3)CycleGAN 的第一步训练,是用 A 和 B 的真实样本分别训练 A、B 的辨别器,以便它们能识别真实的 A、B 类的样本。辨别器的输出期望都是 1,如图 6-18 所示。

4)CycleGAN 的第二步训练,是用 A 和 B 的真实样本分别输入 B、A 的生成器。生成的假样本再分别输入 B、A 的辨别器,期望输出是 0。这一步的目的是训练两个辨别器识别假样本,并且固定住 A 和 B 的生成器,只优化两个辨别器,如图 6-19 所示。

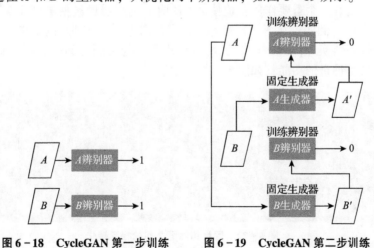

图 6-18　CycleGAN 第一步训练　　　图 6-19　CycleGAN 第二步训练

5)CycleGAN 的第三步训练过程同第二步。不同的是,两个辨别器的期望输出都是 1,

固定住 A 和 B 的辨别器，只优化两个生成器，如图 6－20 所示。

6）与前面学习的所有 GAN 都不同，CycleGAN 还有第四步训练，如图 6－21 所示。把 B、A 的真实样本分别输入 A、B 的生成器，以便生成假样本 A' 和 B'。再把 A' 和 B' 分别输入 B、A 的生成器，分别输出 B、A 的第二个假样本 A'' 和 B''。期望 A'' 与 A 相同，B'' 与 B 相同。这个期望可以通过方差损失函数实现。

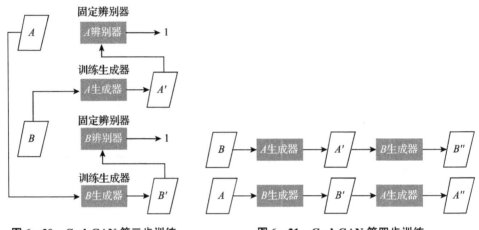

图 6－20 CycleGAN 第三步训练   图 6－21 CycleGAN 第四步训练

CycleGAN 最巧妙的地方就是第四步训练。如果没有第四步训练，CycleGAN 很容易落入模型崩溃陷阱（Model Collapse）。

对 GAN 来说，模型崩溃是指不论输入任何一个随机向量 z，生成器只输出唯一一个假样本，并且该假样本与一个真实样本相同。这个样本当然能够让 D 以为它是真实的，因为它本来就是真的；但这显然不是我们所期望的，我们希望对于不同的 z，生成器输出的假样本不同。GAN 之所以难以训练，很多情况下都是因为避免不了模型崩溃。

对 CycleGAN 来说，模型崩溃是指不论输入什么样的 B 类图片，A 生成器始终只生成唯一的一个 A 类图片。反之亦然。

第四步训练还有一个重要作用：迫使 A、B 两个生成器尽量抽象两个类别的共同特征。这就要求两个类别（例如男女图片）最好有较多共同点，这样训练的效果就比较好。

除了男女性别转换外，CycleGAN 还可以实现照片与油画之间的转换、真实照片与卡通照片之间的转换等神奇的功能，如图 6－22 所示。

图 6－22 照片和油画之间的相互转化

既然 CycleGAN 能够解决两类相似但不同类别图片之间的相互转化，那么我们可不可以把它扩展到 N 个类别的图片上呢？答案是可以的，这就是我们下节要学习的 StarGAN 模型。

6.5 StarGAN 模型

StarGAN（星型 GAN）的作用是实现多个类别样本之间的相互转换。例如，人的表情有喜、怒、哀、乐之分，同一处风景有春、夏、秋、冬之分。通过 StarGAN，一个发怒的人可以变成在微笑，一个夏天的风景照片可以变成冬景。

图 6-23 所示为 StarGAN 的结构。我们看到，StarGAN 的结构比 CycleGAN 要简单很多，但功能却强大了。这是因为后者强调了生成器应该尽量抽取两个类别的共同特征，这就使得两个生成器有可能合二为一。StarGAN 就是用来实现这个目的的。

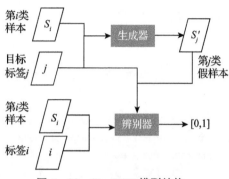

图 6-23 StarGAN 模型结构

6.5.1 StarGAN 的训练

与 CycleGAN 一样，StarGAN 的训练也分为 4 步。注意，我们用 i 表示样本的类别，用 S_i 表示第 i 类的任意一个样本。

第一步，如图 6-24 所示，用任意一个第 i 类的真实样本 S_i 及其标签 i 训练 D 识别真样本。期望 D 输出 1。

第二步，如图 6-25 所示，把任意一个第 i 类的样本 S_i 和任意一个标签 j 输入 G 以生成一个第 j 类的假样本 S_j'，它和 j 一起进入 D。这一步的目的是训练 D 识别假样本，期望 D 输出 0，并且固定住 G，只优化 D。

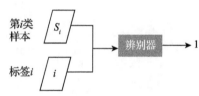

图 6-24 StarGAN 第一步训练

第三步，做法与第二步相同。不同的是，期望 D 的输出是 1，固定住的是 D，只优化 G。

第四步，如图 6-26 所示，第 i 类的样本 S_i 和任意一个标签 j 进入 G 生成第 j 类的假样本 S_j'。后者与标签 i 一起再次进入 G，以生成第 i 类的假样本 S_i'。期望 S_i 与 S_i' 相同，使用平方差损失函数。注意，图 6-26 中的生成器是同一个生成器。

StarGAN 的这个设计十分巧妙。

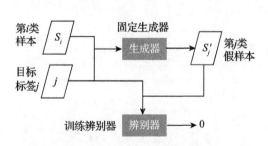

图 6-25 StarGAN 第二步训练

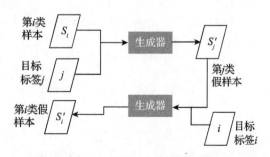

图 6-26 StarGAN 第四步训练

6.5.2 数字之间的转换

我们已经用 MNIST 实现了手写数字识别和生成，现在我们来实现手写数字之间的转换。例如，给定一个手写数字 7，我们通过模型可以把它转换成其他任意一个手写数字，如 8 或者 2。代码如下：

代码 6-4 StarGAN 实现手写数字之间的转换

```python
# p06_04_StarGAN_mnist.py, StarGAN 实现手写数字转换
import tensorflow as tf
from tensorflow.examples.tutorials.mnist.input_data import read_data_sets
import numpy as np
import p04_27_super_framework as sf
import p06_01_simple_GAN_mnist as gan

class MyConfig(gan.MyConfig):
    def get_name(self) -> str:
        return 'p06_04/StarGAN_mnist'

    def get_sub_tensors(self, gpu_tensors):
        return MyTensors(gpu_tensors)

    def get_datasets(self):
        dss = read_data_sets(self.samples_path)
        return sf.DataSets(MyDataSet(dss.train, self), MyDataSet(dss.
validation, self),
                MyDataSet(dss.test, self))

class MyDataSet(gan.MyDataSet):
    def next_batch(self, batch_size):
        xs, x_digits = self.ds.next_batch(batch_size)   # 图片和图片代表的数字
        z_digits = np.random.randint(0, 10, [batch_size])   # 随机数字
        return xs, x_digits, z_digits

class MyTensors(gan.MyTensors):   # 继承和重用 GAN 定义的 MyTensors
    def __init__(self, gpu_tensors: sf.GPUTensors):
        self.parent = gpu_tensors
        x = tf.placeholder(tf.float32, [None, 784], 'x')   # 真实样本
        x_digit = tf.placeholder(tf.int32, [None], 'x_digit')   # 真实样本的数字
        z_digit = tf.placeholder(tf.int32, [None], 'z_digit')   # 随机向量
        self.x = [x, x_digit, z_digit]   # 所有输入张量

        x_digit = tf.one_hot(x_digit, 10)   # [-1, 10]
        z_digit = tf.one_hot(z_digit, 10)   # [-1, 10]
```

```
    with tf.variable_scope('generator') as scope:
        x = tf.reshape(x, [-1, 28, 28, 1])
        fake = self.generate(x, z_digit)  # 通过生成器生成假样本: [-1, 28, 28, 1]
        scope.reuse_variables()
        fake2 = self.generate(fake, x_digit) # 与第四步训练有关
    fake_label = tf.zeros([tf.shape(fake)[0]], tf.int32) # 假样本的期望都是 0
    x_label = tf.ones([tf.shape(x)[0]], tf.int32)        # 真样本的期望都是 1
    x = tf.reshape(x, [-1, 28, 28, 1])

    with tf.variable_scope('discriminator') as scope:
        loss0 = self.get_loss(x, x_digit, x_label)    # 获取第一步训练的损失
        scope.reuse_variables()
        loss1 = self.get_loss(fake, z_digit, fake_label) # 获取第二步训练的损失
        loss2 = self.get_loss(fake, z_digit, 1 - fake_label) # 获取第三步训练的损失
    loss3 = tf.square(x - fake2) # 第四步训练的损失
    self.loss = (loss0, loss1, loss2, loss3)
    self.y_predict = tf.reshape(fake, [-1, 28, 28]) * 255

def grads(self):  # 要用到 4 个损失, 所以需要重定义这个函数
    opt = self.parent.config.get_optimizer(self.parent.lr)
    vars_disc = [var for var in tf.trainable_variables() if 'discriminator' in var.name]
    vars_genr = [var for var in tf.trainable_variables() if 'generator' in var.name]
    return [opt.compute_gradients(self.loss[0], vars_disc),
            opt.compute_gradients(self.loss[1], vars_disc),
            opt.compute_gradients(self.loss[2], vars_genr),
            opt.compute_gradients(self.loss[3], vars_genr)]

def generate(self, x, z_digit):  # 生成一个假样本, x: [-1, 28, 28, 1], z_digit: [-1, 10]
    cfg = self.parent.config
    with tf.variable_scope('encode'):
        y, layers = self.encode(x, z_digit, cfg.z_size)
        y = tf.reshape(y, [-1, 1, 1, cfg.z_size])
    with tf.variable_scope('decode'):
        return self.decode(y, z_digit, layers)

def decode(self, y, z_digit, layers):
    filters, size, k_size, padding = 128, 7, 7, 'valid',
    for i in range(3):
        y = tf.layers.conv2d_transpose(y, filters, kernel_size = k_size, strides = 2,
            padding = padding, name = 'deconv% d' % i) # 反卷积
        y = tf.layers.batch_normalization(y, training = False)
        y = tf.nn.relu(y)
        z2 = tf.layers.dense(z_digit, size * size * filters, name = 'dense% d' % i)
        y += tf.reshape(z2, [-1, size, size, filters]) + layers[2 - i]
        filters, size, k_size, padding = filters // 2, size * 2, 3, 'same'
```

```python
            y = tf.layers.conv2d_transpose(y, 1, kernel_size = 3, padding = 'same',
                name = 'deconv3')
            return y

        def get_loss(self, x, digit, label):
            label = tf.cast(label, tf.float32)
            logit = self.discriminate(x, digit)   # 通过辨别器生成一个 logit
            return tf.nn.sigmoid_cross_entropy_with_logits(labels = label, logits = logit)

        def discriminate(self, x, digit):   # 辨别器,x: [ -1, 28, 28, 1 ], digit: [ -1, 10 ]
            semantics, _ = self.encode(x, digit, 1)
            return tf.reshape(semantics, [ -1 ])

        def encode(self, x, digit, target_size):
            # 把 x 编码成语义向量,长度 target_size
            # x: [ -1, 28, 28, 1 ], digit: [ -1, 10 ]
            filters, size, strides = 32, 28, 1
            layers = [ ]
            for i in range(3):
                x = tf.layers.conv2d(x, filters = filters, kernel_size = 3, padding = 'same',
                    strides = strides, activation = tf.nn.relu, name = 'conv% d' % i) # 卷积
                layers.append(x)
                digit2 = tf.layers.dense(digit, size * size * filters, name = '
                dense% d' % i)
                x + = tf.reshape(digit2, [ -1, size, size, filters ])
                filters, size, strides = 2 * filters, size // 2, 2
            x = tf.layers.flatten(x)   # 把 x 扁平化
            x = tf.layers.dense(x, target_size, name = 'dense') # 结果的形状: [ -1, target_size ]
            return x, layers

class MyModel(gan.MyModel):   # 继承和重用 GAN 定义的 MyModel
    def get_imgs(self, num):
        xs, _, _ = self.config.datasets.test.next_batch(num)
        z_digits = [e % 10 for e in range(num) ]
        ts = self.gpu_tensors.ts[0]
        imgs = self.session.run(ts.y_predict, {ts.x[0]: xs, ts.x[2]: z_digits})
        # [ -1, 28, 28 ]
        imgs + = [0] * 27 + [255]
        xs = np.uint8(np.reshape(xs * 255, [ -1, 28, 28 ]))   # 转成无符号 8 位整数
        imgs = np.transpose([xs, imgs ], [1, 0, 2, 3 ])     # [ -1, 2, 28, 28 ]
        return np.reshape(imgs, [ -1, 28, 28 ])

    def before_epoch(self, epoch, epoches):
        pass   # 取消父类对随机数种子的设定
```

```
if __name__ = ='__main__':
    cfg = MyConfig()
    with MyModel(cfg) as model:
        sf.show_params(model.session.graph)
        model.train()
        model.test()
```

6.6　WGAN

假设 x 是一个样本，p 是概率，则有：

$$p = \mathrm{sigmoid}(D(x))$$

$$\mathrm{loss} = \begin{cases} -\ln(p), & x\text{ 是真样本} \\ -\ln(1-p), & x\text{ 是假样本} \end{cases}$$

因为 sigmoid( ) 函数的导数就是 $p(1-p)$，所以我们有：

$$\nabla_{D(x)} = \begin{cases} (p-1)\nabla, & x\text{ 是真样本} \\ p\nabla, & x\text{ 是假样本} \end{cases} \tag{6-3}$$

由于刚开始训练时，G 生成的假样本的质量还很差，D 能够轻而易举地区分真假样本。这就造成了 x 是真样本时 $p \to 1$，x 是假样本时 $p \to 0$。也就是说，$\nabla_{D(x)} \to 0$。这就是我们极力要避免的梯度消失现象。因为它会导致 G 无法得到梯度从而不能被优化，模型因此瘫痪。解决这个问题的一个办法就是令

$$\nabla_{D(x)} = \nabla$$

即把可能趋近于 0 的参数 p 或 $(p-1)$ 删除，直接用 D 的输出（即 logits）作为损失。这就是著名的 Wasserstein GAN（简称为 **WGAN**）的思想[⊖]。WGAN 称这种损失为推土机距离（Earth Mover Distance，EM 距离）。注意，对 EM 距离执行 sigmoid 操作就会得到概率。对于真样本来说，我们期望 $D(x)$ 趋近于无穷大（相当于期望 $\mathrm{sigmoid}(D(x))$ 趋近 1）；对于假样本来说，我们期望 $D(x)$ 趋近于负无穷大（相当于期望 $\mathrm{sigmoid}(D(x))$ 趋近 0）。由于 TF 总是求函数的最小值（见 Optimizer. minimize( ) 方法），所以，对真样本我们不妨求 $D(x)$ 的最小值；对假样本就求 $-D(x)$ 的最小值（相当于求 $D(x)$ 的最大值）。两者的纳什均衡点为 0。我们知道，GD 法是可以求最小值的，见式 (2-2)。

注意，对真假样本来说，应该分别求 $D(x)$ 和 $-D(x)$ 的最小值，还是应该分别求 $-D(x)$ 和 $D(x)$ 的最小值其实是没有区别的，都是二元决策，都不影响我们对模型的训练和使用。

⊖　论文参见 https://arxiv. org/pdf/1701. 07875. pdf。

当我们采用 EM 距离作为损失函数时，梯度消失的现象的确大大缓解了；但是另外一个相反现象的发生概率却提高了，这就是梯度爆炸，即梯度的绝对值趋近于无穷大。这使得可训练参数的绝对值也趋近于无穷大，最终导致模型崩溃或者瘫痪。WGAN 的解决办法是，把 D 的所有可训练变量的值限制在一定范围以内（论文[⊖] 中给出的缺省范围是 $[-0.01, 0.01]$）。在 TF 中，这可以通过 tf. clip_by_value( ) 结合控制依赖实现。

基于以上考虑，通过继承上一节 StarGAN 代码的方法，我们用 EM 距离实现手写数字转换。

代码 6 - 5　**WGAN 实现手写数字之间的转换**

```
# p06_05_WGAN_mnist.py, WGAN 实现手写数字转换
import tensorflow as tf
import p04_27_super_framework as sf
import p06_04_StarGAN_mnist as stargan

class MyConfig(stargan.MyConfig):
    def __init__(self):
        super(MyConfig, self).__init__()
        self.clip = 0.01     # D 中可训练参数的剪裁范围

    def get_name(self) - >str:
        return 'p06_05 /WGAN_mnist'

    def get_sub_tensors(self, gpu_tensors):
        result =  MyTensors(gpu_tensors)
        if not hasattr(self, 'clip_vars'):
            for var in tf.trainable_variables():
                if 'discriminator' in var.name:
                    assign =tf.assign(var, tf.clip_by_value(var, -cfg.clip, cfg.clip))
                    # 把赋值操作加入相关集合,以便训练操作 train_op 对其产生控制依赖
                    # 从而保证训练开始前 D 中的每个变量都已经被剪裁了
                    tf.add_to_collection(tf.GraphKeys.UPDATE_OPS, assign)
            self.clip_vars =True
        return result

class MyTensors(stargan.MyTensors):
    def get_loss(self, x, digit, label):
        label =tf.cast(label, tf.float32)     # 标签值,0 或者 1
        logit =self.discriminate(x, digit)    # 通过辨别器生成一个 logit
        # 对真样本求 logit 的最小值,对假样本求 - logit 的最小值(即求 logit 的最大值)
        return (label *2 -1) * logit          # 返回 logit 表示的 EM 距离
```

⊖　论文参见 https：//arxiv. org/pdf/1701. 07875. pdf。

```
if __name__ == '__main__':
    cfg = MyConfig()
    with stargan.MyModel(cfg) as model:
        sf.show_params(model.session.graph)
        model.train()
        model.test()
```

在 WGAN 中，前 3 个损失都是以 EM 距离来衡量的，它们的生死线都是 0，不是 ln2。ln2 是简单 GAN、CGAN、Pix2Pix、CycleGAN 和 StarGAN 中所使用的交叉熵损失的生死线。读者在用 TB 观察上面程序运行时的损失变化情况时，不要奇怪为什么损失有正有负。

6.7　结束语

本章由浅入深地介绍了几种常用的生成式对抗网络：简单 GAN、CGAN、Pix2Pix、CycleGAN 和 StarGAN。通过 GAN 的一些有趣应用，例如手写数字的生成和转换等，说明了 GAN 的训练步骤和损失函数的特点，以及背后的数学原理。本章还解释了 GAN 之所以难训练的原因；解释了什么是损失的生死线，并给出了限制损失的一个方法；同时还分析了 GAN 的梯度变化规律。

本章最后解释了 WGAN 的基本原理和 EM 距离的概念。

第 7 章
Chapter Seven

目标检测

7.1 目标检测简介

目标检测是指从一张图片中检测出多个物体。图7-1所示为一个目标检测的例子，图片中的物体被矩形框框住，不同线段的框代表不同的物体。

目标检测与语义分割、实例分割很相似，但有以下不同：

1）语义分割和实例分割的目的是画出图片上物体的轮廓，而目标检测是用一个矩形框把物体框住。

2）物体的轮廓不会交叉或者重叠，但物体的绑定框（Bounding Box，BB，也称为 **Ground Truth**）却是可以重叠的。

图 7-1 目标检测示例

7.2 目标检测中的难点

7.2.1 模型的输出

"如果你能够把问题描述清楚，那么问题就解决了一半。"目标检测最大的困难恰恰是难以描述问题。准确地说，难以描述用户想要的结果。语义分割之所以比较容易解决是因为它的实质就是一个多元互斥多分类问题，用户最终需要的就是每个像素点的分类。

而目标检测呢？你怎么描述那些 BB 框呢？更何况每张图片上物体的数量是不确定的。

解决这个问题的办法是约定一张图片中最多只能检测出 N 个物体。模型会输出 N 个 BB框。其中会有一些框是没有框定任何物体的，我们把这些框称为**负绑定框**，简称负框；反之，称为**正绑定框**，简称正框。

在一般的目标检测应用中，每个 BB 框要输出 5 个值，分别是左上角横纵坐标 x 和 y、框的宽度 w 和高度 h、被框住的物体的类别 c。如果有需要，可以增加内容，但本章只考虑这 5 个值。

对于负框来说，它的类别是一个被称为背景的特殊类别。换句话说，如果仅打算检测 C 个类别的物体，那么我们要准备 $C+1$ 个类别。

7.2.2　目标检测的主要方法

目标检测的方法主要有两种：一步（One-Stage）检测法和两步（Two-Stages）检测法。前者包括 SSD 和 YoLo 等算法；后者包括 RCNN、Fast RCNN 和 Faster RCNN 等算法，如图 7-2 所示。

一步检测法就是把样本图片输入模型，模型直接输出 N 个 BB 框。两步检测法是指首先对样本集生成一套固定数量（通常是 2000 个）的候选框，每个候选框的大小和位置不一；然后对每个样本根据前一步所产生的候选框进行物体检测。一个候选框最多预测一个物体。

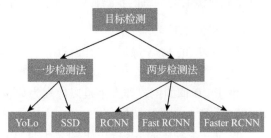

图 7-2　目标检测算法分类

7.3　两步检测法

两步检测法分为 RCNN、Fast RCNN 和 Faster RCNN 3 种，下面分别加以说明。

7.3.1　RCNN 模型

RCNN（Region CNN，区域卷积神经网络）算法示意如图 7-3 所示。

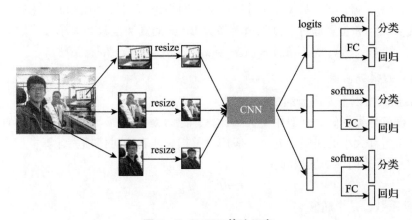

图 7-3　RCNN 算法示意

RCNN 的做法是这样的：

1）用 Selective Search 算法对整个样本集合进行扫描，以确定约 2000 个候选框。这些候选框选定之后不再发生变化。Selective Search 的具体做法略。

2）对每个样本执行以下工作：

a）用 NMS（非极大值抑制，后面会详谈）算法确定每个物体应该由哪个候选框负责预测，那些没有被物体选中的候选框将作为负框（即类别为背景的框）存在。

b）按照上述候选框从样本图片上抠取小图片，每个小图片 resize 到统一大小，输入同一个 CNN 中进行分类训练。

c）该 CNN 的输出有 $C+5$ 个值，其中 $C+1$ 个值是每个类别的概率，4 个值是对物体 BB 框的预测。

3）预测时与训练的步骤相同，只是用概率最大的类别作为每个候选框的预测结果输出。

1. 对绑定框的回归

RCNN 中的 CNN 最后一层的输出是一个 $C+5$ 维的向量，其中 $C+1$ 个值通过 softmax 操作预测各类别的概率，另外 4 个值预测 BB 框。这两个预测分别简称为分类和回归。

由于 BB 框的位置和大小是以像素为单位计算的，数值比较大，所以要把这 4 个数按照 CNN 输入的大小进行转换。

假设一个物体的 BB 框位置和大小是 (x_B, y_B, w_B, h_B)，负责预测它的候选框位置和大小是 (x_P, y_P, w_P, h_P)，CNN 约定输入大小为 (w_N, h_N)，则按照以下步骤处理：

1）先把候选框 resize 成 (w_N, h_N) 大小：

$$(x'_P, y'_P, w'_P, h'_P) = (x_P, y_P, w_N, h_N)$$

2）BB 框的位置和大小按同比例变化：

$$(x'_B, y'_B, w'_B, h'_B) = \left[(x_B - x_P) \frac{w_N}{w_P}, \ (y_B - y_P) \frac{h_N}{h_P}, \ w_B \frac{w_N}{w_P}, \ h_B \frac{h_N}{h_P} \right]$$

3）横坐标和宽度除以 w_N，纵坐标和高度除以 h_N，然后再对得到的高度和宽度取对数（这样就允许有负的高度和宽度）。物体 BB 框坐标和大小转换公式如下：

$$(x''_B, y''_B, w''_B, h''_B) = \left[\frac{x_B - x_P}{w_P}, \ \frac{y_B - y_P}{h_P}, \ \ln\left(\frac{w_B}{w_P}\right), \ \ln\left(\frac{h_B}{h_P}\right) \right] \tag{7-1}$$

最后就以 $(x''_B, y''_B, w''_B, h''_B)$ 为标签对 CNN 网络进行训练。预测时，按照以下公式恢复 BB 框的真实大小和位置即可。预测值转换为 BB 框的真实位置和大小公式如下：

$$(x_B, y_B, w_B, h_B) = (x''_B w_P + x_P, \ y''_B h_P + y_P, \ e^{w''_B} w_P, \ e^{h''_B} h_P) \tag{7-2}$$

2. RCNN 的损失函数

RCNN 的损失由以下两部分组成：

1）候选框的分类损失，一般用交叉熵计算，记为 L_c。

2）正框位置和大小的回归误差，一般用方差损失或者绝对值损失计算，记为 L_B。

总损失 L 是上述两项的加权和：

$$L = L_c + aL_B$$

其中 a 是调整系数，是个超参。

RCNN 识别每个类别物体的准确率和召回率⊖都比较高；代价是无论训练还是预测，速度都很慢。因为有多少候选框，一个样本就要进行多少次前向传播计算。

3. NMS 算法

假设在前述 RCNN 算法中，我们通过 Selective Search 算法已经获得了约 2000 个候选框，那么相对于一个样本图片，怎么知道哪个框是正框，哪个框是负框？这就要用到 NMS（Non-maximum Suppressing，非极大值抑制）算法。顾名思义，其含义是：如果一个框不是框定一个物体的最优选择，且与物体的重合度大于指定阀值，那么就把它删除。

图 7-4 所示为一个示例。其中两个虚线框表示人物或者物体的 BB 框，编号为 1~7 的实线框表示候选框。1 框和 4 框分别与左、右两个虚线框重合度最高。假设阀值为 0.8，则 1 框会抑制 2、3 两个框，因为它们与对应虚线框的重合度都大于 0.8；同理，4 框会抑制 5、6 两个框；7 框不会被抑制，因为它与两个虚线框的重合度都不大于 0.8。注意，被抑制的候选框是不能再与其他物体或者人物进行匹配的。

那么如何计算一个候选框与一个 BB 框的匹配程度？这就要用到 IoU（Intersection over Union，交集除以并集），就是用两个框的交集面积除以两个框的并集面积，如图 7-5 所示。所以 IoU 的最大值是 1，最小值是 0。

图 7-4 非极大值抑制算法示例

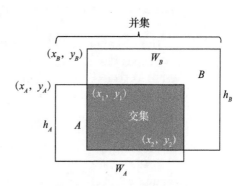

图 7-5 IoU 示意图

只要确定两个框的交集面积，就可以计算 IoU，因为

$$并集的面积 = 两个框的面积 - 交集的面积$$

那么如何确定 A、B 两个框的交集？假设图 7-5 所示的 x 轴方向是从左到右，y 轴方向是从上往下，则交集的左上角和右下角坐标分别为：

$$(x_1, y_1) = [\max(x_A, x_B), \max(y_A, y_B)]$$

$$(x_2, y_2) = [\min(x_A + w_A, x_B + w_B), \min(y_A + h_A, y_B + h_B)]$$

两组坐标对应相减就可以得到交集的宽度和高度，并且如果其中之一为负，则意味着交集的面积为 0。

综上所述，我们给出了 NMS 算法：

代码 7-1 **NMS 算法**

```python
# p_07_01_NMS.py, 非极大值抑制算法
import tensorflow as tf

def nms(imgs, proposals, threshold):
    """
    计算并返回 imgs 中每张图片上每个物体所匹配候选框
    :param imgs: 图片的集合, 形状[-1, n, 4], n 是物体最大数量, 4 是 4 个坐标值
    :param proposals: 候选框集合, 形状[N, 4], N 是候选框数量
    :param threshold: 对 IoU 大于等于这个值的非极大值进行抑制
    :return: 每个图片上每个物体所匹配的候选框, 形状[-1, n, 4]
    """
    n = imgs.shape[1].value      # 物体最大数量
    N = proposals.shape[0].value # 候选框数量
    valid = tf.ones([tf.shape(imgs)[0], N, 1])  # 每个候选框对每张图片都有效:[-1,N,1]
    valid *= proposals   # [-1, N, 4]
    result = []
    for i in range(n):   # 对每个物体循环
        box, valid = _get_arg_max(imgs[:, i, :], valid, proposals, threshold)
        result.append(box)
    return tf.transpose(result, [1, 0, 2])   # [-1, n, 4]


def _get_arg_max(obj, valid, proposals, threshold):
    """
    从 valid 中找到与 obj 最匹配的候选框, 并按照 threshold 抑制非极大值
    :param obj: 每个样本中的当前对象, 形状:[-1, 4]
    :param valid: 当前有效的候选框集合, 形状:[-1, N, 4]
    :param proposals: 原始候选框集合, 形状:[N, 4]
    :param threshold: 常量浮点数, IoU 大于等于这个值的非极大值都会被抑制
    :return: 元组(result, valid), result: 最匹配的框, 形状: [-1, 4];
        valid: 剩余候选框, 形状: [-1, N, 4]
    """
```

```
        iou = _get_iou(obj, valid)    #[-1, N]
        id = tf.argmax(iou, axis = 1)    #找到极大值下标:[-1]

        #抑制 IoU 大于等于阀值的候选框
        result = tf.nn.embedding_lookup(proposals, id)    #找到对应的候选框,[-1, 4]
        iou = _get_iou(result, valid)    #[-1, N]
        rest = tf.less(iou, threshold)    #[-1, N]
        rest = tf.reshape(rest, [-1, proposals.shape[0].value, 1])    #[-1, N, 1]
        valid * = tf.cast(rest, tf.float32)    #[-1, N, 4]
        return result, valid


def _get_iou(obj, valid):
        #计算 obj 与 proposals 中每个框的 IoU。obj:[-1, 4], proposals:[-1, N, 4]

        #计算交集的左上角坐标,注意 maximum 是可广播的
        x1 = tf.maximum(obj[-1, 0], valid[:, :, 0])    #[-1, N]
        y1 = tf.maximum(obj[-1, 1], valid[:, :, 1])    #[-1, N]
        #计算交集的右下角坐标,注意 minimum 是可广播的
        s_rd = obj[:, 0] + obj[:, 2]    #[-1, 1]
        p_rd = valid[:, :, 0] + valid[:, :, 2]    #[-1, N]
        x2 = tf.minimum(s_rd, p_rd)    #[-1, N]
        s_rd = obj[:, 1] + obj[:, 3]    #[1]
        p_rd = valid[:, :, 1] + valid[:, :, 3]    #[-1, N]
        y2 = tf.minimum(s_rd, p_rd)    #[-1, N]
        #计算 IoU
        inter = tf.maximum(x2 - x1, 0) * tf.maximum(y2 - y1, 0)    #交集的面积:[-1, N]
        union = obj[:, 2] * obj[:, 3] + \
            valid[:, :, 2] * valid[:, :, 3] - inter    #并集的面积:[-1, N]
        return inter / union    #计算 IoU:[-1, N]
```

在测试以上程序时,输入图 7 - 6a 所示的一个样本和图 7 - 6b 所示的候选框,运行结果如图 7 - 6c 所示。

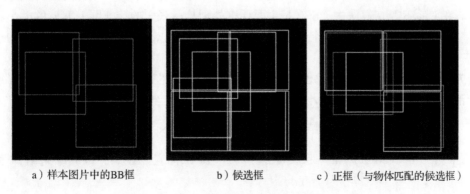

a) 样本图片中的BB框   b) 候选框   c) 正框(与物体匹配的候选框)

图 7 - 6   NMS 算法运行结果示意图

7.3.2　Fast RCNN 模型

为了克服 RCNN 速度慢的缺点，Fast RCNN 做了如下改进：

1）对输入图片只做一次前向传播，最终只获得唯一的一个特征图。图 7-7 所示是 CNN 卷积操作的最后一层，然后再在这个最终的特征图上按照候选框的位置和大小分别抽取特征，最后再进行分类和回归。由于不需要对原样本图进行多次前向传播操作，所以训练和预测的速度大大加快。

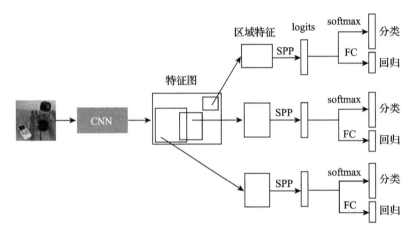

图 7-7　Fast RCNN 模型结构示意图

2）由于每个候选框所对应的区域特征图大小不一，所以 Fast RCNN 又提出了 SPP 算法，能够把上一步抽取到的大小不同的区域特征图都转化成大小相同的向量。随后，这个向量再进行分类和回归。

一般来说，样本图片和特征图大小不会一样。所以，要把通过 Selective Search 算法获得的候选框按照特征图的大小进行缩放和移动，然后在特征图的相应位置处获取特征即可。

相对于 RCNN 来说，只需说明 SPP 算法就能理解 Fast RCNN。

顾名思义，SPP（Spatial Pyramid Pooling，空间金字塔池化）是一个池化操作，性质与最大值池化和平均值池化相同。不同的是，SPP 可以把任意大小的一个特征图转成固定大小的向量。在 Fast RCNN 算法中，SPP 是主要用来处理从一张大的特征图上截取的大小不同的众多区域特征图的。由于各区域特征图的通道数相同，所以只需考虑一个任意大小的通道如何转成一个固定大小的向量即可。

图 7-8 所示为一个 SPP 算法例子。一个任意的 $w \times h$ 的通道会进行 3 次最大值（或者平均值）池化。第一次池化窗口大小是 $w \times h$，结果是一个 1 维向量；第二次池化窗口大小是 $\frac{w}{2} \times \frac{h}{2}$，结果是一个 4 维向量；第三次池化窗口大小是 $\frac{w}{3} \times \frac{h}{3}$，结果是一个 9 维向量。把这 3 个向量合并（tf. concat）在一起就得到了一个 14 维向量。显然，最后结果与 w 和 h 都无关。

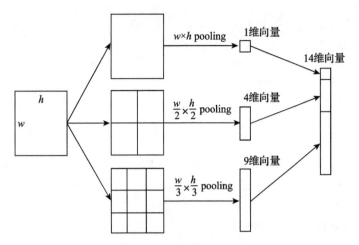

图 7 - 8 SPP 算法示意

根据这个例子，我们给出了 SPP 算法的实现：

代码 7 - 2 SPP 算法

```python
# p_07_02_SPP.py, 空间金字塔池化操作
import numpy as np
import tensorflow as tf


def spp(inputs, sizes = [1, 2, 3]):
    # inputs: [-1, height, width, c]
    # sizes: 每个最大值池化结果的边长
    width = inputs.shape[2].value
    height = inputs.shape[1].value
    channels = inputs.shape[3].value
    result = []
    for size in sizes:
        w = width // size
        h = height // size
        if w == 0:
            raise Exception('width(% s) < size(% s)' % (width, size))
        if h == 0:
            raise Exception('height(% s) < size(% s)' % (height, size))
        if width // w != size:
            raise Exception('width(% s) //w(% s) ! = size(% s)' % (width, w, size))
        if height // h != size:
            raise Exception('height(% s) //h(% s) ! = size(% s)' % (height, h, size))
        v = tf.layers.max_pooling2d(inputs, [h, w], strides = [h, w])
        v = tf.reshape(v, [-1, size * size, channels])
        result.append(v)
    return tf.concat(result, axis = 1)  # [-1, 14, channels]
```

```
if __name__ = ='__main__':
    for width in (10, 12, 17, 19, 23):
        for height in (31, 11, 42, 55, 127):
            a = tf.random_normal([300, width, height, 64])
            b = spp(a)
            print(b.shape)
```

与 RCNN 相比，Fast RCNN 只是改变了区域特征的获取方式，预测结果的内容和含义都没有变化。所以 Fast RCNN 的损失与 RCNN 相同，这里不再赘述。

7.3.3　Faster RCNN 模型

Shaoqing Ren 等人于 2016 年提出了 Faster RCNN[⊖]。与 Fast RCNN 相比，Faster RCNN 的主要贡献是提出了 **RPN**（Region Proposal Network，区域候选网络）的概念。RPN 的作用是取代缓慢的 Selective Search 算法，以便给出针对特征图的候选框集合。

与 Selective Search 算法一样，RPN 的目的也是生成一组针对当前所有样本的候选框。不一样的地方在于，前者是在所有的原样本图上进行计算的，所以速度缓慢；而 RPN 是在所有样本的特征图上生成候选框的。一旦这样一组最优的候选框被确定之后，就会被单独用在每个样本的特征图上以截取区域特征，然后经过 SPP 操作之后变成同样长度的向量，最后再进行分类和回归。而这些正是 Fast RCNN 要做的事情。所以，Faster RCNN 可以被认为是 Fast RCNN 和 RPN 的结合。图 7 - 9 所示为 Faster RCNN 算法的示意图。

图 7 - 9 中的 RPN 也是一个卷积神经网络，作用就是生成若干候选框。注意：

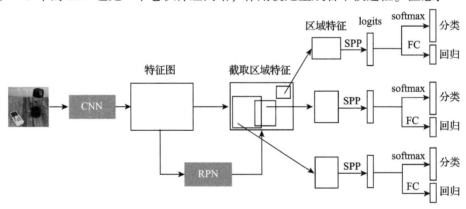

图 7 - 9　FasterRCNN 模型结构示意图

1）RPN 生成的候选框并不特定于某个样本，而是针对当前所有样本生成的一组候选框。这是理解 RPN 和 Faster RCNN 非常关键的一点。

2）RPN 也是一个卷积神经网络，它本身并不特别。

⊖　论文参见 https://arxiv. org/pdf/1506. 01497. pdf。

3）RPN 的输入是 CNN 输出的特征图。该特征图有两个作用：第一，被用来训练 RPN 以生成候选框；第二，被候选框用来截取区域特征。

4）RPN 的输出是一组候选框，每个候选框有大小和位置 4 个参数以及 1 个表示其中是否有对象的概率，所以 RPN 也需要进行分类和回归。只不过其中的分类是二分类问题，回归是对候选框的回归；而 Fast RCNN 中的分类是 $C+1$ 分类，回归是对 BB 框的回归。与式（7-1）和式（7-2）类似，每个候选框的位置和大小都应该按照下文的式（7-3）和式（7-4）进行转换。

5）为了更好地对候选框的位置和大小进行预测，Faster RCNN 提出了**锚框**（Anchor Box）的概念。如果前面介绍的 Fast RCNN 在预测 BB 框时参考的是候选框，那么 RPN 在预测候选框时参考的就是锚框。

候选框坐标位置和大小转换公式如下：

$$(x_P', y_P', w_P', h_P') = \left[\frac{x_P - x_a}{w_a}, \frac{y_P - y_a}{h_a}, \ln\left(\frac{w_P}{w_a}\right), \ln\left(\frac{h_P}{h_a}\right)\right] \qquad (7-3)$$

其中，(x_P, y_P, w_P, h_P) 是候选框的真实位置和大小，(x_a, y_a, w_a, h_a) 是锚框的位置和大小。

Faster RCNN 约定特征图上的每个像素点对应有 k 个大小和位置不同的锚框，如图 7-10 所示。假设特征图中含有 $16\times16=256$ 个像素，则 RPN 总共可以预测出 $256k$ 个候选框。假设 $k=9$，那么可以分别表示 3 种长宽比（如 1:1、1:2、2:1）和 3 种大小（如 2、6、12 个像素）的 9 个锚框。读者可以根据自己的实际情况调整这些设置。

根据式（7-3），我们可以很容易推导出根据预测值计算候选框位置和大小的公式：

$$(x_P, y_P, w_P, h_P) = (x_P'w_a + x_a, y_P'h_a + y_a, e^{w_P'}w_a, e^{h_P'}h_a) \qquad (7-4)$$

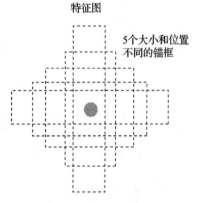

特征图

5个大小和位置不同的锚框

图 7-10　一个像素点对应 k 个大小和位置不同的锚框

除了预测候选框的位置和大小 4 个参数之外，RPN 还为每个候选框预测一个概率，表示该候选框中拥有对象的概率。所以，RPN 只是对输入的特征图做了一个很简单的 3×3 卷积操作，不改变特征图的大小，但是通道数改为 $5k$，表示每个像素点输出 k 个候选框，每个候选框有 5 个参数。其中 4 个是候选框（相对于锚框）的大小和位置；1 个经过 sigmoid 操作后变成该候选框拥有对象的概率。

假设总共有 C 种类别的物体需要检测，由于候选框已经带有一个概率 p 表示该候选框拥有对象的概率，所以，Faster RCNN 中的 Fast RCNN 就不需要预测 $C+1$ 个概率了。预测 C 个概率 $p_i(i=1, 2, \cdots, C)$ 即可。另外，根据条件概率公式，该候选框中第 i 种物体存在的概率是 pp_i。计算交叉熵损失时应该使用这个概率。

下面介绍 Faster RCNN 模型的训练。

与 RCNN 以及 Fast RCNN 相同，Faster RCNN 的损失也是由回归损失和分类损失两部分组成的。

Faster RCNN 的训练也与前两者相同。但是要注意，RPN 的输出是一组候选框，这些候选框的位置和大小首先被取整，然后再被用来从特征图上截取区域特征。这里，取整操作是不可微的，所以 RPN 只能通过分类损失进行优化，不能通过回归损失进行优化。

这个问题暂时无解。除非换一种不是基于微分的神经网络，或者使用后面介绍的 SSD 和 Yolo 模型。

7.4 一步检测法

7.4.1 SSD 模型

SSD（Single Shot multi – box Detector，单发多框检测）模型和 Yolo 模型是目前最流行的两个目标检测模型。与前述 RCNN、Fast RCNN 和 Faster RCNN 相比，SSD 和 Yolo 最大的特点是它们是 P2P（Peer to Peer，端到端）模型，即样本从模型的输入端进入，结果从输出端输出。无论训练还是预测都是如此，就这么简单！可是前述 3 种模型都是两阶段模型，要先获得候选框，然后再用候选框进行分类和回归。这增加了模型的复杂型，给模型的训练和预测都带来了麻烦。

SSD 的基本原理来自于 Faster RCNN 的 RPN。RPN 被用来生成对所有样本有效的一组候选框，然后这些候选框再被用来截取单个样本中所有物体的区域特征，最后再进行分类和回归。RPN 中每个像素点都有 k 个大小和位置不同的锚框，这些锚框就是候选框的参照，就像候选框是 BB 框的参照一样。

SSD 中，锚框（在 SSD 中称为**缺省框**，Default Box）被直接当作 BB 框的参照，取消了候选框这一中间环节。这使得模型的结构大大简化，训练和预测的速度大大提高。甚至，由于不存在不可微的取整操作，所以用 GD 法和 SP 训练 SSD 模型的效果也比 Faster RCNN 要好。

与锚框一样，SSD 特征图上的每一个像素点也对应 k 个大小和位置不同的缺省框，缺省框的中心也是相应的像素点。通常 $k=9$，表示长宽比分别为 1:1、1:2 和 2:1 的，大小分为 3 种的 9 个缺省框。BB 框的实际位置和大小与缺省框位置和大小之间的转换公式参考式（7-3）和式（7-4），只需把其中的下标 P 换成 B，表示相应的数据是 BB 框的数据；下标 a 换成 d，表示相应的数据是缺省框的数据。

Faster RCNN 中只有一个特征图被 RPN 用来生成候选框。SSD 改进了这个缺点，允许在卷积过程中生成的不同大小的特征图都可以被用来进行分类和回归。其中尺寸大的特征图可以用来预测小的物体，尺寸小的特征图可以用来预测大的物体。这使得 SSD 可以很好地适应大小不同的物体。SSD 模型的结构如图 7-11 所示，我们只用一系列卷积操作中的最后 4 个特征图进行目标检测，每个特征图分别检测小的、次小的、次大的和大的目标。实际项目中，读者可根据需要自行决定需要几层特征图。事实上，读者可以自行决定卷积操作的几乎所有参数：

1）在输入样本与第一个用于目标检测的特征图间应该有多少卷积。

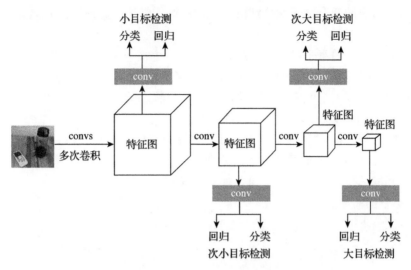

图 7 – 11   SSD 模型结构示意图

2）每次卷积的核的大小、步长、补丁、膨胀系数（Dilation Rate）和输出通道数。

除了最后一个特征图之外，每个用于目标检测的特征图实际都会经历两次卷积操作。第一次卷积用来生成下一个特征图，第二次卷积用来进行目标检测。其中第二个卷积的参数固定，读者一般不能随意更改。例如一般来说它的步长是 1，补丁是 same，输出通道数是 $(C+5)k$。其中 C 是检测物体的总类别数，加上背景类别就是 $C+1$；4 是预测的 BB 框（相对于缺省框）的大小和位置；k 是一个像素点所包含的缺省框的总数。每一层特征图的 k 值不一定要相等，当然，也不一定非要不等。

由于我们前面已经学习了 NMS 算法和 IoU 计算方法，所以在训练时就可以很容易回答这个问题：当前特征图上的哪个像素点的哪个缺省框负责预测图片上的当前物体？当然，图片上的物体已经按照大小分配到不同的特征图上了。至此，我们解决了 SSD 的所有问题。

7.4.2   Yolo 模型

与 SSD 一样，Yolo 也是一个一阶段（One-Stage）模型，也具有容易理解、模型简单、训练和预测速度快等特点。不同点在于，SSD 是通过 NMS 和 IoU 来确定哪个缺省框负责预测哪个 BB 框；Yolo 则是根据 BB 框的中心点位置确定由哪个像素点负责预测它。这就避免了 SSD 所需要的大量计算。

图 7 – 12 所示为一个示例。假设一张图片经过一系列卷积操作之后变成了一个 7×7 的特征图，那么这张特征图上的每个像素点负责预测一个物体，最多预测 49 个物体。图中用方框标出了两个物体的 BB 框，A、B 附近的小圆点是每个 BB 框的中心点。我们注意到，中心点分别落在 A、B

图 7 – 12   Yolo 通过 BB 框的中心点确定负责预测的像素点

两个像素内，则对应的两个物体就分别由 A、B 两个像素点负责预测，并且 A、B 不能再预测其他物体。

预测时，特征图上的每个像素点预测 k 个框和 C 个概率 p_i（$i=1$，2，$\cdots$，C）。其中 C 是可检测的物体类别总数。k 个预测框中，每个有 4 个坐标和 1 个概率 p，p 表示这个预测框中有物体的概率，所以一个像素点要预测出 $5k+C$ 个数。预测时，应该以 $p \times p_i$ 作为某个预测框中拥有 i 类物体的概率。这一点与 SSD 类似。

图 7-13 所示为 Yolo 的第一个版本 Yolo1 的模型结构示意图。输入样本经过一个 CNN 之后得到一个 $s \times s \times (5k+C)$ 的特征图，分别预测：

1）k 个 BB 框的位置和大小以及拥有对象的概率。

2）C 个类别的概率。

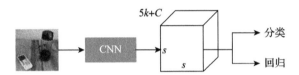

图 7-13　Yolo1 模型结构示意图

既然要预测 BB 框，那么有没有参照？Yolo1 中的参考框就是输入图片自己。不过 BB 框的实际值与预测值之间的转换不是按照类似式（7-1）和式（7-2）的方法进行的，而是直接参照输入样本的大小，按比例把实际位置和大小转换成 $0 \sim 1$ 之间的一个值：

$$(x'_B,\ y'_B,\ w'_B,\ h'_B) = \left(\frac{x_B}{w},\ \frac{y_B}{h},\ \frac{w_B}{w},\ \frac{h_B}{h}\right)$$

其中，$(x'_B,\ y'_B,\ w'_B,\ h'_B)$ 是期望值，$(x_B,\ y_B,\ w_B,\ h_B)$ 是 BB 框真实的位置和大小。w 和 h 分别是样本的宽度和高度。预测值转换为真实值的公式以此类推。事实上，读者可以沿用类似于式（7-1）和式（7-2）所示的对数方法进行上述转换和逆转换，从而使得期望值可以是负的。此时应该使用样本右下 1/4 大小的部分作为参考框，如图 7-14 所示。

图 7-14　用样本右下 1/4 大小的框作为参考框

既然特征图上的一个像素点可以预测 k 个框，那么计算回归损失时应该选择哪个框呢？Yolo 的做法就是计算每个框与物体 BB 框的 IoU，得到 iou_i（$i=1$，2，$\cdots$，k），然后乘以这个框的所有物体概率 p_i，即 $iou_i \times p_i$。选择其中值最大的框作为正框，其他都是负框。

Yolo1 的问题有：

1）不能适应大小差别较大的物体。

2）如果有两个或两个以上物体的 BB 框的中心点落入特征图的同一个像素内，那么只有一个能被检测出来。

为了克服这些缺点，Yolo 参照 SSD 又提出了 Yolo2 和 Yolo3。相对于 Yolo1，它们的主要特点是：

1）使用大小不同的特征图分别预测大小不同的物体。就像 SSD 一样，尺寸大的特征图负责预测小物体，尺寸小的特征图负责预测大物体。

2）Yolo1 中的参考框都是固定的，Yolo2 和 Yolo3 引入了 Faster RCNN 中的锚框（类似于 SSD 中的缺省框）概念，使得拟合更容易。

至此，我们基本解释清楚了 Yolo 的所有问题。

7.5　结束语

本章介绍了目标检测的几个主要模型：RCNN、Fast RCNN、Faster RCNN、SSD 和 YoLo；介绍了 NMS 算法和 SSP 算法；解释了 IoU 的计算过程。对读者来说，最关键的是掌握各模型之间的联系、区别和进化关系，以及思考问题的方法。利用这些方法，我们可以比较容易地理解其他目标检测算法，或者发展出自己的算法。

目标检测算法之所以流行，是因为它只需要用方框对图片上的物体进行标注，因此标注成本比较低。代价是模型比较复杂，训练和预测不是那么方便和快捷。语义分割和实例分割模型比较简洁和容易理解，训练和预测也比较方便快捷，但缺点是样本标注困难。读者可以结合自己的实际情况选择使用不同的模型。

索　引